ヒト・クローン無法地帯

生殖医療がビジネスになった日

CLONE AGE

死者の精子から赤ん坊をつくることは是か非か。体外受精で残った命を始末した医師に罪を問えるか。匿名の精子から生まれた子どもの父親探しの権利は……。
クリントン米国大統領に「人間クローン研究禁止」を決断させた著名な女性法律家が、「クローン人間をつくってしまう」人がいつ現れても不思議ではない、無法状態の生殖医療の現場に警告を発する。

紀伊國屋書店

ヒト・クローン無法地帯●生殖医療がビジネスになった日——目次

プロローグ 5
1 試験管ベビー 17
2 野放図な歩み 40
3 赤ちゃんがいっぱい 64
4 凍った命 79
5 だれの赤ちゃん？ 95
6 電脳パートナー 115
7 借り腹 128
8 天才をつくる 153
9 この世への入会資格審査 171

10 サルジニア島の秘密 188
11 遺伝子をさがせ 202
12 ヒトゲノム計画 223
13 入れ墨よりも簡単に 249
14 スペルミネーター 266
15 クローン・レンジャー 283
16 クローン無法地帯 296
お礼の言葉 312
文献メモ 314
訳者あとがき 316

かけがえのない人、
クリストファーへ

プロローグ

シンガポール航空ボーイング７４７機のシートに、私はゆったりとからだをあずけていた。ファーストクラスのそのシートは、びっくりするほど大きくて、いろいろな設備がついている。個人用ビデオもあったので、私は映画を観ることにした。画面の中では、クローン役の女優シガニー・ウィーヴァーが、バスケットボールを指の上でくるくる回したり、酸を含んだ自分の血液を金属製の壁にたらして穴をあけ、逃げ道をつくったりしている。

だがやがて私は、ちょっと鬱陶《うっとう》しい気分になって、イヤホーンを耳からはずしてしまった。映画の内容が、私の日常生活と、あまりに重なりすぎていたからだ。というのも私はこの時、人間のクローン作成について意見を述べるために、ドゥバイに向かっているところだったのだ。ドゥバイとは、アラブ首長国連邦に属する、七つの首長国のうちの一つである。そのドゥバイの警視総監、アブドゥル・カデル・アル・ハヤット中佐が私を、「ぜひこちらに来て、専門的立場からアドバイスしてほしい」と招聘《しょうへい》してきたのだ。

それにしてもなぜ、産油国の警視総監が、クローンのことなどでアドバイスを求めてくるのだろう？　じつはドゥバイという国は、米国と同様、研究室の中で生命をつくる技術を、すでに開発しているのだ。そこで同国の政府は、〈クローン・エイジ〉が始まったらいったいどのようなことが起こるかについて、前もって私の考えを知りたいと考えたのである。

私は一九七八年に、イェール大学のロー・スクール〔大学院レベルの法律家養成機関〕を卒業した。そしてそれ以来ずっと、生殖技術に関する諸情報を収集したり、その技術が社会に与える影響について、裁判官や政府関係者、議会、医学関係者たちなどに、法律家の立場からアドバイスしたりすることを、仕事としてきている。

一九七八年七月二十五日――私が司法試験を受けたまさにその日に、この世で最初の試験管ベビーであるルイーズ・ブラウンが、英国で産声をあげた。そしてそれから三年もたたないうちに、体外受精を手がける医師たちによる、世界初の国際会議が西ドイツのキールで開かれ、私も発言者の一人として、それに出席した。体外受精というのは、女性の卵《らん》と男性の精子を、試験管（といっても、実際に使われるのはプラスチックのシャーレだが）の中で受精させ、その結果生じた胚〔受精後約二～八週目までの、ごく初期の胎児をこう呼ぶ〕を、女性のからだに戻してやる技術のことだ。キール会議では、シカゴのリチャード・シード博士が、つぎのような発言をした。体外受精によってできた一つの胚を半分に切り、そのかたほうを女性のからだに移植したとして、「もしその胚が成長後、ハーヴァード大学に進学するような秀才になったら、その時点で、冷凍保存してあったもう半分を解凍し、双子のかたわれをつくることも可能だ」というのである。そこで私は、「その場合には、二十歳ないし三十歳も年齢の違う双子の兄弟ができてしまうわけであり、当然、家族関係は複雑になるし、心理的な面や法律的な面でも、あれこれむずかしい問題が生じてくるだろう」と述べた。

そうした問題点についてあれこれ考えることが、クローン問題コンサルタントとしての、私の出発点になったといっていい。だが政治や司法にたずさわる人たち、マスコミ関係者や聖職者たちは、それ以外にも、生物医学の分野全般にわたる、じつに多様なことがらについての判断を、私に求めてきた。たとえば、死亡した患者の頭部を冷凍保存しておき、健康なからだをもつ遺体にそれを移植しようとした研究者が現れた時には、「新しくつくられた人物は、もとの頭の持ち主の所有していた権利を、そのまま引き継ぐのだろうか?」という問い合わせが来た。また、不妊治療のため、あるカップルの受精卵を代理母のおなかで育てた場合、法律的に見て、どちらが正式の母親だと考えられるか、といった質問もあった。昏睡状態の男性患者の精子を、妻や恋人、あるいは患者の両親などの求めに応じて病院が採取し、その精子を用いて子どもをつくる場合、どのような法的規制をかけるべきか、生まれてきた子どもにはどのような心理的問題が生じると考えられるか、といったこともたずねられたことがある。

というわけで、今回ドゥバイ警察からお呼びがかかるころまでには、私は自分がまるで、映画〈パルプ・フィクション〉でハーヴェイ・カイテルが演じる、暗殺の後始末を請け負う〈掃除屋〉であるような、憂鬱《ゆううつ》な気分になってしまっていた。「みんなは私のことを、都合よく利用できる、〈掃除屋〉だとでも思ってるんじゃないかしら? 学者や医者っていう連中は、とりあえずは勝手に、新しいことをやってしまう。そして、あとになってから法律家の私に、それが法律に違反してもいないし、自分が責任を問われることもないということを、確認させようとするんだから! おまけに、商売に利用してもかまわないかまで、調べさせる人もいる……」と、文句の一つも言いたくなっていたのだ。

だいたい、法律家が「オーケイ、法的に見て問題なし!」と言いさえすれば、何をしても許されるのだろうか? それに、人間の社会生活にあまりにも大きな影響を与えすぎるから(あるいはまた、「あまりに莫大なお金がかかりすぎるから」とか、「当事者への悪影響が大きすぎるから」といった理由で)、法律によって禁止しなければならないようなことがらが、そもそも科学上の〈進歩〉だなどといえるのか?

クローン羊のドリーが生まれた時、私は米国生命倫理諮問委員会から、「クリントン大統領は、科学者が本人のやりたい研究を行う自由を阻む法的権利をもつと考えられるか?」とたずねられた。この一見単純に見える問い合わせに答えるために、私は結局、百十三ページにも及ぶ答申レポートを書く羽目になった。その後、私のレポートは政府の公式見解としてホームページに掲載され、それを見たドゥバイ警察が、今回、私を招聘してきたというわけだ。
米国を発つ前、私は九歳になる息子のクリストファーと一緒に、ドゥバイが属しているアラブ首長国連邦についての資料を調べてみた。

政党数――ゼロ。
選挙権――なし。
選挙――なし。

学校で〈公民〉の授業を受けている、小学四年生の息子は、彼が習ったばかりのそうした〈民主主義の道具〉なしで、ドゥバイ政府がどのように国を治めていけるのかと、しきりに不思議がっていた。
しかしこのような点だけを見て、ドゥバイは米国とは似ても似つかぬ国だと決めつけてしまうのは、早計というものだ。両国にはじつは、よく似たところもある。ドゥバイはペルシア湾岸諸国の中で、最も自由主義的な国なのだ。他の湾岸国家が石油に経済の基礎を頼っているのに対して、ドゥバイ経済の基礎は、今も昔も交易とサービス産業である。旅行ライターのゴードン・ロビンソンも、こう書いている。「ドゥバイはいわば、この地域の資本主義の、最後のとりでの一つだ。つまり、〈アラブ版の香港〉とでもいうべき存在なのである。十九世紀に香港を発展させたのはアヘン取り引きだったが、一九六〇年代にドゥバイを発展させる力となったのは、金《きん》の取り引きだった。一九六六年になって初めて発見された石油は、貿易高を増やし、近代化を促進する役には立ったものの、あくまでも、わき役的な存在でしかない」

そもそもドゥバイは最初から、ありていに言ってしまえば違法な交易によって、富を築いてきた。その証拠に、十八世紀の終わりごろ、英国人たちはこの地を、〈海賊海岸《パイレーツ・コースト》〉と呼んで、恐れたものだ。やがて同国は、金《きん》の密輸でさらに栄え、その最盛期だった一九七〇年には、年間二百五十九トンもの金《きん》が、ドゥバイ港を経て、主としてインドに運ばれた。現在、同国の船は、ビデオ・デッキやジーンズをイランに運び、キャビアやペルシア絨毯《じゅうたん》を持ち帰るようになっている。ゴードン・ロビンソンは言う。「かつての金《きん》の場合と同じで、現代のこうした交易についても、ドゥバイ側は、完璧に合法的なものだとみなしている。〈密輸〉だと考えているのは、相手国だけなのだ」

　つまりドゥバイの統治者たちは昔から、不可能を可能にするのが、とても得意だったことになる。というわけで、今から十年前にドゥバイでは、本物の芝生を使ったゴルフ・コースが、ペルシア湾岸諸国内で初めてオープンされた。それまで、この地域のゴルフ・コースといえばみな、フェアウェイが砂地につくられており、プレイヤーは各ショットごとに、小さな人工芝を敷いてプレイしなければならなかった。だが現在、〈ドゥバイ砂漠クラシック〉は、ヨーロッパのツアー・プロたちも多数参加する、かなり名の知れたゴルフ・トーナメントになっている。また、私の訪問のわずか一週間前にはドゥバイで国際競馬が開催され、それには、米国三冠レースである、プリークネスステークスやケンタッキーダービーの優勝馬も出走している。一九九五年には同地で、ミス・ワールド・コンテストも行われた。しかしそれでもなお、米国やヨーロッパでは、ドゥバイはまだ、あまりよく知られた国とはいえない。なんとかもっと知名度を高めたいというのが、同国のかねてからの悲願だった。だが、他国では違法とされるような交易を堂々と行ってきたことに加えて、クローン技術の実用化を不用意に進めたりすれば、有名は有名でも、悪名のほうで名高くなってしまいかねない。

　そこでドゥバイは、〈生命再生産技術の国際交易センター〉とでもいうべき状態になってしまっている米国とは違う道をたどって、自国のクローン技術をいかしたいと考えた。現在、米国には、自国では体外受精を禁じられている人たちが、続々とやってくる。卵や精子を買うために、大勢の人間が、ヨーロッパからニューヨークを訪れるのだ。また、何人もの愛人をつれた中国人の男性が、自分の子を産んでくれる代理母を雇うために、自家用飛行機をレンタルしてカリフォルニアに現れるといった、かなり皮肉めいた場面も出現する。

今、米国では事実上、ありとあらゆる生殖技術を、お金で買えるといっていい。たとえば今のところ、「乳癌になりやすい遺伝子があるかどうかを調べる検査は、まだ実用段階に入ってはいない」というのが、専門家たちの見解だ。だが、それでもどうしても、その検査を受けたいとしよう。その場合には、ヴァージニア州フェアファックスにあるジェネティックス・アンド・IVF・インスティテュート社か、ユタ州ソルトレイクシティのミリアド・ジェネティック社に、問い合わせてみればいい。男女の産み分けをしたいなら、ニューヨーク州北部にある、ジョン・スティーヴンズ博士のクリニックに千二百ドル払えば、妊娠四ヵ月に入った時点で、胎児の性別を教えてくれる。その性別がもし〈希望どおりでない〉場合には、中絶すればいいわけだ。骨髄移植を必要とする子どもがいて、その子へのドナーになれるような、遺伝子型の合う弟か妹が欲しい場合にも、手だてはある。エイブラハム・アヤーラと妻のメアリは、「シティ・オヴ・ホープ・ナショナル・メディカル・センター・クリニック」の助けを借りて、まさに希望どおりの遺伝子型をもつ赤ん坊を手に入れた。おなかの中の子どもを今は産みたくないが、いずれその子が欲しくなった時のために、胎児を冷凍保存しておきたい時にはどうするか？　ヒューストンの低温貯蔵・解凍施設では、そうした胎児冷凍の要請にも応えている（ただし今のところまだ、その胎児を無事に蘇生させる〈解凍技術〉のほうは、確立されていない）。

そしてシカゴのリチャード・シード博士にいたっては、「三百五十万ドル支払ってくれさえすれば、あなたのクローンをつくりますよ」と明言しているのである。

科学技術への情熱という点では、ドゥバイも米国に負けてはいない。ただし両国の態度には、最初から決定的な違いがあった。かたや米国の立法機関は、科学研究の成果がみだりに他人に利用されることは不当だとして、新技術について特許制をしいてきた。知的所有権を守ることには大きな社会的意義があると考えて、各種科学技術の特許権を保護してきたのだ。いっぽうイスラム世界では昔から、科学研究の成果は神が授けてくれるものだと考えられてきた。だから彼らの医療倫理からすれば、科学技術を追求することはすなわち、神をあがめることなのである。

米国上院議員のトマス・ハーキンはかねてから、科学者には自由に研究を行う権利があると強く主張して、ヒト・クローンの研究を擁護してきた。彼は言う。「人間の知識に制限を設けるなどということは、いついかなる場合にも、行うべきではない。……ボンド上院議員やクリントン大統領は、この問題について、『もうやめよう。われわれは神の役割を演じるわけにはいかない』と述べている。だが私は、二人にこう言いたい。『なるほど。つまりあなたがたは、一六一六年にガリレオを弾圧しようとした、ローマ教皇パウロ五世と同種の人間だというわけだ』」。ハーキン上院議員によれば、ヒト・クローンの研究に政府が禁止事項や制限事項を設けたりすれば、それはすなわち、「人間の知識に制限を設けることであり、人間の本質を損なう」ということになる。

こうした米国の事情とは異なり、アラブ諸国では現在までのところ、生殖技術を実用化することは禁じられている。人工的に受精を起こすことは違法なのだ。この点についてアジズ・サケディーナ博士は、米国生命倫理諮問委員会に、つぎのように説明している——著名人や親類のクローンをつくるなどということはもちろん、他人に精子を提供することも、イスラムの聖典であるコーランによって禁止されている。なぜなら、そのようなことをすれば、人と人との係累関係が、目茶苦茶になりかねないからだ。

そんなことを許せば、「人間社会のいちばんの根幹が、危うくなってしまう。つまり、神の法のもと、宗教とモラルによって遵守《じゅんしゅ》されてきた、夫婦や親子の関係が揺らいでしまうのだ」。これとは対照的に米国では、子どもをもつかどうかも、どのようにしてそれを実現するかも、それぞれのカップルが自由に決められる権利が、法律によって保証されている。生殖技術の利用という選択も、そうした権利の延長上にあることは、もはや裁判で争うまでもなく明らかだ（私自身も法律家として、そのような判例には何度も接してきている）。仮に、人間のクーロンをつくることも、法律で保証されたそのような〈子づくりの自由〉の一環であると米国で考えられるようになれば、その結果生まれてくる子どもに重大な危険があるといった問題点を証明できないかぎり、政府がそれを禁じることはむずかしいだろう。

　そのようなことをあらためて思い返しているうちに、機体はしだいに地上に近づきはじめた。私は、ドゥバイの習慣をあれこれ書きつけたメモに、もう一度目をとおした。「左手で物を食べてはいけない。足の裏をだれかに向けてはいけない。肩がむき出しになるような服を着てはいけない。握手をしたあとには、ちょっとのあいだ、心臓のところに手をふれなくてはいけない……」。こうしたことを私に教えてくれたのは、ロルフ・エーリックだ。退役空軍大佐であるエーリックは、一九七九年から八〇年にかけて、サウジアラビアにある米国空軍中東司令部の副部長をつとめた。テヘランでとらえられていたイラン人人質の救出作戦や、メッカのモスク〔イスラム教の礼拝堂〕奪回作戦などにも、参加している。一九九〇年代になって彼は軍を退き、国際要人警護会社の社長になった。「われわれは、公職の警備員たちがやれない仕事、やりたがらない仕事を引き受けるのです」と、今回の旅行に出る一週間前に初めて会った時、ロルフは言っていた。私は、自分が厄介な事態に巻きこまれた場合に備えて、彼の電話番号を、妹のところに置いてきていた。

「ご記入をお願いします」と、シンガポール航空のスチュワーデスから入国カードを手渡されたせいで、私の思考は中断された。カードの職業欄のところまできて、私は思わず手を止めた。ハーヴェイ・カイテルばりに〈掃除屋〉と書くわけにもいくまい。そこでバッグの中をさぐって、ドゥバイ警察がファックスで送ってくれたビザを取り出した。それを見ると、私の職業は〈法律家〉だと記されている。これならたぶん、文句を言われないだろう。

入国審査ブースで私は、入国カードとパスポート、そしてビザのファックスを、係官に手渡した。だが彼は、首を横に振る。ファックスではなく、本物のビザがないと入国できないというのだ。「待合室の向こう側にある、あの黒いブースに行ってみてください。たぶんあちらに、あなたのビザが取り置いてあるでしょうから」と係官は安心させるように言った。だが黒いブースにいた女性係官は、そこにある三十枚ほどのビザを何度もめくって調べたのちに、冷たくこう言った。「あなたの入国は認められません」

さてどうしたものかと思案にくれていると、ちょうどそこへ、立派なあごひげをたくわえた男が近づいてきた。床まで届く白いシャツドレスのような民族衣装である〈カンドーラ〉を着て、同じく白いスカーフを、黒い紐で頭にとめている（昔は、夜にはその紐を、ラクダをつなぐのに使ったのだという）。男は女性係官に一枚の紙を見せて、「この男性が来たら、すぐに俺に知らせてくれ」と言った。

係官はためらいがちに、私のほうをあごで示した。男が振り返って、私のほうを見る。あっけにとられたようなその表情から、自分のさがしている〈法律家〉が、まさか女だとは思ってもいなかったことが、はっきりと見てとれた。

しかし彼はすぐに気をとりなおし、自分はドゥバイ警察のアーメッド・アル・バー中尉だと名乗った。税関を通っている最中に、中尉のカンドーラの中から、「ブルルル」という音が聞こえてきた。おもむろに携帯電話を取り出した中尉は、早口のアラビア語でしゃべりはじめる。おそらくは、私が到着したことをだれかに知らせているのだろうが、はっきりとしたことはわからない。なにしろ私が知っているアラビア語ときたら、「ミン・ファドブリック（お願いします）」と「シュクラン（ありがとう）」、そして「フィー・アマン・アッラーブ（神とともにありますように――かしこまった別れの言葉）」ぐらいのものなのだから。

税関を抜けると、民族衣装を着た、五人のきれいな中学生ぐらいの女の子たちが、出迎えてくれた。一人が大きな銅の壺を傾けて、私の手に、いい香りの薔薇《ばら》香水をつけてくれる。空港の外には、これまたカンドーラ姿の運転手が、白いぴかぴかのキャデラック・ブロアムの横で、私たちを待っていた。

市内を走る途中、アル・バー中尉が、「ここが、アラブ首長国連邦教員養成大学です」と、指さしながら教えてくれた。見るとその建物は、飛行機そっくりの形をしている。私たちが通っている立体交差十字路は、できてからまだ一年もたっていない新品だ。つぎつぎに見えてくるビルは、どれもこれも奇抜な形をしている。大きくうねる白いテントのような形に組み合わされたコンクリートやガラスは、今にもくずれ落ちそうな感じに見えた。あちこちに、高層建築のショッピング・センターがある。米国のネマン・マーカスやテキサスといったショッピング・センターなど問題にならないくらい、大規模で立派な建物だ。

五つ星のドゥバイ・ヒルトン・ホテルの自室に入ったとたん、これまでホテルの部屋ではお目にかかったことのないものが、私の目にとびこんできた。木彫りのフルサイズのベビー・ベッド。ベッドカバーには、クマのプーさんの模様がついている。

その、あるじのいないからっぽのベビー・ベッドを見ているうちに、私の心の中にわきあがってくるものがあった。子どもが欲しいのに授からない、たくさんのカップルたち。自分たちの人生の、まるでこのベビー・ベッドのような大きな空隙をなんとか埋めようとして、ありとあらゆる手段を試さずにはいられない、そうしたカップルたちの思いが、ひしひしと胸に迫ってきたのだ。ひと昔前の人たちは、おまじないに頼って、赤ん坊を得ようとした。「北風の吹く夜に夫婦の営みを行えば、男の子が授かる」といったことを、信じていたのである。私たちの世代は、おまじないこそ信じないが、その代わりに、体外受精や、卵の提供、胎児の冷凍――あるいはそのほか、科学者たちが提供してくれるものはなんでも――に、必死で頼ろうとしている。

このホテルでは、これまでの仕事の中で、いやというほど私が思い知らされてきた一つの事実を、再確認させられるようなものも見た。人々は、ただ単に子どもを欲しがるだけではない。その子には、親である自分たちより良い人生をおくらせたがるのだ。ホテル内にある宝石ショップ〈ダマス〉のショーウインドーには、ちょっと人目を引くポスターが貼られていた。そこに写っている四十五歳の母親は、アラブの黒い伝統衣装をすっぽりと身にまとい、目だけを出している。それとはまったく対照的に、輝くように美しい二十五歳の娘のほうは、おそらくは一糸まとわぬ姿らしかった（滝のように波うつ長い黒髪から、乳首の少し上のあたりまでしか写っていないので、確かなことは言えないが……）。母親は、きらきら光る金のネックレスを、輝くような肌をした娘の首に留めてやろうとしていた。このポスターがいわんとしているのは、つまりこういうことだろう――「私には許されなかったチャンスが、わが子にはありますように」

「自分たちより良い人生を子どもにはおくらせたい」という強い願望がある以上、体外受精や人工授精を望むカップルが、ＩＱ（知能指数）の高いドナーの卵や精子を手に入れたいと考えるのも、ごく自然だろう。より健康な子どもが生まれる確率を高めるような遺伝子操作技術があれば、それを利用したいと考えるのも無理はない。そして最後の手段として、できるだけ優秀な人のクローンをつくって自分のあとを継がせたいと思うのも、理解できないわけではない。だが、そうした一見もっともに思える願望は、はたしてほんとうに、叶えてしまってもいいものなのだろうか?

私は、持ってきた書類をホテルの自室のデスクに広げ、パソコンからプリントアウトしたアラブ首長国連邦の地図を眺めた。その全体は、おおむね三角形をしている。ペルシャ湾に面した海岸線が、その一辺だ。だが、それぞれサウジアラビアとオマーンに接している残りの二辺は、「はっきりした境界線はない」という説明書きがぴったりの、曖昧なものである。

「生殖技術についての私の仕事も、この国境線と同じようなものだわ」という思いが、私の胸をよぎった。

はっきりした境界線は、どこにも引けないのだ。

I　試験管ベビー

エドワーズ博士を訪ねて

一九八五年。世界中のテレビは、ボブ・ゲルドフらによってロンドンのウェムブリー・スタジアムで行われている、ライブ・エイド・コンサートの模様を映し出していた。だが私はその時、同じ英国は英国でも、コンサート会場とはまったく別の場所にいた。林の中を、タクシーに乗って走っていたのだ。タクシーは、曲がりくねった道を長々と走り、ようやく視界の開けた場所に出た。ジェイムズ一世時代風の屋敷であるボーン館が、行く手に見える。建物のまわりには芝生が青々と繁り、羊の群れが草を食《は》んでいた。一六〇七年にド・ラ・ワール伯爵の別荘として建てられたこの屋敷は、一見、今回の私の訪英の目的とは、なんの関係もなさそうだ。だがここから数キロ離れた、村の小さな商店では、最近、目新しい商品が売られるようになっていた。この地方の特産品である手編みのセーターだけでなく、哺乳瓶やよだれかけ、ベビー服なども並べられるようになっていたのだ。

ボーン館の居間は、さながら女性たちの大集会所といった感じだった。本を読んでいる人、編み物をしている人、そして何より、おしゃべりをしている人が多い。なんとなく疲れた様子の人もいたが、そこに集っている女性たちの瞳には一様に、独特の光が宿っていた。病気を癒やす力があるというルルドの泉やグァダルーペ大聖堂に歩み寄る巡礼者たちのように、目に希望の光をたたえているのだ。ここにいる女性たちは皆、不妊に悩む人たちだった。世界各国から、ロバート・エドワーズの治療を受けるために、やってきているのである。その数があまりにも多いので、順番待ちの患者が寝泊まりできるように、エドワーズは屋敷の裏に、トレーラーハウスを何棟も用意していた。

当時私は三十二歳で、そこに集まっている患者たちと、ほぼ同年齢だった。私自身は結婚して五年目で、みずからの意思で、まだ子どもはつくらないようにしていた。子づくりの身体的タイムリミットが迫っているという切実感はなかったが、彼女たちが語るそれまでの苦労話は、私にもよく理解できた。ピルやペッサリーの使用をやめてもいっこうに妊娠する気配がないことを知った時の、彼女たちの「信じられない！」という思いは、わがことのように想像できたのだ。

彼女たちは、女性の新しい生きかたがある程度確立されてから、成人した世代である（そしてほかならぬ私自身も、その世代の人間の一人だ）。先輩の女性たちが、そうした権利を勝ち取ろうと苦闘していた時代には、私たちはまだ、ほんの子どもだった。そして、もともとは男性しか入れなかった大学やクラブや職場にたいした苦労もなく入ることができた、最初の世代なのである。私たちが妊娠中絶の必要に迫られるような年齢になったちょうどそのころ、タイミングよく中絶が合法化されもした。

ところが、その〈ラッキーな〉世代であったはずの私たちが、ようやく、「そろそろ子どもを産んでもいいかな」と思う時期になると、それまで予想もしなかったような問題が起こってきた。今度は自分のからだのほうが、「子どもはもちたくない」と拒否を始めたのだ。勉強したり仕事のキャリアを積んだりするのに忙しく、子づくりをあとまわしにしていた女性たちが、いざ子どもがほしいと思った時には、加齢にともなう生殖能力の減退のせいで、きわめて妊娠しにくくなってしまっていたのである。子どもをもつかどうかを自分で決めるのは女性の当然の権利だと考えて、避妊リング（ＩＵ）などを利用してきた人たちの中には、気がつくと、きわめて妊娠しづらいからだになってしまっている者もいた。

そうした女性たちの多くにとって、望みの綱はただひとつ、エドワーズの〈魔法の新薬〉、体外受精だけだったのだ。

ケンブリッジ大学の胎生学者であるエドワーズは、それまでの二十年間という歳月を、体外受精の研究に費やしてきた。最初のころは、彼自身や研究室の同僚たちの精子を使って、子宮切除手術の際に手に入る卵を受精させる実験を行っていた。やがて、ノースカロライナにあるチャペルヒル大学から研究奨励金がもらえるようになってからは、卵と精子を入れるための、通気性のある小さな〈容器〉の開発に成功し、実験台になってもいいと承知した女性たちの子宮に、それを移植した。

だが英国医学研究評議会は、この研究には倫理上の問題点があるとして、エドワーズとその共同研究者である産科医、パトリック・ステップトーへの研究資金援助を認めようとしなかった。一九七一年にワシントンDCで行われた会合の席で、DNAの二重らせん構造の発見者の一人であるジェイムズ・ワトソンは、ロバート・エドワーズに対して、つぎのような厳しい言葉を浴びせている。「もしこの研究を続けるつもりなら、その結果生まれてくる赤ん坊は、全部殺す覚悟が必要だ。おそらく、さまざまな障害を持った子が生まれてしまうだろうから」

というわけで、エドワーズの研究への助成金は主として、（たいていが米国の）個人篤志家たちから出ていた。ただしフォード財団からも、新たな避妊法の開発を目的とした体外受精研究費用という名目で、助成金をもらっていた。そしてなんとも皮肉なことに、妊娠を防ぐための研究に対して与えられたそのお金のおかげで、エドワーズは一九七八年に初めて、体外受精を不妊治療に利用することに成功したのである。

それまで百人にものぼる女性たちに試みて失敗を繰り返していた彼は、それにめげることもなく、レズリー・ブラウンという女性の卵を、シャーレの中で、夫のジョンの精子によって受精させた。そして三日後の夜中、その受精卵を慎重に、レズリーの体内に移植したのである。すると、正常な妊娠の経過が始まった。新聞や雑誌、テレビなどはこぞって、世界初の試験管ベビーが近くブラウン家に誕生するはずだと、派手に報道した。ブラウン夫人が入院すると、テレビ・レポーターたちは、ボイラー修理工や配管工、窓拭き清掃作業員などに変装して病院に忍びこみ、夫人にインタビューしたり、写真をとったりしようとした。そのあまりの大騒ぎぶりに、病院関係者の一人は、「院内のどの備品をどけてみても、その陰に必ずレポーターが隠れている！」とこぼしたほどだ。さらにだれか（おそらくはレポーターの一人）が、「産科病棟に爆弾を仕掛けた」という脅迫電話を、病院にかけてよこした。レズリー・ブラウンの姿をちらりとでもカメラにおさめたいという腹だったのだろうが、その脅迫電話のせいで、陣痛の真っ最中の妊婦から、その日に手術を受けたばかりの人にいたるまで、産科の入院患者全員が、一時避難する羽目になってしまった。

テレビほどあからさまではなかったものの、新聞もやはり静観してはいられず、胎児の成長ぶりを調べるために行われるさまざまな検査の内容を、逐一報道した。ある時など、そうした新聞記事の一つを読んでショックを受けたレズリーの血圧が、一気に上がってしまったこともあったほどだ。彼女は、担当医をつとめていたパトリック・ステップトーに、涙ながらにこうたずねた。「私の赤ちゃんが昨日、おなかの中で死んでしまったって新聞に書いてありましたけど、本当ですか？ 今は大丈夫でも、これからそういうことが起きる心配もあるんですか？」

ステップトー医師は、「大丈夫。すべては順調だから、何も心配することはありませんよ」と、彼女を安心させた。そしてその言葉どおり、レズリーは一九七八年の七月二十五日に、女の赤ちゃんを産み落とした。ルイーズ・ブラウンと名づけられたその赤ちゃんは、体外受精によって生まれた、この世で第一号の子どもとなったのだ。マスコミはその誕生を、世界最初の月面着陸以来の熱狂ぶりで伝えた。

世界初の体外受精児誕生のニュースの影で

エドワーズの妻である、科学者のルース・ファウラーも、人に文句を言いたてる才能という点では、けっして人後に落ちなかった。彼女の祖父にあたるアーネスト・ラザフォードは、原子を分裂させる研究で有名な、ノーベル賞受賞科学者だ。そのルースに初めて会った時、エドワーズは、心の中でこうつぶやいたほどだ。「クソ、じいさんそっくりの爆弾女だ！」。だが、妻との激しいやりとりに慣れていたエドワーズも、ルイーズ・ブラウン誕生後に自分に向けられた非難の洪水には、手を焼かざるを得なかった。

まずはキリスト教会や英国議会が、「彼のやったことは、人としてのモラルに反する」と息巻いた。自然に逆らい、神の領域を冒す振る舞いだというのだ。科学者仲間たちも、けっしてエドワーズの味方ではなかった。なかには、この話全体がでっちあげではないかと疑い、「そうでないのなら、詳しい経過報告書を出してみろ」と迫る者もいた。また、高等動物での実験という段階を経ないで人間に試したことを非難する者もあった。「まだ、チンパンジーでさえ、試してみた者はいないじゃないか！」というのである。さらには、「もし、エドワーズがつくりだした体外受精児の中に心身の欠陥をもつ者がいた場合、恐怖にかられた英国議会が、あらゆる斬新な科学研究に規制をかけるのではないか。そうなれば、他の研究者たちも仕事がやりにくくなる」と心配する人もいた。

もっとも、体外受精という考えかた自体は、けっしてこの時、急に出てきたものではない。一九三七年という、ごく早い時期の『ニュー・イングランド・ジャーナル・オヴ・メディスン』誌にも、「シャーレの中での受精」という見出しの論説が掲載されている。またエドワーズ自身も、自分が行っている体外受精の試みについて、一九六〇年代末から論文を発表してきた。

一九七三年には、フロリダ州のドリス・デル・ジーオと夫のジョンが、米国で初めて体外受精を試みたカップルとなった。ドリスがかかっていたニューヨーク市の不妊専門医、ウィリアム・スウィーニー博士は、それまでに彼女の卵管手術を三度にわたって行っていたが、はかばかしい結果は得られなかった。そこで、これ以上手術を繰り返しても無駄だと考え、マンハッタンにあるコロンビア・プレスビテリアン・メディカル・センターのランドラム・シェトルズ博士の助けを借りて、新しい手法を試してみることにした。

ドリスが入院したメディカル・センターの病院の建物は、ニューヨーク市の東七十番通りに面していた。いっぽうシェトルズ博士の研究室のほうは、それとはだいぶ離れた西百六十八番通りにあった。そこで、一九七三年九月十二日に、スウィーニー博士が手術を行って取り出したドリス・デル・ジーオの卵は、壊れないように厳重に保護された無菌容器に入れられた。それをドリスの夫のジョン・デル・ジーオが、タクシーを使って、シェトルズ博士の研究室まで運んだのだ。研究室でジョンの精子を加えられたのち、卵は培養器の中ですごすことになった。三日後に、ドリスの体内に戻されることになっていたのだ。

だが翌日、シェトルズ博士は、コロンビア・プレスビテリアン・メディカル・センターの産婦人科医長である、レイモンド・ヴァンデ・ヴィール博士に呼ばれた。このような試みをメディカル・センターの許可なしに行ったというので、医長はかんかんだった。「人の道にもとる、不道徳きわまりない振舞いだ！」と、シェトルズ博士を怒鳴りつけたのである。のちになって医長は、この時のことについて、「私が何より心配だったのは、シャーレの内容物が、なんらかの形で細菌に汚染されているのではないかということだった。それをデル・ジーオ夫人の子宮内に移植したら、夫人も感染を起こしてしまうかもしれない。最悪の場合には、死ぬことも考えられたのだ」と弁明している。

いずれにしても、シェトルズ博士が医長に呼ばれて行った時には、デル・ジーオ夫妻の卵と精子を入れた容器はすでに、医長のデスクの上に置かれていた。病棟のチーフが、それを培養器から出してしまっていたのだ。しかもチーフは、あろうことか、その容器のふたまで開けてしまっていた。このようにして、体外受精によって子どもをもちたいというデル・ジーオ夫妻の望みは、完全についえてしまったのである。

その時、ドリス・デル・ジーオはまだ入院中で、採卵手術後のからだの回復を待っていた。病棟チーフがしたことを知らされると、ドリスはひどく落ちこんでしまった。それ以前にスウィーニー博士から、「あなたの生殖器官はかなり大きなダメージを受けているので、手術による卵の採取は、一回が限度でしょう」と聞かされていた彼女には、自分が母親になれるただ一度のチャンスがふいになってしまったことが、よくわかっていたのだ。それから一年後、デル・ジーオ夫妻は、コロンビア・プレスビテリアン・メディカル・センターとコロンビア大学、そしてレイモンド・ヴァンデ・ヴィール博士を訴える訴訟を起こしている。

二人が訴訟を起こした一九七四年の時点では、勝訴の見こみはきわめて薄いように思われた。体外受精というもの自体がSF小説中の出来事のように考えられていたので、デル・ジーオ夫妻が子どもをもつ現実的なチャンスを奪われてしまったのだということを陪審員たちに納得させるのは、至難の業《わざ》だと考えられたからだ。しかし裁判手続きの進行はきわめて遅く、初公判が開かれたのは、一九七八年の七月十七日になってからだった。

そしてそのわずか九日後に、「世界初の体外受精児ルイーズ・ブラウン、英国で誕生！」の大見出しが、新聞紙上に踊ったのだ。被告側の弁護士は、公判の行方《ゆくえ》が海の向こうの大ニュースによって影響を受けないようにと、必死になった。冷笑を浮かべて、「シェトルズ博士のやったことは、今回、英国で用いられた高度なテクニックとは、まったく別のものだ。その違いは、西ドイツ製の最新スポーツカーであるポルシェと、時代遅れの米国車であるT型フォードほどにも大きい」と主張したのである。

法律家たちも、デル・ジーオ夫人が被った被害をどの程度のものと考えるか、判断に迷った。卵と精子の混合物を夫妻の〈所有物〉であるとみなすのは、いかにも無理があると思われた。ドリス自身はそれを、「私の赤ちゃんになり得るもの」と考えていたが、それを裏づけるような法律は、何もなかったのだ。迷いに迷った陪審員たちは結局、デル・ジーオ氏に対しては、三ドルの賠償金を被告側が支払うべきだという評決を出した（これは、匿名の精子提供者として精子を売った場合より、はるかに安い金額でしかない）。デル・ジーオ夫人については、とにかく苦しみを負わされたことは間違いないとして、その精神的苦痛に対して五万ドルの慰謝料を支払うよう、決定が下された。いずれにしても、「被告側のやったことは極端で乱暴な行為であり、常識をふまえた適切なものとはいいがたい」というのが、陪審員たちの総意だった。

私がロバート・エドワーズのもとを訪れた一九八五年にはすでに、千三百人を越える医師や科学者たちが、きわめて当然のことのように、体外受精をはじめとする生殖技術の研究にたずさわるようになっていた。かのレイモンド・ヴァンデ・ヴィール博士でさえも、時代の流れによる誘惑には抗しがたく、彼自身の体外受精クリニックを、コロンビアで開院していた。というわけで、きたるべき〈クローン・エイジ〉には、一人の子どもが五人の親をもつこともあり得る——すなわち、精子提供者、卵提供者、子宮を貸す代理母、子どもを養育する父母、の五人だ。

シード博士の講演の波紋

一九七〇年代になって子づくりの場が、夫婦のベッドから実験室へとこんなに急激に移行することになったのは、不妊に悩む人がひどく増えたからだ。タラハシーにあるフロリダ州立大学の化学教授であるラルフ・ドワティ博士の研究によれば、米国人男性の精子の数は、近年、大幅に減少しているという。一九二九年の精子の中央値が、精液一立方センチメートルあたり九千万個であったのに対して、一九七九年には、六千万個にまで減ってしまっている。また、一九七〇年代に生まれた男性の精子は、一九五〇年代生まれの男性より、二五パーセントも少ない。おそらく環境汚染物質の影響だと考えられるが、全男性の四分の一近くは、一部の研究者たちが「機能的に見れば、女性を妊娠させる能力がない」と判定するレベルの精子数しか有していないというのである。

そしてまた、女性のほうにも問題は生じている。ごく若いうちから不特定多数の相手と性交渉をもつケースが増えた結果、軽微な性感染症にかかったまま、長期間それを放置することが多く、その結果、生殖能力が損なわれるという事態が起きているのだ。まだピルが普及していなかった一九六〇年代以前には、当時の主要な避妊具であったコンドームやペッサリーが、感染の防止に役立っていた。ニュージャージー州ラザフォードにあるフェアリー・ディキンソン大学の、人類性行動学および胎生学教授であるロバート・T・フランコーワ博士によれば、現在では、二十歳から三十五歳までの女性の四分の一は、妊娠できないからだだという。

私が初めてロバート・エドワーズに会ったのは、一九八〇年代初頭のことだ。例の、西ドイツのキールで開催された、体外受精に関する第一回国際会議にでかけ、代理母にまつわる法的問題について発言した際に、彼と出会ったのである。当時は、体外受精によって無事誕生にまで至った子どもは、ルイーズ・ブラウンただ一人だった。エドワーズが体外受精によって妊娠させた二つ目のケースは、胎児の染色体数が通常の四十六本ではなく六十九本だったため、自然流産してしまった。そのつぎのケースも、妊娠二十一週半で生まれたため、赤ん坊が生きのびることはできなかった。また、卵が子宮内ではなく卵管に着床する卵管妊娠になってしまったせいで、中絶手術を行わざるを得ないケースもあった。だがそれにもかかわらず、会議に出席した何百人もの医師たちは、次世代の人間をつくるための大胆な新手法を自分も試したくて、うずうずしていた。

卵を体外で受精させる方法もまだ確立されてはいなかったので、医師であるランドルフ・シード博士と、その弟の獣医師であるリチャード・シード博士の二人は、より自然に近いやりかたをとるほうがいいと考えた。つまり〈人間シャーレ〉として、ボランティアの女性を使うことを主張したのだ。「われわれとしては、体外受精よりはむしろ、〈生体内受精〉を勧めたい」というのである。

キール会議の演壇に上がるリチャード・シード博士の姿を見ながら私は、「それにしても、この人の名字が、〈種《たね》〉とか〈精液〉とかを意味する〈シード〉だというのは、まったくできすぎだわ」と考えていた。博士は、目に異様なほどの光をたたえた、自信に満ちた様子の人物だった。畜牛の品種改良の一方法として、受賞歴のある優良雌牛の受精卵を普通の雌牛の子宮内に移植する技術があることを、博士は紹介した。そして、人間にもそれと同じ方法を用いて、健康な女性の受精卵を不妊女性の子宮に移植すればいいと述べたのだ。

まずは、不妊女性の夫の精子を別の女性のからだに注入して、受精させる。そして、受精後四、五日たってからその胚を取り出し、体外受精の場合と同じように、不妊女性のからだに移植するのである。しかも博士が提唱したのは、こうしたやりかただけではなかった。さらに進んで、〈受精卵の養子縁組〉とでもいうべきものも、示唆したのである。「つまり、手順は前述の人工授精法とまったく同じですが、不妊女性の夫の精子の代わりに、別の精子提供者の精子を使うわけです」と、博士は説明した。「この場合、赤ん坊は養い親の遺伝子を、父側からも母側からも受け継いではいないのに、養母は実際に、その赤ん坊を産み落とすことになります」

シード博士はキール会議の参加者たちを前に、そのアイデアがどこから生まれたのかを披露した。

「面白いことに、これを最初に思いついたのは、私自身ではないのです。ある時、不妊に悩む一人の男性が電話してきて、養子を迎えることを五年ほど前から考えている、と話しました。そして、『ところで、胎児を養子にするってことは、できないものですかね?』と言ったのです。この言葉がヒントになり、それから二ヵ月ほどして、今度は私のほうから彼に電話をかけ、この試みがスタートしました」

牛の胚移植を七年にわたって行ってきた自らの経験にてらして、人間の場合にも絶対にうまくいくはずだと、博士は自信たっぷりに言いきった。「牛では一万例のケースを手がけましたが、障害のある子どもが生まれる確率が普通の妊娠にくらべて特に高いというようなことは、けっしてありませんでした。したがって、人間でもきっと、成功するものと思われます」

だが会議に出席していた医師たちのうち何人かが、動物での成功例を一足飛びに人間にもあてはめようとする博士の態度を、激しく攻撃した。たとえばマーティン・クィグリー博士は、「マウスの卵なら間違いなく受精するような条件下で体外受精を行っても、ラットの卵を受精させることはできない。このように、近縁な動物どうしでもうまくいかないことがあるのに、動物実験の結果を人間にすぐさまあてはめるなど、無謀きわまりない」と批判している。

シード博士自身は、「卵のみ他人のものを利用するにせよ、卵も精子も他人のものを利用するにせよ、自分の提唱する方法をとった場合、両親は、生まれた子どもを養子にする法的手続きをあらためてとる必要はない」と考えていた。「不妊に悩んでいた女性がこうした方法で出産した場合、まわりも当然、その子は法的に見て間違いなく彼女の子どもだと考えるでしょう。そしてその夫たる男性についても、べつに養子縁組の手続きなどしなくても、子どもの法律上の父親だと考えて問題ないはずです」という博士の説明は、「子どもを出産した女性こそが、その子の実母である」という、従来のあらゆる人工授精法に適用されている考えかたを踏襲《とうしゅう》したものだ。しかしながら、従来の人工授精法においては、子どもは彼女から生まれるだけでなく、その女性自身の卵が受精して成長したものだった。そう考えると、たとえば、シード博士の手法において卵を（すなわち、子どもの遺伝子の半分を）提供した女性が、出産後も子どもに面会しつづける権利を主張した場合、裁判所がどのような判断を下すかは、なんともいえない。

実際、それに似たようなことは、現実に起こっている。ある英国人医師が、不妊治療の一環として、他の女性の卵巣を移植しようと考えた。だが結局、その移植手術は中止されることになった。関係当局がその医師に対して、「この手術の結果、不妊に悩んでいた女性が妊娠・出産できた場合でも、生まれた子どもは、彼女の実子とは認められない。その子の実母は、その子のもとになった卵（すなわち卵巣）を提供した女性であると考えられるからだ」と警告したからである。

エドワーズのようにシャーレを使う体外受精にせよ、シードのように生身《なまみ》の人間を使う人工授精にせよ、このような手法は、自分たちの希望どおりの特徴をもつ子どもが欲しいと考える両親に、道を開く可能性がある。その点についてE・S・E・ハフェーズは、こう警告している。「おそらくは、アイ・バンクや腎バンクならぬ、〈卵バンク〉や〈胚バンク〉ができ、金銭目的で卵や胚が売買されることになるだろう。もしかしたら〈胚マーケット〉のようなものができて、生まれてくる子の目の色や髪の色、性別、だいたいの体格や知能指数などをあらかじめ知った上で、胚を選ぶようなことにもなるかもしれない」

キール会議に出席していた米国の法律専門家は、私ひとりだった。そこで私は、講演者一人一人の話に注意深く耳を傾け、その研究にはどのような法律上の問題点があるかを、じっくり考えた。もし未婚女性が精子提供者の精子によって子どもを産んだとしたら、彼女は精子提供者に、子どもの養育費を請求できるのか？　生まれてきた子どもは、精子を提供したのがだれであるかを知る権利をもっているの

か？（養子である子どもに対しては、じつの親が誰かを知る権利を認めている国が、実際にいくつもある）

私にはまた、シード博士兄弟の住所までもが、皮肉なものに思えた。二人は私と同じくシカゴの住人であり、その診療所は、ウォーター・タワー・プレイスの中にある。ウォーター・タワー・プレイスは、ミシガン・アヴェニューに面したショッピング・センターで、世界有数の高級店が並ぶ一郭《いっかく》だ。そこに行けば、中国の十八世紀の屛風《びょうぶ》から、リモコンで動く最新式のロボットまで、なんでも買うことができる。そしてまた、〈シード妊娠クリニック〉ブランドの、人間の胎児も買えるというわけだ。

〈人間に近い類人猿〉の選挙権は？

キール会議のあと何年にもわたって、私のところには、会議に出席していた医師たちから、問い合わせの電話がかかってきた。彼らは法律上の難問にぶつかるたびに、電話をかけてくるのだ。ある医師は、一人の女性の卵を夫の精子によって体外受精させ、代理母となることを承知した、夫の妹のからだに移植しようとしていた。だが移植の直前になって、その医師は突然手を止め、電話口へと走った。「この胚を夫の妹の体内に入れるのは、近親相姦を禁じた州法にふれるのではないか？　かといって、処置を中止して胚を殺してしまえば、今度は自分が、殺人罪に問われるのではないか？」というのである。

これまでになかった新しい問題に関して法的な判断を下す場合にはつねに、先例が参考にされる。たとえば車が初めてこの世に登場した時には、それまで馬や馬車に適用されていた決まりが応用された。だがデル・ジーオ夫妻の事例からもわかるように、人間の胚に関しては、参考にすべき先例を見つけるのが容易ではない。胚ははたして、所有物なのか人間なのか？　それが冷凍された場合、あるいはまた、遺伝子操作によって〈改良された〉場合にいたっては、いったい何を基準に考えればいいのか？

私のところに電話してくる医師たちはみな、口々にこう言った。「うちの診療所の顧問弁護士に何をきいても、『その問題については、この州の法律は何も定めていない』と言うばかりで、らちがあかないので、あなたに電話したんです」。胚の入ったカテーテルを手にした医師たちは、そうした顧問弁護士の言葉だけでは、安心できなかったわけだ。

一九六九年にエドワーズが、人間の卵を体外で受精させる手法についての論文を初めて『ネイチャー』誌に発表した時、『タイムズ』紙の科学記者であったウィリアム・ブレッコンは、こう書いている。「ついに私たちは、究極の人類繁殖法を手に入れた。つまり、〈群衆〉を意味するギリシア語である、〈クローン〉の技術だ。この技術によって私たちは、宇宙飛行士からごみ収集人、兵士、上院議員にいたるまで、どんな職種においても、その仕事に最も適した身体的・精神的特徴をそなえた、全員同じ人間の集団をつくりだすことができるようになる」

研究者たちの中には、この方法によって、異種間の繁殖を試みようとする人も出てきた。チンパンジーなど類人猿の卵と人間の精子、あるいは逆に、類人猿の精子と人間の卵、といった組み合わせを試しはじめたのだ。一九六〇年代の終わりごろ、中国の外科医であるイ・ヨンシャンが、人間の精子によって、メスのチンパンジーを妊娠させることに成功したという噂が流れた。〈人間に近い類人猿〉をつくって単純労働に従事させようというのが、その研究のねらいだった。だが研究室が暴徒たちの手で破壊されたため、その妊娠騒ぎは終わりを告げた。

ある法律雑誌に、「そうした〈人間の雑種〉にも、従来の人間と同じ法的権利があると考えられるか?」という内容の記事が載ったことがある。半分だけ人間である彼らは、普通選挙権をもつのか?　それとも半分の権利しかないのか?　その子どもである〈四分の一人間〉は、どうなのか?

「そうした、あぶなっかしい坂をころげ落ちるような危険を未然に防ぐためにも、体外受精はいっさい禁止すべきだ」と主張する人は多い。しかしながら、人間と類人猿をかけあわせようとした例の中国人外科医のやりかたは、体外受精によるものではなかった。また、たとえ、「腹腔鏡手術によって卵を取り出し、それを用いて体外受精を行ってはならない」と定めたとしても、子宮全摘手術の際に一緒に摘出された卵巣の卵を用いて研究する道は残されている。かといって、「もしかしたら、摘出された卵巣を利用して、天才的な雑種人間をつくろうとする研究者が出てくるかもしれないから、子宮全摘手術自体を禁止すべきだ」というのは、いかにも無茶である。

イリノイ州の法律を訴える

およそ体外受精クリニックという体外受精クリニックは世界中どこでも、激しい攻撃の的にされてきた。すべての胚が成長を許されて赤ん坊として誕生するわけではなく、途中廃棄されるものもあるという点をとりあげて、妊娠中絶の合法化に反対する各種の団体が、批判の声をあげつづけてきたからだ。オーストラリアでは、アレックス・ロパタの体外受精クリニックのロビーで聖職者たちが、体外受精に抗議するハンガー・ストライキを行った。ロパタの治療を受けている患者はみな、診察を受けに行くたびに、聖職者たちの〈人間バリケード〉をくぐり抜けなければならなかったのだ。そのストレスたるや、相当のものだったと推測される。一人の若くてきゃしゃな女性患者は、抗議者たちの中心へとまっすぐに歩を進め、一人の聖職者の目をひたと見つめて、静かにこうたずねたという。「あなたはなぜ、私が無事にこの赤ちゃんを産むのが嫌なのですか？」

ルイーズ・ブラウンの誕生直後、妊娠中絶合法化に反対する人たちは、イリノイ州の議員たちに働きかけて、体外受精を行うことを医師にためらわせるような、ちょっと変わった法律を可決させた。「医師が体外受精を行った場合、胚の親権者は、その医師となる。そしてその医師は、一八七七年に成立した児童虐待法に照らして裁かれる可能性がある」というのが、その法律だ。イリノイ州の医師たちは、途方に暮れてしまった。すでに生まれた子どもについてなら、適切な食物や衣服、養育の場といったものを与えれば、児童虐待の罪に問われたりしないことは、すぐにわかる。しかし八個に細胞分裂したばかりの胚の場合、それを虐待したとみなされる行為とは、いったいどういうものだろう？　もし胚がうまく育たなかったら、そのたびに医師は、「もっと栄養のある培養基をシャーレに入れて〈十分な食物を与える〉のを怠った罪で」告訴されるのか？　あるいはまた、うまく細胞分裂しなかった胚を処分したら、児童殺害の罪に問われるのか？

　この法律のもう一つの大きな問題点は、胚の親権者を医師であると規定し、両親がその子の親権を取り戻す方法については、何も定めていないことだ。もしこのような法律が英国で施行されていたら、ブラウン夫妻は、わが子であるはずのルイーズについて、なんら法的権利をもたないことになってしまう。ルイーズは、エドワーズとステップトーのものになってしまうのだ。

　米国市民的自由連盟〔一九二〇年に設立された、市民権擁護団体〕のロイス・リプトンはある時、一人の女性から相談を受けた。「イリノイ州のあの法律には、何か抜け道がないでしょうか？」というのだ。その女性は十九年前に虫垂破裂を起こしたことがあり、それが原因で、卵管が詰まってしまっていた。何度も修復手術を受けたのだが、結果は思わしくない。主治医のアーロン・リフシェズによれば、もはや体外受精以外に、彼女が妊娠できる望みはないということだった。ロイスは私に電話をよこし、力になってやってくれないだろうかと言ってきた。

　イリノイ州以外の体外受精クリニックで彼女を受け入れてもらえる見こみは薄いことが、私にはわかっていた。というのも、当時そうしたクリニックでは、治療する患者の年齢は三十五歳までという制限を設けていたからだ。かの女性は三十四歳だったので、一年以上もかかる治療待ち患者リストの順番が来るころには、その年齢制限を越えてしまう。さらに何よりも重要なこととして、彼女は自分の主治医をとても信頼していた。そして、自分の手で体外受精を行うことをその主治医がためらっているのは、「児童虐待の罪で訴えられるかもしれない」という理由からだけだったのだ。

私以外に二人の女性法律家が加わって、彼女の弁護団が結成された。その二人とは、シカゴにあるファーマン・ルーリー・スクラー・アンド・サイモン法律事務所のフランシス・J・クラスノーと、米国市民的自由連盟の顧問弁護士であるコリーン・コーネルだ。私たち三人は、避妊や中絶に関する過去の判例を読みあさった。そして、合衆国最高裁判所の判例の中につぎのような一節があるのを発見して、ひと安心した。「既婚者であれ独身者であれ、あらゆる個人が、たとえば子どもをもつかどうかといったような、みずからの人生に大きな影響を与えることがらに関して、政府機関から不当な介入を受けないということは、まさにプライバシーの権利そのものといえる」

これで、通常の性交渉を通じてであれば、子どもをもつかどうか、もつとしたらいつにするか、といったことを決める権利は、当事者である夫と妻にあることが、はっきりしたわけだ。しかし問題は、子どもをつくる方法まで決める権利が、はたして夫婦にあるのかという点である。

告訴状に、私たちはこう書いた。「察するにイリノイ州議会は、体外受精を罪であるとみなしているようであるが、子どもが欲しくても授からない多くの夫婦にとって、体外受精は、〈実現可能な奇跡〉とでもいうべきものなのだ。……子づくりが結婚の基本的要素であることは、どのような文化・宗教においても、広く認められている。子どもをつくることがすなわち家族をもつことだ、と考える夫婦は多い。大部分の夫婦にとって、自分たち自身の子どもが欲しいという欲求は、食欲や睡眠欲にも匹敵するほど強烈なものである」。こうした夫婦の自由決定権を妨げかねないイリノイ州の法律は合衆国憲法の精神に反するというのが、私たちの主張だった。

その告訴状が提出されると、イリノイ州検事総長とクック郡担当の州検事は、つぎのような意見書を発表した。「体内に戻す前の胚を故意に危険にさらしたり傷つけたりしないかぎり、医師が体外受精を行っても、この法律には触れない」というのである。母体に移植した胚にその後欠陥が見つかった場合、医師の裁量で中絶処置を行うのも合法だと、その意見書には明記されていた。この意見書を受けて州議会も、体外受精を認める法律を可決した。しかしながら、胚を用いて行う研究は、やはり違法だとされたままだった。

そこで私たちは再び、告訴を行うことにした。

私は、胚を用いた研究を禁じることで、不妊に悩む女性が子どもをもつチャンスがいかに減らされてしまうかを示す事例を医学雑誌から山のように拾い集め、新たな告訴状に列挙した。体外受精をはじめとする各種の生殖技術は、まだ始まったばかりなので、実験的な段階を出ていない。どの雑誌記事を見ても、体外受精の成功率を少しでも高めるために、研究者たちがやりかたをあれこれ変えて試していることが、よくわかる。培養基の種類を変えたり、シャーレの形を変化させたりといった、涙ぐましい努力が続けられているのだ。例のランドルフ・シードとリチャード・シード兄弟も、カリフォルニア大学ロサンジェルス校（ＵＣＬＡ）の研究者たちを集めて人工授精研究チームを組織していたが、これなども明らかに、イリノイ州の法律に違反する行為になってしまう。時間がたってから母体に戻すために胚を冷凍保存したり、胚の遺伝学的検査を行ったりするのも、法律違反となる。だが私に言わせてもらえば、こうした法的制約は間違いなく、女性が「子どもを産む」権利を侵害するものである。

しかもこの法律にはもう一つ、致命的な欠点がある。具体的にはどのような行為が犯罪とされるのかが明確に示されていないという点で、医師や研究者の基本的権利を侵しているのだ。胚を用いた実験は違法だというが、ではその〈実験〉とはいったい、どこまでの範囲をさすのだろうか？　私が調べた範囲でも、医学論文ごとに、〈実験〉の定義はまちまちだった。それどころか、場合によっては、正反対の定義をしているように思われるものさえあった。たとえかつて一度も試みられたことのない処置であっても、医師が治療を意図して行うかぎり、それは実験ではないと考えている論文もあったし、ごくありふれた処置であっても、初めてそれを受ける患者に行う場合には、実験と考えるべきだとする論文もあったのである。ちなみに、米国の一般的な法的解釈では、個々の患者を対象とした処置は実験とはみなされず、集団を対象とした研究のみが実験であると考えられている。

　イリノイ州議会の議事録を見ると、この法案を可決した議員たちでさえ、実験の定義をはっきりとは意識していなかったことがよくわかる。たとえば絨毛《じゅうもう》診断法による出生前診断についても、この法律に違反すると考える議員とそうでない議員がいた。だが、新たな法律を各州で定める時には、具体的にどのような行為がその法律に触れるのかを明確にしなければならないというのが、米国の法理念の基本原則だ。そこで私たちは、「このイリノイ州の法律は、内容が曖昧《あいまい》なため、有効とは言いがたい」と強く主張することにした。

　だからといって私たちはなにも、人間の胚を実験台にして、薬品や化粧品などの実験をどんどんやればいいなどと考えていたわけではない。ただ、この法律の禁止事項はあまりに広範囲にわたりすぎており、本来は法に触れるはずのない受精技術や遺伝学的検査を女性が受ける機会をも、奪いかねないと思ったのだ。

　だが、妊娠中絶の合法化に反対している各種団体の人々は、そうした私たちの主張に激怒し、公判のたびに、私たちを野次《やじ》りにやってきた。この裁判で私とともに弁護にあたっていたロイス・リプトンは、彼女自身、妊娠中だった。ある時、あろうことか、おなかに子どものいるそのロイスに向かって、傍聴席のうしろのほうに坐っていた妊娠中絶反対論者の一人が、「殺してやる！」と叫んだのである。この公判の録音テープは、その団体のテレフォン・サービスで二十四時間流されており、それを聞くと、だれの耳にもはっきりとその野次《やじ》が聞きとれた。

またある時には、オフィスで静かに仕事をしている私のところに、怒りくるった大がらな男が飛びこんできて、法律的な言葉を並べたて、激しく文句を言いはじめたこともある。それは、〈この世に生まれることのできなかった子どもたちの代弁者〉として、イリノイ州で、私たちに対する集団訴訟を起こしている人物だった。「俺は、妊娠をまっとうしてもらえなかった子どもたち全員の声を、代弁しているんだ！」と、男は怒鳴った。つまり彼は、受精できなかった私自身の卵の代弁者としても、私に抗議していたわけだ。

しかも、私たちに批判の声を浴びせたのは、そうした妊娠中絶合法化反対論者たちだけではなかった。フェミニスト（女権拡張論者）の中にも、体外受精に反対する人々がいたのだ。そうした人物の一人であるジーナ・コリアは、こう述べている。「今の世の中では、〈どのようなことについては女性に選択権を与えるか〉を決めるのは男だ。しかもじつは、それだけではない。〈女性がどのような選択肢を選びたがるか〉という心理的な面までもが、実際には男性の意向によって左右されているのである。そのような社会において、女性が〈納得ずくで同意する〉ということに、どれほどの意味があるといえるだろう？」。レズリー・ブラウンが妊娠を望んだのは、チーズ工場の工員としての自分の仕事に飽き飽きしたからにちがいないと、コリアは決めつけていた。

裁判所からは、ごくたまにしか連絡がなかった。何週間かに一度、何ヵ月かに一度というのはざらで、時には一年以上もあいだがあくこともあった。かとおもうと、判事の秘書官をつとめている若い法律家から突然に電話があり、「明日までに、あなたが告訴状に引用した医学雑誌の記事のコピーを全部、裁判所に届けてください」と言われたりもした。私は必死になって、それらの雑誌はすべて、あちこちの図書館に返してしまったと説明し、「もし明日中に間に合わないと、どういうことになるのでしょう?」とたずねた。

「それだと、法廷侮辱罪に問われても文句は言えませんね」というのが、秘書官の答えだった。

裁判所の判決は、一九八五年に出た。担当判事はアン・ウィリアムズという、当時三十五歳の女性だった。判決書には、こうあった。「避妊処置を講じる権利が、憲法で保証されている〈選択の権利〉の一つであるとみなすことは、論理の飛躍とはいえない。そしてまた、妊娠を防ぐのではなく促進する処置を受ける権利についても、同じことがいえる」

ウイリアムズ判事はイリノイ州の法律を、完全な憲法違反だとして退けた。そして例の、生まれてくることのできなかった子どもたちの代弁者だと名乗る男の訴えも、棄却した。

だが判決の翌日、私が目にしたAP通信の記事には、生殖に関する女性の選択権が明らかに認められたという、今回の裁判の最も重要なポイントは、まったく記されていなかった。記事はもっぱら、「これで研究者は、人間の胚を自由に使えることになる。たとえばそれを薄くスライスして、パーキンソン病患者に対する治療薬として使うといったことも可能だ」といった書きかたをされていたのだ。それは、「ものごとはたいてい、予期しない結果を引き起こす」という皮肉な法則を、私が仕事上で初めて体験した一瞬だった。

順番待ちの女性たち

一六七〇年代にアントニー・ヴァン・レイヴェンフークが、この世で初めて精子の姿を顕微鏡で確認した時点こそが、生殖技術に関する法的問題を生物学が孕《はら》むようになった、最初の出発点だといえるだろう。しかしながらその三世紀後に体外受精が実際に臨床の場で行われるようになるまでは、その問題はたいした重要性をもたなかった。だが、いったん胚をシャーレの中で培養できるようになれば、それを母体に戻すことも、別のカップルに提供することも、遺伝子操作を行うことも、まったく違う研究に利用することも、可能になる。クリフォード・グローブスタインが指摘しているように、ロバート・エドワーズのやっていることは、「人類の生物学的プロセスにおける無意識的な決定を、ある程度意識的な自己決定に変えること」にほかならないのである。

ボーン館には、たくさんの古い装飾品が飾られていた。居間の優雅なしつらえや、磨きたてられた階段の手すりを見ていると、今にもそこで、英国の伝統的な演劇が始まりそうな気がした。だが、エドワーズの診察室に一歩招じ入れられてみると、一挙に未来にタイム・スリップしたような感じがした。器具や調度類はどれもぴかぴかのステンレス製で、かすかに消毒液のにおいが漂っている。「なるほど、生殖医学の急激な進歩に、法律がついていけないわけだわ」と私は考えた。もし百年前の弁護士が現代の法廷にひっぱりだされたとしても、彼（当時の弁護士といえば、間違いなく男のはずだ）は、さしてあわてることもなく、弁護を続けることができるだろう。しかし十九世紀の医師が、エドワーズの液体窒素容器や腹腔鏡、超音波診断装置といったもののまっただなかに身を置いたら、どうしていいか見当もつかないにちがいない。

この光り輝く診察室の様子に気押されて、私はしばし、言葉を失ってしまった。これと同じような威圧感を、ひと昔前の人たちは、教会の建物に入った時に感じたのかもしれない。その最新設備の診察室でエドワーズは、自分がどのようにして新たな生命を生み出しているかを説明してくれた。「私がやりたいのは、単に妊娠の可能性を高めることだけではありません。よりよい妊娠を実現したいのです」と話すエドワーズは、胚を用いた研究に英国が制限事項を設けていることを憤《いきどお》っていた。胚に対する遺伝子操作を行いたいと考えていたからだ。「生物学の領域にキリスト教的教義を持ちこむのは、百害あって一利なしですよ」と彼は言った。

私がボーン館にいとまを告げるころには、夕闇がすぐそこまで迫っていた。これから胚移植を受ける女性たちが、順番を待っていた。エドワーズはその処置を、夕方に行うのを好んでいたのだ。レズリー・ブラウンが体外受精による妊娠に成功したのが夜に移植を行った時だったので、そのほうが成功率が高いのではないかという、いささか迷信めいた気持ちもあったのかもしれない。ルイーズ・ブラウンには、同じく体外受精で生まれたナタリーという妹がいるが、彼女の時も、胚移植は夜に行われている。ただしこれを、単なる迷信とか偶然だと、言い切ってしまうこともできない。生物学的な要素も、影響を及ぼしているのではないかと考えられるのだ。妊娠を継続し、流産を防ぐ働きをするホルモンの量は、夜間にいちばん多くなる。いっぽう、からだの活性を高めるアドレナリンの分泌量は、夜のあいだは少なく抑えられるため、さまざまな体内活動は緩やかになり、胎児が静かに安心してすごしやすい環境となるのだ。

胚移植を待つ女性たちの中には、まるで今から愛の褥《しとね》に向かう用意をしたのではないかと思える人たちもいた。長いブロンドの髪をていねいにくしけずり、きれいにお化粧をして、赤紫のビロードのガウンをまとった一人の女性の姿を、私は忘れることができない。

2 野放図な歩み

「事実をみんな、知らせるべきだ」

米国で体外受精を広めた人物として最も有名なのは、ハワード・ジョーンズ博士と、その妻のジョージアナ・シーガー・ジョーンズ博士だ。ルイーズ・ブラウンが誕生するより何年も前、ロバート・エドワーズが米国の大学に特別研究員として留学していた当時、ハワード・ジョーンズはその指導担当教官だった。ジョーンズ夫妻は、ジョンズ・ホプキンズ医科大学でそろって名誉教授の称号を得て退職したのち、イースタン・ヴァージニア医科大学での気楽なポストにつくことにした。だが新居に着いたとたんに、電話が鳴った。それは地方局のレポーターからで、ルイーズ・ブラウン誕生についてのコメントを求めるものだった。「ところで、いったいいくらぐらい出せば、ヴァージニアで、先生ご夫妻に体外受精をしていただけますか?」と、そのレポーターは質問した。ジョージアナはなかば出まかせに、「そうね、五千ドルぐらいかしら」と答えておいた。すると何日もしないうちに、かつて診察したことのある患者の一人から、五千ドルを同封した手紙が届いたのだ。

それから三年後、ジョーンズ博士夫妻は、米国で最初の体外受精ベビーの誕生を、世間に発表した。その赤ん坊も女の子で、エリザベス・カーと名づけられた。その後、他の研究者たちも争うようにして体外受精を手がけるようになり、ここかしこに体外受精クリニックがオープンした。だが、そうした流れに歯止めをかけるようなガイドラインや法律といったものは、州でも国でも、まだまったく未整備の状態だった。

ヴァンダービルト大学のピエール・スーポー教授は一九七四年に、米国国立衛生研究所（ＮＩＨ）に対して、研究資金要請の申請を行った。スーポー教授は、その二年前の一九七二年に、米国の研究者としては初めて、人間の卵をシャーレ内で受精させることに成功した人物である。一九七四年に提出された申請書には、「今後三年の年月をかけ、三十七万五千ドルを投じた研究を行って、体外受精の安全性を確立したい」と書かれていた。「婦人科手術を受ける患者たちから卵の提供を受けて、全部で四百五十個の卵を受精させる。それを約六日間、培養した上で染色体の検査を行い、体外受精がなんらかの染色体異常を引き起こしやすいかどうかを検討したい」というのが、スーポー教授の研究計画だった。彼は、その受精卵を女性の体内に移植することは考えておらず、計画はあくまで、研究だけを目的としていた。

一九七五年の春、スーポー教授は国立衛生研究所の科学研究委員会から、「当委員会としては、申請があった金額を全額支給する決定をした」という知らせを受け取った。しかし、ことはそのまま、すんなりとは運ばなかった。新しい法律がその直前にできて、体外受精に関する研究について資金提供を受ける場合には、保健教育福祉省の倫理諮問委員会の審査を受けなくてはならなくなっていたからだ。しかも困ったことに、倫理諮問委員会のメンバーは、まだ任命されていなかった。そして実際に政府によって委員が任命されたのは、なんと、それから二年もたってからだったのである。というわけで、スーポー教授の申請についての審議が倫理諮問委員会で始まったのは、一九七八年になってからだった。

全部で十五人の倫理諮問委員の顔ぶれは、医師、医療倫理の専門家、法律家、精神科医、民間の指導者たちなどだった。この問題について保健教育福祉省への答申を出すために、倫理諮問委員会では、一九七八年五月から翌年の五月にかけて、積極的に情報収集を行っていった。国内各地で公聴会を開き、医療関係者はもちろんのこと、他の科学分野の専門家や神学者たち、実際に不妊に悩む人、この問題に特に関心を寄せている人、不妊クリニック関係者、各種関連団体などから、幅広く意見を聞いたのだ。アンケートへの回答も、二千通あまり集められた。体外受精に関する膨大な文献についての報告書を書くために、専門家たちを何人も、コンサルタントとして雇い入れもした。

体外受精についての審議を始めたわずか二ヵ月後に英国でルイーズ・ブラウンが誕生したことによって、倫理諮問委員会の責任はいっそう重さを増した。もし仮に、スーポー教授が最初に資金申請した時点ですんなり許可が下りていれば、世界で最初の体外受精ベビーは、米国で誕生していたかもしれないのだ。やがて倫理諮問委員会は保健教育福祉省に対して、「国立衛生研究所は、これまでさまざまな医学研究に資金を提供してきたのと同様に、体外受精の研究に対しても資金援助を行ってさしつかえないものと思われる」という答申を出した。

だがそれでも保健教育福祉省の長官は、体外受精研究への資金提供には、慎重な姿勢をくずさなかった（そしてその点については、同省の後身である保健福祉省の歴代長官にしても同様だ）。というわけでピエール・スーポー教授は一九八一年六月十日、ついに資金提供の許可を受けられないまま亡くなった。いっぽう体外受精の研究自体のほうは、国家の管理や監督を受けることのないまま、野放図《のほうず》で勝手な発展を続けていったのである。

米国においては、体外受精以外のたいがいの医学上の新技術は、おおむね秩序だった発展の道をたどってきたといっていい。まだ国内の一、二ヵ所でしかその技術が研究されていない時点で、国立衛生研究所がそれらの研究機関への研究資金援助を決める。そして、それらの先駆的な研究機関によってその技術の有効性や危険性が十分に検討されてから、はじめて他の病院でも広く利用されるようになるのだ。

ところが体外受精の場合には、政府による研究資金の提供もなく、健康保険の対象ともならなかった。

そこで、おびただしい数の体外受精クリニックがいっきに生まれ、患者獲得にしのぎをけずって、患者自身を実験台にしながら技術を発展させていった。人間の女性に対する体外受精の試みは一九七八年にすでに行われていたのに、ヒヒを用いての実験は一九七九年、チンパンジーを用いてのそれは一九八三年までまったく行われない、といった事態が起きてしまったのである。こうした状況を嘆いて、胎生学者のドン・ウルフは、「おそらくは、人間の女性を実験動物として使って、サルたちのために役立てようというのだろう」と皮肉っている。

そのウルフの同僚に、マーティン・クィグリー博士という人物がいる。ヒューストンにあるテキサス大学ヘルス・センター出身で、米国で二つ目の体外受精クリニックを開いた人である。そのクィグリー博士は、こう弁明している。「もしこれまでに動物実験がたくさん行われていたとしても、体外受精がどのような異常を起こす可能性があるかについては、たいしたことはわからなかっただろう。なぜなら、動物を用いた研究ではたいてい、卵を体外で受精させることにばかり主眼がおかれ、胚を母親の体内に戻してどのような子どもが育つかを調べることは、ほとんど行われていないのだから」。だが実際には、動物の胚を母体に戻して育てた研究も、ないわけではない。そして、出産にまでこぎつけたものの、赤ん坊に骨盤や眼球の奇形などが見られた例も、現実に存在している。こうしたことから見て、人間でも同じような奇形が生じる可能性があるのではないかと考えるのは、きわめて当然のことだろう。

体外受精については政府のきちんとした規制がなかったことから、米国受精学会《アメリカン・ファーティリティ・ソサエティ》（ＡＦＳ）では、独自の倫理委員会を設けることにした。委員長はハワード・ジョーンズで、この私も委員の一人だった。倫理委員会で私は、「体外受精に含まれる危険性について、ありのままの事実をみんな、患者たちに知らせるべきだ」と強く主張した。また、「体外受精を行っても、出産にまでこぎつけられる可能性はきわめて低いという点も、きちんと伝えなければならない」とも述べた。キール会議が行われるまでに約二万人の女性が体外受精を受けたと考えられているが、その中で無事に誕生した赤ん坊は、たったの三人しかいない。つまり、実際の成功の確率はわずか六六六六分の一なのに、医師たちは、「成功率は一〇分の一ぐらいですよ」と患者に説明していたのだ。一九八五年に米国内の百六十九ヵ所の体外受精クリニックを対象にして、調査が行われた。その結果によれば、約半数のクリニックでは、ただの一度も出産成功例がなかった。それなのにそうしたクリニックでは、患者たちにその事実を告げていなかったのである。

出産実績のあるクリニックの中にも、患者に誤解を与えかねないような記述をパンフレットに載せている所が、何ヵ所もあった。たとえば、ロバート・エドワーズのクリニックを訪ねたことがあるだけなのに、堂々と、「エドワーズのもとで訓練を積んだ」などと書かれていたのだ。私の主張が通って、倫理委員会の倫理規約には、「体外受精を行う医師は、一般的な成功率だけでなく、自分自身が過去に行った処置の成功率をも、患者にはっきりと知らせなければならない」という条項が盛りこまれた。その後、ヴァージニア州でも、同様の内容を定めた法律が施行された。そして、さらにのちになってからではあるが、米国政府も、個々の体外受精クリニックの成功率のデータを集め、公表するようになった。

体外受精を受けたり卵を提供したりする女性たちが、ホルモン剤の投与や採卵手術を受けなければならないことも、私の気がかりだった。精子は通常、『プレイボーイ』や『ペントハウス』といった男性誌が山と積まれた〈マスターベーション・ルーム〉で採取される。それにひきかえ卵のほうは、初期の体外受精では、外科手術によって取り出さねばならなかった。つまり、ある程度の危険性を伴っていたわけだ。現在、採卵の方法としてしばしば行われている腹腔鏡手術が原因で死亡した女性患者も一人いることを、キール会議に出席した時に私は知った。また、ホルモン剤の過剰投与によって卵巣が文字どおり爆発し、死に至った女性も何人かいた。

それ以外にも、問題はあった。フロリダ州のクリニックで体外受精を受けて、双子を授かった夫婦がいる。だがその子たちの血液検査を行ったところ、夫の精液に他人の精液も混ぜて体外受精が行われていたことが判明した。遺伝的に見て、双子が母親の子どもだということは間違いなかったが、父親の血はひいていなかったのである。双子の一人に、父親は自分と同じ名前をつけていた。しかしその子がまったく自分の血を受け継いでいないことを父親が知った時、夫婦のあいだには、取り繕うことのできない大きな溝ができてしまった。しかもまずいことに、妻は白人で、夫は黒人だった。混入されたのが白人男性の精子であったために、子どもたちはだれが見ても、その父親の実子には見えなかったのである。

オランダのクリニックでも、処置に使う器具であるピペットをよく洗わないままで連続使用したことが原因と思われる事件が起きた。妻のいくつかの卵のうちの一つは、確かに夫の精子によって受精した。だが使用したピペット内に他の男性の精子が残っていたため、それによって、もう一つ別の卵も受精してしまった。その結果、妻は二卵性の双子を産んだが、一方は白人で、もう一方は黒人だった。夫の血をひいていたのは、かたほうだけだったのだ。

この二つの事件はどちらも、予期せぬ肌の色をもつ子が生まれてきたために、トラブルが発覚した例である。だが、体外受精を受ける患者は、その九九パーセント以上が夫婦そろって白人だ。そのようなケースでは、たとえ夫以外の精子が混入していても、当人たちがそれを知るチャンスは少ない。

不妊治療をめぐる露骨な金儲け主義も、私を不愉快にさせた。とにかく処置料が、べらぼうに高いのだ。牛の人工授精法を人間にも応用し、別の女性の体内で受精させた胚を不妊女性の子宮に移植する方法を提唱したリチャード・シードは、その事業の共同経営者として、ベンチャー投資家のローレンス・サシーを、仲間に引き入れていた。サシーは一九八四年に、『フォーチュン』紙の取材に対して、こう答えている。「私たちの設立するファーティリティ・アンド・ジェネティックス・リサーチ社がめざしているのは、全国の体外受精クリニックを結んで、一つの医療グループとしてフランチャイズ化することです。今、提携できるような各地の病院を、リスト・アップしている最中です」。サシーの説明によれば、事業計画のあらましは、つぎのようなものだった。ファーティリティ・アンド・ジェネティックス・リサーチ社と提携した各病院は、百万ドル程度の長期低金利ローンの形で、同社への資金提供を行う。そしてその見返りとして、各クリニックの共同所有者となるのだ。「米国内には不妊に悩む人がとても多いから、そうした事業には、巨大な市場があるはずです。一年におよそ三万人から五万人の女性が、うちの提携クリニックで、胚移植を受けるでしょう。当社としては、一件あたりの治療費を、四千ドルから七千ドル程度に設定したいと考えています」と説明したサシーは、そのあとで、こう言い切っている。「原材料費といったものはいらないわけですから、その治療費のすべてが、粗利益《あら》となるわけです」

同社の設立後、一、二ヵ月のうちに、二千人以上の女性から、治療を受けたいという申しこみがあった。当時、リチャード・シードは『ニューヨーク・タイムズ』紙に、こう語っている。「処置料はだいたい、新車を一台買う程度の値段です。夫婦にとっては、たしかにかなりの負担でしょう。でも、それ以上安くすれば、一年も二年もかけて治療にあたる私たちの労力に見合わなくなってしまいます」

リチャード・シード自身は獣医であり、牛の繁殖の専門家だったから、本人が人間の医療を手がける資格はなかった。そこで、カリフォルニア大学ロサンジェルス校ハーバー・メディカル・センターの不妊専門医、ジョン・バスターを仲間に加えた。バスターは、一九七九年から人体間胚移植の研究を続けてきた人物である。彼も一九八〇年に国立衛生研究所に研究資金の申請をしたが、「人体間胚移植に関連した技術開発のために出すお金はない」と断られていた。そこで一九八二年にシードに連絡をとり、カリフォルニア大学ロサンジェルス校で自分が行う研究に対して、ファーティリティ・アンド・ジェネティックス・リサーチ社から、五十万ドルの資金を得ていた。

ハーバー・メディカル・センターを訪ねた私は、一件の治療あたり、医師たちは何千ドルも稼いでいるのに、卵を提供し、みずからの体内で受精させることを承知した女性ドナーたちには五十ドルしか報酬が支払われていないことを知って、ひどく驚いた（ただし、受精後の卵がうまく育って、その胚を取り出せた場合には、成功報酬として二百ドルが追加される）。この点についてリチャード・シードは、つぎのように説明している。「つまり、市場原理にのっとっているだけのことですよ。手に入る物の価値に応じた金を支払う、というわけですね」

バスターに卵を提供しているシンディ・イモーフという女性に、話を聞く機会があった。彼女も私も一九八四年に米国議会で証言を行ったので、その時に話したのだ。シンディが自分の遺伝子にあまりの自信をもっていることに、私はびっくりした。ハーバー・メディカル・センターで、「どうして卵ドナーになろうと思ったのですか?」とたずねられた時、彼女は七歳になる自分の息子の写真を見せたのだという。「私の家系には、癌も、糖尿病も、奇形も、その他の重大な病気もないわ。こんなにすばらしい遺伝子に恵まれているのに、それを無駄にする理由はないでしょう?」と、シンディは私にも言った。

実際にドナーになることが決まると、シンディの友人たちや家族も、不妊カップルの赤ちゃんをつくる手伝いをするという彼女の役割に、すっかりわくわくしたのだという。

「いちばん夢中になったのは、間違いなく息子でしょうね」とシンディは言った。「ある時、『僕たちは今月も、だれかのために赤ちゃんをつくってあげるんじゃないの?』と息子がたずねるので、『ママとうまく合うカップルがいなかったから、今月はお休みよ』と答えたの。すると息子は立ち上がって、こう叫んだのよ。『だってそれじゃ、ママの卵が無駄になっちゃうじゃないか!』。まったく、言い得て妙よね。死ぬほど赤ちゃんが欲しいのに授からない女の人がたくさんいるのに、そのいっぽうで、卵を無駄にしている女性もいるなんて、ばかげてるわ」

一九八六年までのリチャード・シードは、「ファーティリティ・アンド・ジェネティックス・リサーチ社では、この先、五年から七年のうちに、クリニックを全国にもう五十ヵ所ほど増やすつもりだ」と、意気揚々と話していた。自己資本八百万ドルに達した同社は、ナスダックの赤ん坊関連市場に、自社株を公開した。

ジョン・バスターからは、「処置に用いる特殊なカテーテルについてだけでなく、人体間胚移植の技術自体についても、特許権を申請するつもりだ」という発表があった。医療技術についての特許権申請というのは、前代未聞だった。もしだれかが盲腸の手術について特許をとったら、いったいどういうことになるだろう？　あなたの主治医が特許権使用料を払いたくないと思えば、もっと別の、危険の大きい手術法をとらねばならなくなる。たとえば、腹部を切開するのではなく、胸を切開して、そこから盲腸を取り出すといったように……。

鼻高々といった様子で、バスターはこう語った。「その申請は、じつに画期的なものになるだろう。特許権が認められれば、うちの系列のクリニックだけが不妊に関するトータル・ケアを行える、ということになるのだから」。だが医師たちのあいだには、「ファーティリティ・アンド・ジェネティックス・リサーチ社の特許権申請が、悪しき先例になってしまうのではないか？」と危惧する声が多かった。同社は特許権の使用ライセンスを、ごく限られた範囲にしか認めない方針だったからだ。

そこで大勢の医師たちが立ち上がり、この問題を、米国受精学会の倫理委員会に訴えた。同倫理委員会の委員の一人で、体外受精の専門家でもあり、カリフォルニア大学ロサンジェルス校メディカル・センターの教授でもあるリチャード・マーズ博士は、ファーティリティ・アンド・ジェネティックス・リサーチ社の特許権獲得に猛反対して、こう述べた。「そんなことになれば、一般の医師たちが患者の治療にあたる際に、十分に能力を発揮できなくなってしまう」

同じく委員の一人であり、フィラデルフィアで不妊治療にあたっているセルソー・ローマン・ガルシアも、「研究者の倫理も地に落ちたものだ」と嘆いた。ガルシアはもともと、避妊用ピルの開発者の一人であるジョン・ロックのもとで、研究をしていた。そのガルシアのところにある時、ピルをつくっていた製薬会社から、「在庫のピルを自由に使ってくれていい」という申し出があった。それを売りさばけば、大金持ちになれるかもしれない。だがガルシアは、その話を断った。問題のピルの効用と副作用を判定する研究を手がけていたため、もし製薬会社からピルをもらってしまえば、研究の中立性が損なわれると考えたからだ。だが当時とは、ものの考えかたが一八〇度変わってしまったらしい。

米国受精学会の倫理委員会では、「体外受精の処置法自体に特許権を認めることは、医療倫理上、好ましくない」という勧告を出した。しかしこの勧告は結局、米国特許庁の決定にほとんど影響を与えることができなかった。モラルや公益に反するという理由で特許権が認められないケースもあるヨーロッパとは事情が違い、米国では、「新規で、ありふれていなくて、役に立つもの」であれば、たとえどんな反対意見があっても特許権を認めるのが通例だったからだ。というわけで一九八七年に、特許番号5005583として、人体間胚移植技術の特許権が認められた。

今やファーティリティ・アンド・ジェネティックス・リサーチ社の不妊治療は、巨大なビジネスになると思われた。「この市場には、数限りない顧客がいるはずだ」というのが、サシーの見通しだった。さらに彼は、「人体間胚移植の技術を応用すれば、羊水を取り出して行う出生前診断の代用としても、利用できるだろう」とも述べている。つまり、胚をいったん母親の子宮内から取り出して遺伝学的検査を行ったのち、また母体に戻せばいいというのである。

だが結局のところ、人体間胚移植は、シャーレを用いた体外受精のようには、爆発的に普及しなかった。研究者たちは、わざわざ特許権使用料を払いたくはなかったので、人体間胚移植の実験を避けるようになり、その結果、技術の改良がいっこうに進まなかったのだ。カリフォルニア大学ロサンジェルス校の研究チームと、ミラノの「卵移植センター」で、合わせて百三十例の人体間胚移植が行われたのだが、ちゃんと出産までこぎつけたのは、そのうち九例にすぎなかった。しかもさらに大きな問題は、不妊カップルの夫の精子を体内に注入された卵ドナーの女性たちのうち三人が、受精した胚を取り出すはずの処置を受けたのちも妊娠したままで、結局、中絶手術を受けなければならなくなってしまったことだった。だが、こうした出産成功率の低さや、ドナーがこうむる危険性も、もしファーティリティ・アンド・ジェネティックス・リサーチ社が多額の損失を出さなかったら、明るみに出ることもなかったかもしれない。一九八七年初頭の時点ですでに、同社の四半期決算は三十一万六千二百八十九ドルの赤字だった。そしてその結果、サシーは同年三月に、「当社はこれ以上、クリニックを増設するつもりはない」と発表する羽目になった。

米国受精学会の倫理委員会（前に述べたように、私もその委員の一人だった）が倫理規約を完全につくりあげるまでには、三年近い歳月がかかった。私は不妊治療の専門医たちの前で何度も意見を述べ、「あなたがたはどうしても、治療の成功率について、患者たちに過大な期待を抱かせやすい」ということを主張しつづけた。また、「ドナーから採取した精液を、そのまますぐに人工受精に使うのは、やめたほうがいい」ともアドバイスした。それだと、当時発見されたばかりのエイズ・ウイルスがうつる可能性が、とても高かったからだ。なぜなら、エイズ・ウイルスに感染しても、血液検査で陽性反応が出るまでには、何ヵ月もかかるからである。そのあいだにも精液を通じて感染は起こるので、採取されたばかりの精液が安全かどうかを確認する手だてはない。安全性を確保するためには、精液採取後、六ヵ月間はそれを冷凍保存し、その期間の終わりごろになってから、ドナーの血液検査を行うことが必要である。そして、エイズに感染していないことが明らかになったドナーについてのみ、保存してあった精液を使うのだ。

だが、私のそのアドバイスを聞いていた医師たちは、腹を立ててしまった。自分たちの専門分野に属することがらについて、私が口出ししたのが許せなかったのだろう。医師の一人は、こう言って私にくってかかった。「僕は自分の子どもを作る時、事前に女房のエイズ検査をしたりはしなかった。それなのになぜ、ドナーについては検査をしなければならないのかね?」

倫理委員会でもめた話題の一つに、「閉経後の女性にホルモン療法を行い、若い女性から卵を提供してもらって子どもを産ませるのは、倫理的に見てどうか?」という問題もあった。ハワード・ジョーンズは、「四十代後半とか五十代前半の女の人には、赤ん坊を産ませるべきではない。なぜなら、子どもが成人する前に母親が死んでしまう確率が高いからだ」と言いはった。

そこで私は自分の書類カバンから、一つの新聞記事を取り出した。ちょうどその朝の地方紙に、「ハワード・ジョーンズの体外受精のおかげで、夫のほうが八十近いカップルに、ベビーが誕生した」という、おめでたいニュースが載っていたのだ。それなのにジョーンズは、じきに死んでしまうかもしれないという理由で、四十代後半の女性が子どもをもつ権利については否定するのである。

「うちの夫はヘビー・スモーカーです」と、私は反論を開始した。「だから、もしかしたら早死にしてしまうかもしれません。そうなればこの私が、ずっと年下の男性と再婚する可能性もあります。その場合、体外受精を受けたいと望んだら、どうなりますか? 私のほうはじきに死んでしまっても、夫はまだ若いのですから、子どもが大きくなるまでちゃんと生きていて、育てられる可能性が大きいと思いますけど……」

「ローリー」と、委員の一人であるリチャード・マーズが、持ち前のゆったりした物言いで割って入った。若い体外受精専門医である彼のテキサス訛りで発音されると、私の名前は、「ローーーリーーー」

性格適正検査にねえ、パスしないだろうからさあ」と、マーズは私をちゃかした。

ねえ、いかないと思うよお。だってねえ、体外受精を希望する患者さんが受けることになっているう、といった具合に、ひどく間《ま》が抜けて聞こえる。「多分ねえ、あなたはねえ、体外受精を受けるわけには

自分の妊娠に気づく

法律家になってから十年近くもずっと不妊女性の問題に関わってきた私は、いつしか、「自分が妊娠する時にも、きっと苦労するに違いない」と思うようになっていた。私自身も体外受精医のお世話にならなくてはならないのではないかと、予想していたのだ。卵と精子が出会い、合体し、胎児にまで育つあいだには、さまざまな障害が起きていっさいが駄目になる危険が山ほどあることを、いやというほど知っていたからである。妊娠のプロセスというのは、気が遠くなるほど複雑なものなのだ。だがその点については、G・W・コーナー博士が、一九四二年につぎのように書いているとおりだった。「もしそれがめったに起こらないことだったら、あるいはまた、どこか遠く離れた場所でしか生じない現象だったなら、博物館や大学といった研究機関は、調査隊を送りこんでそれを観察するだろう。もし首尾よく子どもが生まれたりすれば、新聞がこぞってそのニュースを書きたてるはずだ」

というわけで、避妊をやめたとたんに自分が妊娠したのを知った時、私はまるで、計画性ゼロの十代の少女のように、うろたえてしまった。妊娠自己検査薬が突然、青色に変わったのは、パトリック・ステップトーに会うため英国に飛ぶ予定の朝だった。ロバート・エドワーズのクリニックで働いている産科医師であるステップトーと一緒に法律家たちの国際会議に出席し、「体外受精や、女性ドナーへの精液注入、代理親といったことが、医学上および法律上、どのような新問題を引き起こすか?」というテーマで、意見を述べることになっていたのだ。

ともかく無事に英国に到着した私は、ハーフムーン通りにあるホテルに投宿した。そのホテルのまわりの由緒ある通りを散歩しながら私は、自分のからだの中で育っている細胞のかたまりのことを考えた。当時は代理母についての本を執筆中だったので、赤ん坊と代理母の絆というものを理解するために、トマス・ヴァーニーが書いた『生まれる前の子どもの秘密の生活』という本を読んでいる最中だった。ヴァーニーによれば、子宮内での経験は、その赤ん坊が生まれたあとの生活にまで、影響を与えるのだという。だとすれば私は、子どもが生まれたあとで初めて、フロイトの言うようなトラウマ（心理的外傷）を与えないよう気を配るだけでは、足りないことになる。おなかにヘッドホンを近づけてクラシック音楽を聞かせたりして、十分な文化的刺激を胎児に与えるよう、努力する必要もあるのだ（妊娠中の女性の中には、実際にそうした胎教を行う人も少なくない）。

だが、おなかの赤ん坊のことを考えながら雰囲気のいい英国の通りを散歩するのは、とても気持ちがよかった。そこで私は、「赤ちゃんだって、この界隈《かいわい》の素敵なお店に入れるのを喜んでるに違いないわ」と考えた。だが、もう少しあとになってから私は、おなかの赤ん坊が男の子であることを知らされた。その時に思い出したのは、ニューヨーク市立大学の社会学者である、バーバラ・カーツ・ロスマンの研究だ。彼女によれば、赤ん坊の誕生前に両親がその性別を知ると、まだ子どもが子宮内にいるその時点から、対応に違いが出てくるのだという。まず、胎児が男の子か女の子かによって、その動きを表現する母親の言葉が違ってくる。男の子の動きは、「元気に」とか「激しく」とか表現されることが多いのに対して、女の子の動きは、「やさしく」とか「静かに」と表現されることが多いのだ。赤ん坊の誕生前にお祝いの品が贈られる場合にも、性別がわかっていない場合にはさまざまな色の物が集まるのに、男の子だとわかっている場合には、プレゼントの品はみな、ベビー・ブルーのものばかりになる。そうやって男の子は、単色の世界へと迎え入れられるのだ。ロスマンはさらに、赤ん坊が生まれてから初めて性別がわかった場合には、「男の子でよかった」と喜ぶ母親のほうが多いのに、まだおなかにいるうちに知らされた場合には、「女の子でよかった」と喜ぶ母親のほうが多いことにも気づいた。「これはおそらく、自分と違う性別の物体を体内に宿していることに、違和感を感じるためだろう」と、ロスマンは推測している。

「子どもがおなかにいるあいだから、男女で区別をつけるようなことはやめよう」と、私は心を決めた。それなのに、胎児の性別を知ったことによって、私の気持ちは、妙なところで変化していた。自分でも道理に合わないと思うのに、「おなかの赤ちゃんは男なのだから、私が行きたい場所に彼も行きたいとはかぎらないいんじゃないかしら?」という気持ちになったのだ。「例の、いかにも英国風な素敵なお店も、彼の趣味には合わなかったかもしれない」と後悔したのである。

妊娠中も私はずっと、それまでと変わりなく仕事を続けていた。航空各社はいささか神経質すぎると思うほど妊婦を嫌がるので(おそらくそれは、急にお産が始まって、緊急着陸しなければならなくなるのを心配してのことだろう)、私はできるだけゆったりしたデザインの服を着て、妊娠中であることを隠したまま講演旅行に出かけた。

だが、おなかが大きいことがだれの目にも明らかな時期に入ると、じつに面白い発見があった。妊娠は本来、ごく個人的なことであるはずだ。それなのに、公的なことだと固く信じている人が、大勢いるようなのである。その証拠に、まったく見知らぬ人たちが、手をのばして私のおなかにさわりたがった。レストランでリンゴ・ジュースを飲んでいると、「妊娠中なのに、白ワインなんか飲んじゃ駄目よ」と、大勢の人に叱られた。また、私が以前、「代理母になるのは犯罪だと定めた法律はおかしい」と議会で証言したことがあったため、代理母に反対する立場の人たちからは、「あいつ、今度はきっと、自分自身が代理母になるつもりだ」と中傷されたりした。

代理母になることをいったんは引き受けたものの、あとから気が変わって、「生まれた子どもを手もとにおきたい」と主張したために新聞にも大きく取りあげられた、メアリ・ベス・ホワイトヘッドという女性がいる。その女性の弁護士であるハロルド・キャシディと、たまたま講演先のプリンストン大学で行き合わせた。すると彼はわざわざ私に近づいてきて、意地悪い口調でこう言ったのである。

「おなかの赤ん坊を売ってくれよ」

私が議会で言いたかったのは、「女性の一部が、何度か妊娠するうちの一部を、代理母として役立てたいと考えたとしても、それは当然の権利として認められるべきだ」ということだ。そのあたりがキャシディには、まったくわかっていなかったらしい。彼の論理に従えば、中絶合法化に賛成する女性は、妊娠するたびに毎回中絶して、けっして子どもを産まないということになってしまう。

不妊治療にあたる医師たちが私の妊娠を知った時の反応は、さらにひどいものだった。これまでずっと、ああするべきだこうするべきだと私に言われつづけてきた彼らは、これでやっと仕返しができると思ったのだろう。私が会合に出席するたびに、じつに嬉しそうに、妊娠が私にどれだけの不自由をもたらすかを話題にした。「もうじき君も、こうした会合には出てこられなくなるね。おなかの赤ん坊が大きくなってくると、膀胱が圧迫されるから、五分おきにトイレに行かなきゃならなくなるんだよ」とか、「肺が圧迫されるから、いつもハアハア言っていなくちゃならなくなるよ」とか言うのだ。自分の専門知識で私を圧倒できる立場に初めて立ったことで、彼らは有頂天になっていた。そして、「このおなかの中にいるのは、悪魔のような侵略者なんじゃないかしら?」と私に思わせるようなことを、平気で言いつづけたのである。

胚を取り戻す手助け

息子のクリストファーが生まれたちょうどその月に、それまで私とは面識のなかった一人の女性が、トラブルに巻きこまれた。米国受精学会の倫理委員会委員長であるハワード・ジョーンズを長とするヴァージニア・クリニックとのあいだに、もめ事が起きたのである。リーザ・ヨークという名前のその女性は、四年前から不妊治療を続けていた。卵管が一本しかなく、それもうまく働いていなかった彼女と、その夫のスティーヴンは、ヴァージニア・クリニックに通って体外受精を試みていたのだ。その方法は、リーザの卵を採取し、シャーレの中でスティーヴンの精子によって受精させたのち、それを母体に戻すという、ごく一般的なものだった。だが四回それを試みても結局、妊娠はうまく成立しなかった。その四回目の処置の際に夫妻は医師から、余った胚を冷凍しておき、またあとで使用したらどうかと勧められた。

胚を冷凍する前に、夫妻は同意書へのサインを求められた。その同意書には、「胚に関する〈裁量権〉は夫妻にある」という一文が明記されていた。

だが治療半ばで、夫妻はロサンジェルスに引っ越すことになった。そこで今度は、近くの「インスティテュート・フォー・リプロダクティヴ・リサーチ」というクリニックで、体外受精を受けることにした。夫妻は、新たに担当医となったリチャード・マーズ博士に、「以前、ヴァージニア・クリニックで冷凍した胚を、体内に移植してほしい」と頼んだ（リチャード・マーズ博士もまた、米国受精学会の倫理委員会のメンバーだ）。リチャード・マーズ博士は、尊敬を集めている、有名な人物だった。そしてその三年前には、米国では初めて、いったん冷凍された胚を用いて赤ん坊を誕生させてもいた。

ヨーク夫妻はヴァージニア・クリニックに電話で問い合わせ、東海岸から西海岸まで、胚を損わずに運ぶ方法はあるかたずねた。すると、人間の通常の組織や器官と同様に、液体窒素容器に入れて運べばいいと教えられた。夫のスティーヴンも医師であり、病院研修医時代には人間の角膜などを運んだ経験があったから、自分自身で胚を取りに行くのは造作もないと考えた。飛行機の座席を二つとり、自分の横に液体窒素容器を乗せて、運んでくればいいだけのことだ。

というわけで、一九八八年の五月二十八日、リーザはヴァージニア・クリニックに再び電話をして、胚を受け取りに行きたいので準備をしておいてほしいと頼んだ。だが電話を受けた医師は、「それは許可できません」と言う。夫妻はびっくり仰天した。「あの人たち、私の赤ちゃんを人質にとって、渡そうとしないの」とリーザは当時、実家の母親に訴えている。

夫であるスティーヴンは、ヴァージニア・クリニックの態度が急変した裏には、金銭上の問題がからんでいるのではないかと考えた。ハワード・ジョーンズがヴァージニア・クリニックをオープンした当時は、全国の体外受精クリニックの数はまだ、ごく少なかった。そこで国じゅうのあちこちから、ヴァージニア・クリニックのあるノーフォークへと不妊カップルがやってきて、冷凍胚を残していった。そうしたカップルが、再移植のたびに自分のクリニックに確実に戻ってくれば、それによってヴァージニア・クリニックに入る処置費は、何十万ドル、何百万ドルにもなることだろう。だが、その後、雨後のたけのこのようにたくさん出現した他のクリニックへと冷凍胚を持ち出すのを許可してしまったら、それらの利益はふいになってしまう。

新たな担当医であるリチャード・マーズ博士が、ヴァージニア・クリニックの担当医に、再三、電話をしたり手紙を書いたりして、胚を渡してほしいと頼んだが、結局うまくいかなかった。そこで一九八八年の十一月になって、ヨーク夫妻が私のところに電話してきたのである。

私は通常、個人の訴訟はできるだけ引き受けないことにしていた。だが、この時ばかりは、夫妻の問題が他人事とは思えなかった。というのも、リーザがヴァージニア・クリニックに胚を渡してほしいと電話をした同年の五月に、私もちょうど、息子を産んでいたからだ。母親になるのは、なんともいえないほどすばらしい体験だった。それなのにリーザは、そのチャンスを奪われている。そこで私は、無料で夫妻の弁護を引き受けることにした。

胚に対する権利が夫妻にあることは、議論の余地がないと思われた。まずは、〈裁量権〉が彼らにあると明記された同意書が残っている。それに、所有権についての判例もある（カリフォルニア州でごく最近、「たとえ体外に出たものであっても、各個人の遺伝物質の所有権は、その当人にある」という判決が出ていた）。さらに、子づくりに関する決定権は、憲法によって保護されている〈個人のプライバシー〉の一部である。胚を移すかどうかを決めるのも、明らかに、子づくりに関する決定の一つだ。告訴状の原案を書き終えた私は、ヴァージニア・クリニックがあるノーフォークで開業している、弁護士のジェレミア・デントンに連絡をとった。ヴァージニアの裁判所で受け入れてもらいやすい告訴状に仕上げるには、地元の弁護士の協力を得ることが不可欠だと思ったからだ。そのデントンは、私にこう提案してきた。「その胚に、名前をつけたらどうでしょう？」

だがその提案は、私を不安にさせた。なぜなら、胚をあまりに人間扱いしすぎると、もしかしたら裁判所が、「胚は独立した一人格である」と判断してしまうかもしれないと思ったからだ。そうなると、胚を勝手に持ち出せないように、裁判所命令で監視がつけられてしまうことも考えられる。また被告側も、「胚にとって何が最善かについては、両親よりもわれわれのほうがよく知っている」ということを根拠に、引き渡しを拒みやすくなる。さらには、胚がそれ自身、法的権利をもつ人間だと判断されれば、今後のさまざまな裁判にも危険な影響を与えかねない。たとえば、女性が妊娠中絶を受ける権利も、危うくなってしまうのだ（なぜなら、中絶はすなわち殺人だということになるからである）。

そうした私の懸念に対して、デントンはファックスで、こう答えてきた。「胚をほんのちょっと人間扱いしてやることには、利点もあります。そのほうが、この裁判に興味をもつ人が、確実に増えますからね。『人々の興味をひかない退屈な訴訟では、原告側が敗訴する』というのが法廷弁護の第一原則であることを、思い出してください。これが単に、冷凍された細胞についての裁判で、原告の女性は別の場所にも、代わりの細胞をいくつも冷凍してあるかもしれないというのでは、裁判所も、一般の人も、あまり関心をひかれないでしょう。でも、それがこの世にたった二つしかない細胞で、しかもその細胞はいずれ、(法的な意味にせよそうでないにせよ) 人格をもつ人となって、ヨーク夫妻を幸せなパパとママにするかもしれないということになれば、事情は大きく違ってきます。強大なクリニックが、自らの利益ばかりを考えて、そのチャンスを妨げているという筋書きにもっていければ、巨人ゴリアテを倒すダビデのイメージを、ダブらせることができるでしょう?

たしかに、名前をつけることで胚が人間扱いされすぎるかもしれないという心配は、まったくないとはいえません。でも、法的に問題にされるのは、胚が一般的な感覚で人間といえるかどうかではなく、本質的な意味で人格をもつ存在と考えられるかどうかです。そういう観点で言えば、法律上、胚が人格をもっと解釈されることはないと、僕は思います。船や会社や犬にだって名前があるのですから、胚に、たとえば〈Yちゃん〉と名前をつけたって、いいじゃないですか」

だが、それでもまだ私は、賛成する気になれなかった。胚が人格をもつかどうかの判断は、担当判事の個人的な考えに左右される部分が大きく、なんとも不確実だと思えたからだ。そこで私は、無理やりという感じで、デントンのアイディアをひっこめさせた。そして、一九八九年の〈母の日〉の二日後に提出した告訴状には、「ヨーク夫妻の胚」という表現を多用することで、胚自体の権利よりも、胚に関するヨーク夫妻の権利を強調することにしたのである。

審問の前日、私はヴァージニア州に飛んで、デントンと落ち合った。弁論の最終案を仕上げ、翌日の論戦に備えるためだ。被告側は、「もしヨーク夫妻が胚を取り戻すことを許可したりすれば、オルダス・ハックスリーの未来小説『すばらしい新世界』そっくりだ、という非難を受けることになってしまうだろう」と主張していた。だが私に言わせれば、ハックスリーの世界そのものだという非難を受けるべきなのは、医師たちのほうだった。なにしろその小説の中でも、トラブルのそもそもの発端は、試験管ベビーの運命を決める権利を、クリニックの責任者たちが親から取りあげたことにあったのだから……。私たちは、ヴァージニア・クリニックを統括している病院に対して、ヨーク夫妻の胚を取り戻せるよう、力を貸してほしいと要請していた。だが病院の顧問弁護士たちは、それはできないとはねつけてきた。「ヴァージニア・クリニックでは、厳重に鍵のかかる容器に胚を保管しており、病院側は合鍵をもっていない」というのがその理由だった。

ヨーク夫妻についての審理が続いていた数ヵ月のあいだにも、米国受精学会の倫理委員会の会合は、継続的に行われた。裁判で敵味方に分かれているハワード・ジョーンズとリチャード・マーズ、そして私は、他の数人の委員とともに、意匠を凝らしたホテルの小さな会議室で同席し、体外受精に関するルールづくりを進めていった。委員長であるジョーンズは、「患者夫婦が胚を他のクリニックに移そうとした時は、どういう態度をとればいいか?」という問題についても、会合の議題にのせようとした。米国受精学会の名で、「クリニック間の胚の移動は倫理的とはいえない」という声明を出して、裁判を有利に運ぼうと目論《もくろ》んだのだ。

だがついに、裁判所の判決が出た。「契約に関する法律、所有権に関する法律、そして憲法に照らして、ヨーク夫妻には、胚を別のクリニックに移す正当な理由がある」というのが、その結論だった。そしてその三ヵ月後、ヴァージニア・クリニックはやっと、胚を夫妻に返すことに同意した。

その翌朝、たくさんのテレビ・カメラに囲まれながら、ヨーク夫妻とジェレミア・デントン、そして私の四人は、胚を救出するために、ヴァージニア・クリニックへと向かった。だがクリニックでは、胚の保管してある部屋には、一人だけしか入れないと言う。そこでスティーヴ一人が入室し、胚がもともとの保管場所から液体窒素容器に移されるのを、見届けることになった。

戻ってきたスティーヴは、開口一番にこう言った。「胚を取り戻す手助けをしてほしいと私たちが頼んだ時、病院側が、『容器の鍵がないので、開けることができない』という意味のことを言って断ったのを、覚えているでしょう? でも胚の保管容器にはどれも、じつにちゃちな錠がついているだけでしたよ。まるで安物のスーツケースについているような錠で、あれなら、ヘアピンでだって開けることができるでしょう」

それから私たちは、空港へと向かった。ヨーク夫妻は、カリフォルニアに戻るための航空券を、三枚とってあった。高さ一メートルほどの筒型の液体窒素容器をいちばん窓側の座席に据えると、夫妻はそのまわりにクッションを巻き、シートベルトをしっかりと留めた。

人間の〈品種改良〉

妊娠中絶合法化に反対する人たちの感傷が根強いため、現在でもまだ、胚を用いた処置に対する国家的な補助金はない。十いくつかの州で、健康保険を扱う会社に対して、「体外受精やそれに関連した処置にも保険を適用するように」という法律が定められているだけだ。こうした状況ではどうしても、各体外受精クリニックは、金持ちの患者を獲得しようとして、激しい競争を繰り広げることになりやすい。その結果、移植後、ごく短期間で胚が母体に吸収されて消えてしまったような事例についても、いったんは妊娠反応が出たということで、妊娠成功例に数えるようなクリニックも出てくる。また、出産例を増やすために、一度に十個もの胚を移植したり、排卵誘発剤を大量に使ったりする所もある。こうしたことは母体にも胎児にも負担が大きいのに、クリニックの都合で勝手に行われるのだ。

不妊治療は、かつては医療のごく小さな専門分野にすぎなかったが、今では年間二十億ドルを稼ぎ出す産業になっている。体外受精を受ける夫婦が一度の妊娠を実現するまでに支払う費用は、だいたい四万四千ドルから二十万ドルにも及ぶ。不妊治療の専門家は、医師たちの中でもとりわけ収入が多い。経験豊かな人になると、年収は平均六十二万五千ドルにもなる。体外受精のパイオニアであるロバート・エドワーズさえもが、今では商業主義に乗ってしまった。一九八六年に、ボーン館を、排卵誘発剤メーカーであるセロノ社に売り渡したのである。売却代金は、千二百万六千ドルだったと噂されている。セロノ社のトーマス・ウィガンズは、レポーターのロバート・リー・ホーツに、こう語っている。

「わが社は今や、生殖技術の分野に関して、従来とは違った関わりかたをするようになったといえます。これまでも私たちは、医師たちとは良好な関係を築いてきました。でも、ありていに言ってしまえば、彼らを雇っていたわけではなかったのです。ところが今では、私たちが医師を雇う立場に立ちました」

生殖技術のバリエーションは現在、大きく広がっている。ドナーによる卵の提供。ある女性から別の女性への胚移植。妊娠を継続できない娘に代わって、胚にとっては祖母であるその母親が、おなかの中で胎児を育てること……。現在までに六十万人以上の米国人が、生殖技術を利用した処置を受けている。

しかしながら、妊娠にまつわる実験を行っている研究者たちの関心は、不妊の治療にだけ向けられているわけではない。生殖の場が夫婦のベッドから研究室に移されたことによって、研究者たちには、これまでにはなかった、まったく新しいチャンスが訪れた。人類の発達の方向に、影響を与えることができるようになったのだ。ドナーの卵や精子の中から、思いどおりの特徴をもったものを選び取って受精を行うことによって、人間の〈品種改良〉を行うことができるようになったのである。ということはつまり、理論的には、赤ん坊の遺伝子コードを書き換えて、まったく新しい特徴をもった人間をつくることも可能なわけだ。

多くのクリニックでは、まだ完全には確立していない新しい不妊治療法を試す時にも、そのことをいちいち患者にことわらない。ある不妊治療医は、得意気な様子で、私にこう話した。「われわれは、思いついたことはすぐに、臨床で試してみるんだ。さっさと準備をして、患者にやってみる。インフォームド・コンセント〔きちんと説明し、患者の同意をとりつけた上で、処置を行うこと〕なんて、関係ないね。だって彼らは、妊娠させてもらえさえすれば、それで満足なんだから」

「リーザ・ヨークのような不妊女性たちに、母親になるチャンスを与えたい」と思って私が活動してきたのは、けっして、詳しいことも知らされずに実験台にされる権利を獲得するためではなかったのだが……。

3　赤ちゃんがいっぱい

排卵誘発剤と多胎妊娠

一九九七年の十一月に、ボビー・マカヒーは七つ子を産んだ。新聞はさかんにそれを、「すばらしい奇跡！」と書き立てたが、この超多胎妊娠を引き起こしてしまった医師の責任を考えると、そんな言葉で浮かれているわけにはいかない気がしてくる。一つ間違えば、母親であるボビーも、七つ子も、全員死んでいたかもしれないからだ。

「人間の女性のからだは、他の動物のように、たくさんの赤ん坊を一度に産むようにはつくられていません」と、『ナイトライン』誌の対談で、私はテッド・コペルに語った。

すると実家の母が電話してきて、文句を言った。「だって素敵なニュースじゃないの。それにあの赤ちゃんたち、すごく可愛いわ」

だが私が、「でも、ボビーがこれから、合計三万五千枚もの紙おむつを替えなければならなくなったのは、もちろん神様のせいではないし、排卵誘発剤のせいでさえないのよ。言ってみれば、これは医療ミスみたいなものなんだから」と説明を始めると、母の考えも変わっていった。たいていの場合、三つ子以上の超多胎妊娠は、医師が適切な処置を行えば、避けることができるのである。

ニューヨークにあるコロンビア大学の医学部教授で、生殖内分泌学科の主任教授でもあるマーク・ソーは、こう言う。「今回はたまたまハッピー・エンドに終わったからいいようなものの、もし母親が死亡したり、赤ん坊たちが、脳性麻痺などといった、生涯続くトラブルをかかえて生まれてきたりすれば、ことは悪夢だった。今だってまだ、完全に安心してしまうわけにはいかない。もしかしたら今後、心理的な面での問題があらわれるかもしれないからだ。われわれには当然、『どうして、このようなことが起きたのか?』、『何か別の方法はなかったのか?』と問う権利がある」

ロングアイランド体外受精クリニックの院長であるダニエル・ケーニクスバーク博士も、こう語っている。「一般の人は七つ子のことを、すばらしい奇跡だと言う。だが専門家としての私に言わせてもらえば、あれは、たまたま副次的に起きてしまった〈合併症〉とでもいうべきものだ。時として、人工受精が必要以上にうまくいきすぎてしまうことがあるんだよ」

排卵誘発剤が開発されてから、まだ三十年ほどしかたっていない。約三十年前、イタリアで、閉経後の女性の尿中からゴナドトロピンというホルモンが抽出され、ペルゴナールという排卵誘発剤がつくられた。尿を提供したのは、主として、年配の修道女たちだった。自分の子どもはもたないという宗教上の誓いを立てている修道女たちは、他の女性が妊娠するのを助けるためと聞いて、進んで協力したのだ。

ペルゴナールの注射を受けると、その女性の卵巣では、通常よりたくさんの卵胞が一度に成熟する。血中ホルモンを調べたり、超音波検査を行ったりすれば、だいたいいくつぐらいの卵胞が成熟しているかわかるから、医師はその結果に応じて、排卵を促す別のホルモンを注射するかどうか決める。もし卵胞があまりにたくさん育ちすぎている場合には、医師は、「今月は、妊娠は見合わせましょう」と患者夫妻に告げる。超多胎妊娠になってしまうと、とても危険が大きいからだ。

ひと昔前までは、排卵誘発剤は、卵巣機能が完全に停止している女性に対してだけ処方された。だが今日では、避妊をやめて数ヵ月しても妊娠の徴候がないので処方を希望する、いささかせっかちなだけの女性にも、安易に用いられるようになっている。そのような場合、排卵誘発剤を注射すると、卵巣からつぎつぎに卵が飛び出すといった事態になる。一九九七年には年間千三百万近い排卵誘発剤が投与され、その代金は、総計二億三千万ドルにものぼった。

排卵誘発剤の投与を受ける女性があまりに増えたため、一九九五年、米国では、毎月ペルゴナールが大幅に不足するという事態が続いた。「生殖能力が衰える年齢をなんとか遅らせて妊娠したいと考えている、三十代後半や四十代の不妊女性たちにとっては、ペルゴナールが足りないために投与を受けられないのは、死活問題だ」と医師たちは考えた。そこで米国食品医薬品局では、通常の手続きを省いて、この薬品を緊急輸入することになったのである。

しかしながら排卵誘発剤は、女性にも赤ん坊にも重大な危険を与えかねない、あぶない薬だ。それなのに、「この種の患者には使用してはいけない」という規定も、「不妊治療専門医しか投与できない」という規定も、法律では定められていない。じつのところ、ごく普通の家庭医でも、排卵誘発剤を投与できるのである。今でも思い出すのは、ロサンジェルスのレストランで、不妊治療の専門医と食事をとっていた時の出来事だ。その医師の携帯電話に、突然、別の州の一般開業医から電話が入った。二種類以上の排卵誘発剤を混ぜて投与したところ、患者の血圧がひどく下がってしまったため、どうすればいいのかわからなくて、問い合わせてきたのだ。

双子以上の多胎出産のうち五八パーセントは、排卵誘発剤を使った女性によるものであり、二二パーセントは、体外受精を受けた女性によるものだ。実際、体外受精による出産のうち三分の一は、多胎出産である。体外受精の際、医師は通常、二つ以上の胚を女性の体内に移植する。移植した胚のうち、全部が育って出産にこぎつけることは稀だからだ。カリフォルニア州では、最初の夫とのあいだにすでに七人の子があり、孫も六人いる四十九歳の女性が、再婚相手とのあいだにも子どもが欲しいという理由で、体外受精を受けることに決めた。この時は、五個の胚が移植された。これぐらい移植しないと、一つも育たないのではないかと、医師が判断したからだ。だが結局、赤ん坊は四人生まれてしまった。

普通の治療計画では（そして、健康保険会社の保険金支払いも）、胚移植を受けられるのは何回までという上限が、あらかじめ定められている。したがってどうしても、「限られたチャンスに、できるだけたくさんの赤ん坊を得たい」という気持ちになりやすい。「胚移植を受けて失敗するたびに、カップルはどんどん、ギャンブラーのような心境になっていく。つぎの回には、前よりもっとたくさんの胚を移植してもらいたがるのだ」と、体外受精専門医のソーは語っている。

いっぽう体外受精クリニックのほうも、妊娠成功率の実績を上げるために、排卵誘発剤の使用や多胚移植を歓迎する。たとえば、「このクリニックでは、これまで二百人の患者さんに体外受精を行い、百五十人の赤ちゃんが生まれています」と言うとする。でもじつは、五十人の患者がそれぞれ三つ子を産んだのであり、残りの百五十人は、子どもを授かることなく、虚しく家に戻ったのかもしれないのである。『ニューヨーク・タイムズ・マガジン』誌上に体外受精クリニックの広告がひしめいている現状では、患者獲得のために、いささかフライング気味に排卵誘発剤を使う医師たちも少なくない。ごく健康な、妊娠能力のある女性であっても、自然に妊娠するまでには一年近くかかることも珍しくないのに、たった三ヵ月ほど妊娠の徴候がないからといって、排卵誘発剤を処方してしまったりする医師もいるのだ。

七つ子についてのコメントをマスコミ各社から求められるまで、私は多胎妊娠について、あまり突っこんで考えたことがなかった。だがいったんその問題に関心をもちはじめてみると、どうして各地の保健所が、「三つ子や四つ子は、公衆衛生という面から見ると、けっして望ましくない」と指導しないのか、不思議でならなくなった。不妊クリニックの医師たちは、多胎出産を平気で行わせることで、母体をも赤ん坊をも危険にさらしている。そしてその結果、各地の大病院の新生児集中治療室は、パンク寸前になってしまうのだ。二十世紀前半には、四つ子は世界中に、全部で四十六組しかいなかった。それが今では、米国内だけでも、毎年山ほど生まれている。一九九六年には、米国内で双子として生まれた赤ん坊は、十万七百五十人だった。同じく、三つ子として生まれたのは五千二百九十八人、四つ子以上は六百四十一人だった。

多胎出産をつぎつぎに行わせていることについて意見を聞かれた、アイオワ州中部の不妊クリニックのドナルド・ヤング博士は、「不妊カップルにとっては、それはもちろん快挙ですよ」と語っている。

また、ロングアイランドにあるノース・ショア病院のヴィクター・クライン博士も、患者たちから、「でも、三つ子や四つ子は困るんです」と言われると、こう答える。「べつに、困ることはないでしょう？　望みどおり赤ちゃんが授かって、しかもそれが大勢なんですから」

だが、排卵誘発剤によって卵巣に刺激を与えすぎると、卵巣が腫れて出血しやすくなり、ひどい尿閉が起きることがある。そして場合によっては、心不全を起こす。その上、三人以上の胎児をおなかに宿している女性は、命を落としかねない血栓症や、糖尿病になる危険が大きい。妊娠中、できるだけ自宅のベッドで安静にしたり、入院したりしなければならず、早期に子宮収縮が起きてしまうのを防ぐ薬を服薬したり、子宮の入り口を縛る手術を受けたりしなければならない場合も多い。その上、排卵誘発剤を使っている女性は、卵巣癌になる確率が高い。現在、米国食品医薬品局では、「すべての排卵誘発剤に、〈癌にかかる確率が高まる〉という警告文を明記しなければならない」と定めている。

たいていの不妊クリニックでは、患者に治療同意書を書かせる。そうした同意書には、「もし地震その他の天災、労働組合のストライキ、戦争などが起きて、胚に支障が生じても、異議は申し立てません」という、めったに起こりそうもない危険についての一文が含まれていることが多い。それなのに、多胎妊娠に伴う最も重要な（そして統計的に見ても、はるかに起きる確率の高い）危険については、なんのことわり書きもないのである。クリニックの中には、体外受精による出産のうち三分の一は双子以上の多胎妊娠であるという事実さえも、事前に患者に告げないところが多い。

狭い子宮を大勢で共有しなければならない、胎児の身にもなってみるといい。

多胎妊娠では、子宮内で育つあいだに、胎児が肺の発育不全や脳内出血を起こす確率が高い。また、狭いところに押しこめられているために、複数の胎児のからだの一部が融合してしまい、いわゆる〈キメラ〉になる心配もある。これまでに、体外受精によってできた男児の胚と女児の胚が、子宮内で融合して一人の赤ん坊になってしまい、生まれた時には男女両方の性器をもつ個体になってしまったというケースも、一例報告されている。しかも研究者たちによれば、たまたま同じ性の胚どうしだったため、じつはキメラ化が起きているのにそうとは気がつかないケースも、他にあるのではないかという。

単胎妊娠の場合には、未熟児として生まれる確率はわずか八パーセントであるのに対して、双子の場合には五三パーセント、三つ子の場合には九二パーセントにものぼる。多胎出産児の一六パーセントは、生後一ヵ月以内に死亡する。いっぽう単胎出産児の生後一ヵ月以内の死亡率は、三パーセントである。

たとえ無事に生きのびる場合でも、多胎出産児はそうでない場合より、入院期間が長びくことが多い。単胎出産児の場合には、集中治療室での治療を受ける必要があるのは一五パーセントだけだが、多胎出産児の場合には、七八パーセントがそれを必要とする。マカヒー家の七つ子が全員退院できたのは、生後三ヵ月たってからだった。いちばん小さなアレクシスは、酸素ボンベにつながれたまま退院した。そして、呼吸困難を起こしたため、またじきに再入院しなければならなくなった。また、その兄のケニーには、眼科手術が必要だった。多胎出産児は、大きくなってからもずっと続く心身のトラブルに悩まされやすい。肺の機能不全、脳性麻痺、視力障害、学習障害といった問題が、起こりやすいのである。インディアナ州で生まれた六つ子には、州のお金で、三年間にわたる特別なケアを行う必要があった。ニューヨークの六つ子にも、医学上の問題があった。一人は両目、もう一人は片目が見えず、さらにもう一人には癲癇《てんかん》があったのだ。

こうした事実があるにもかかわらず、多胎出産児のかかえる諸問題についての、きちんとした追跡調査は行われていない。だから、多胎妊娠には大きな危険があることを、人々は知らずにいるのだ。

さらに、もし仮に多胎出産に伴う危険を大幅に減らせたとしても、出産費用の問題は残る。一九九一年の資料によれば、赤ん坊が一人だけなら出産費用が一万ドル程度であるのに対して、双子の場合には三万八千ドル、三つ子の場合には十万ドルもかかる。

いっぽう病院側も、増えつづける多胎出産に対応するために、これまでより大きな新生児集中治療室を備える必要に迫られるようになってきている。たとえばイリノイ州ネイパーヴィルにあるエドワード病院でも、最近、新生児集中治療室を大幅に広げた。この町には、排卵誘発剤を用いた治療を長期にわたって受けられるような、富裕な三十代の女性が多いため、近年、多胎出産が急増したのだ。私はシカゴの、時代の流行に特に敏感な地域に住んでいるのだが、この近所のドラッグストアでも最近、不妊関連のホームページを立ち上げた。その治療費を払えるような、お金持ちの女性客を獲得したいと考えたからだ。

マカヒー家の七つ子の誕生に際しては、四十人にものぼるヘルスケアの専門家たちが、七つのチームに分かれてケアを行った。その費用は、基本的なものだけでも、百万ドル近くにのぼる。出産の際には、まるで軍事演習さながらの光景が展開されたという。AチームからGチームまでが、事前に何度も練習した手順どおりに動いたのだ。その時の様子を、集中治療室の看護婦であるセシリア・カーヴィンは、レポーターたちにこう描写している。「私が、『ベビーAチーム、前へ！』と言うと、ベビーA担当チームが進み出て、備品チェックを行い、最終確認事項を復唱します。つぎにはベビーBチームについて、同じ手順が繰り返されるのです」。こうした万全の態勢の中で、四人の男の子と三人の女の子は、全員生きのびることができた。ケニス、ナサニエル、ブランドン、ジョエル、、ケルシー、ナタリー、そしてアレクシスの、計七人である。

現在ではまだ、こうした事態に対処しなければならないのは、新生児集中治療室だけだ。だが何年もたたないうちに、たくさんの四つ子や五つ子たちが、学齢に達する。児童数の少ない学校では、そのそれぞれを別のクラスに分けられるほど、学級数が多くない。そうなると多胎児たちは、兄弟姉妹以外の子供たちと十分な交流をもつことができず、社会的な発達に問題が出てくる可能性もある。

多胎児は一般的に、言葉をしゃべりはじめるのが遅い。その理由は、一人一人に向けられる関心が薄いからだとも、兄弟どうしで特別のコミュニケーション法を発達させているために言葉を必要としないからだとも、言われている。両親の関心を奪い合わねばならないから、兄弟げんかも多い傾向にある。また、年齢の離れた兄弟にくらべると、お互いに比較されることも多い。

多胎児をもつ親はそうでない場合にくらべて、疲れ果てたり、ふさぎこんだり、不安になったり、他の夫婦や昔からの友達と疎遠になったりする傾向が強い。一度に五人とか六人の子どもにトイレット・トレーニングをする大変さを、想像してみてほしい。文字を教えるのも、もっとのちになって車の運転を教えるのも、みな同時なのだ。多胎児の親のじつに三分の一が、子どもが三歳になる前に離婚している。多胎児を育てるのは、経済的にも大変だ。しかも出費は、子どもの成長とともに、年々、多くなっていくいっぽうなのである。

六つ子の親であるキース・ディリーと妻のベッキーは、本業以外にアルバイトもしてきたが、それでも足りずに家を手放し、もっと狭い家に引っ越した。「もう、どうにも我慢できないと思う日もありますよ。そのうち、もっとましになればいいのですが……」と、疲れきった様子でキースはこぼした。

多胎出産をできるだけ減らす良策の一つは、英国で実施されているように、一度に母体に移植できる胚の数を三個までに制限する法律を可決することだ。わが国でも、米国生殖医学会（米国受精学会の、改名後の名称）から、そうした制限を設けるべきだという勧告が出されてはいるが、強制力がないため、ほとんど守られていない。私の知るかぎり、医師たちは、一度に七個から十個の胚を移植しているのが実情のようである。

排卵誘発剤を使っても、一度に二個か三個の卵しか排卵できない女性に対しては、一つの卵を二分割ないし四分割して妊娠のチャンスを増やすという研究が、現在、不妊専門医たちによって進められている（これはもともと、牛の繁殖に用いられている手法だ）。それが実現すれば、多胎児は、今よりさらに増えるに違いない。牛の繁殖家たちは、一個千五百ドルもする優良牛の胚を、八個ないし十六個に分割できることを知っている。分割しても、そのそれぞれの断片から、もとの胚と同じ胚ができ上がるのである。それを何頭もの、ごく普通の雌牛たちに移植すればいいわけだ。人間の場合には、もとの母親の体内に戻すところが違うだけである。

「たくさんの胚を一度に移植するのは、妊娠の確率を上げるためだ」と医師たちは言う。しかし、『ニューイングランド・ジャーナル・オヴ・メディスン』誌の一九九八年八月号に掲載された論文によれば、移植する胚は二個が最適だという。それ以上移植しても、妊娠の確率は上がらないのだ。

すぐに農家の娘たちに手を出して孕《はら》ませたといわれる昔の行商人たちと同じで、不妊専門医たちも、自分の行動によってたくさんの赤ん坊が母体内に宿ってしまっても、なんら自責の念を感じることはないらしい。そうなったらそうなったで、また別の処置を行なえばことが足りると、平然と構えているのだ。その処置とはすなわち、胎児の減数である。余分な胎児の心臓に、塩化カリウムを注射して殺すのだ。この処置によって、妊娠そのものが駄目になってしまう場合もないわけではないが、多くの場合、他の胎児は生きのびる。この処置について、医師たちは〈中絶〉という語を使うのを避け、〈選択的減数〉と呼んでいる。

ボビー・マカヒーの場合にも当然、胎児の選択的減数を行ったらどうかと勧められた。「信仰の点から、それはしたくない」とボビーが断ると、医師たちはほんとうにびっくりした顔をしたという。だが、不妊に悩んでいた女性が、夫婦そろっての努力がやっと実って授かった命を絶つのはしのびないと考えるのは、特に不思議なこととは思えない。

不妊専門医たちが多胎妊娠の危険性に十分な関心を払わない理由の一つは、その結果生じるトラブルに、医師たち本人が対処する必要がないという点にあるのだろう。体外受精を行う医師は、自分の手で選択的減数を行うわけではない。また、新生児集中治療室に立ち会って、視力障害や神経学的トラブル、脳性麻痺などに苦しむ赤ん坊を、直接目にすることもないのである。

ハイテク生殖によって生じたトラブルを、ハイテク中絶によって解決するというのは、いささか奇妙な現象ではないだろうか？　だが、年間百例にものぼる選択的減数を手がけるデトロイトのマーク・エヴァンズ博士は、こう言う。「せっかくこのような方法があるのに、それをやらないなんて、まるで、自分から車に飛びこんだからといって、けが人にまだ息があるのに治療をしないようなものだ。われわれは社会の一員として、その社会の人々の生活を少しでも良いものにしようと努力する。ハイテクの利用も、そうした努力の一部なのさ」

しかしながら、選択的減数には弊害もある。その処置を受けた女性たちの三分の一は、一年たっても罪悪感や悲しみから完全には立ち直れず、ちょっとしたことでふさぎこみやすい。このやりかたが初めて用いられるようになった一九八四年から一九八九年の五年間には、処置を受けた女性の三分の一が、おなかの胎児を一、人、、残、らず、失ってしまった。今でもまだ、七パーセントから一三パーセントは、妊娠そのものが駄目になってしまう。もし出産までこぎつけたとしても、赤ん坊は未熟児であることが多い。

ミシガン大学の疫学者であるバーバラ・リュークは、こう警告している。「選択的減数を行う医師たちは、胎児にダメージを与え、組織を破壊する。生き残った赤ん坊たちに、長期的に見たらどのような影響が出るか、だれにもわからない」

「五つ子」は見せ物ではない

五つ子や六つ子を連れ歩いていると、いやでも人目につく。六つ子の両親であるディリー夫妻も、しょっちゅうまわりの人に、「この大勢の子どもたちは何?」とたずねられる。そしてそのたびに、「みんな、うちの子ですよ」と説明しなければならない。

一九三四年生まれのディオンヌ家の五つ子以来、超多胎児はいつも、人々の好奇の目にさらされてきた。一卵性の五つ子であり、顔もみなそっくりな、アネット、セシール、エミリー、メアリ、イヴォンヌのディオンヌ五姉妹の場合には、ことに悲惨な目にあった。彼らの居住地だったカナダのオンタリオ州が、裁判所命令によって親権をじつの両親から取りあげ、州政府みずからが、姉妹の保護者になったのである。その上で、彼女たちの自宅をテーマパークにしてしまった。そうしてできた〈五つ子ランド〉には、何百万人もの見物客が押し寄せ、その中には、俳優のクラーク・ゲーブルや女性飛行家のアメリア・エアハートといった、有名人も混じっていた。九歳になるまでに姉妹がテーマパークの外に出るのを許されたのは、わずか三回だけだった。そして姉妹の主治医は、世界でいちばん有名な医者となった。

ディオンヌ家の五つ子の人形は、いっとき、シャーリー・テンプルの人形よりも人気があった。また、ベビーフードや消毒薬、トイレットペーパーなどの売り上げを伸ばすために、姉妹の肖像が使われた。そして、そのような肖像権に対して支払われたお金は、大部分、州政府の懐《ふところ》に入った。州政府は公認カメラマンとのあいだに、写真撮影に関する独占契約を結んでいたので、姉妹のじつの父親は、娘たちの写真を撮ることもできなかった。

姉妹は絶えず、大勢の人たちに見られていた。一日に三回、六千人を超える見物客に公開されるだけでなく、研究者たちもいっぱい群がって、その一挙手一投足を観察していたからだ。

マカヒー家の七つ子が生まれた時、ディオンヌ五姉妹のうち、まだ生きていた三人が、マカヒー夫妻に手紙を書いた。『ロサンジェルス・タイムズ』紙に掲載されたその手紙には、つぎのように記されている。「私どもがお宅の赤ちゃんたちを、とても身近な存在に思い、愛しく感じていることを、どうぞご理解ください。……多胎出産児はけっして、見世物ではありません。また、商品を売るために利用されるべきものでもないのです」

ごく最近まで、ディオンヌ五姉妹のうち存命の三人（アネットとセシールとイヴォンヌ）は、合わせて月にわずか四百九十ドルの年金で暮らしていた。だが、この世に誕生してから六十四年もたった一九九八年の五月に、オンタリオ州政府から、これまでさんざん利用してきたことに対する慰謝料として、二千八百万ドルが支払われた。

排卵誘発剤を使う夫婦の中には、ディオンヌ五姉妹のこうした体験をも、さして悲惨なものとは思わない人たちもいるらしい。十年ほど前、排卵誘発剤を使って五つ子を得たカナダ人夫婦、ローレン・フォルジーと妻のキムは、肖像権の使用申しこみがきっと来るだろうと考えて、その処理にあたらせるために、プライス・ウォーターハウスという人物を雇った。だが、いっこうに申しこみがなかったので、今度は広告代理店と契約を結び、世間の関心をかきたてようとした。しかしながら結局、子ども服メーカー一社とのあいだに、一年間のCM出演契約を結べただけに終わった。

英国では、マンディ・オールウッドという亭主もちの女性が、プレイボーイを自認する、ポール・ハドソンという男に恋をした。夫の家を飛び出したマンディは、ポールの子どもを妊娠したが、結局、流産してしまった。その四ヵ月後、マンディはかかりつけの一般開業医を説き伏せて、排卵誘発剤を処方してもらうことにした。夫とのあいだに子どももあり、ごく最近に妊娠経験もあるマンディは、けっして不妊症とはいえない。ただ、早くポールの子を産みたくて、焦っていたのだ。

薬のおかげで、マンディはすぐさま妊娠した。おなかの子は、どうやら一人だけではないらしかった。じつはポールのほうはマンディのことを、さして大事に思っているわけではなかった。今でも週のうち半分は、マンディ以外の昔からのガールフレンドのところで暮らしていたのだ。「おなかの子は四つ子らしい」とマンディに聞かされた時点では、ポールはたいして関心を示さなかった。だがその後、マンディはまた、検査を受けた。もしかしたら七つ子かもしれないと知って、ポールは俄然、喜んだ。八つ子だとわかった時には、小躍りせんばかりだった。

子宮内で八つ子が無事に育った前例はなかったから、医師たちは選択的減数を勧めた。だが英国のタブロイド新聞社が、もっとおいしい話をもってきた。「今回の体験談を掲載する独占権を認めてくれれば、無事に生まれた赤ん坊の数に応じて謝礼を払う」というのだ。

妊娠二十週目に入ると、マンディは胎動を感じるようになった。無事に出産できるまで、もう一息だ。お金が欲しかったマンディは、ローランダのトーク・ショーに出演した。ところがそのトーク・ショーが放映されるより前に、流産の徴候が出はじめた。

その後、三日以上かかって、八人の赤ん坊はつぎつぎに流産してしまった。しかしそれでもマンディとポールは、このごく短期間のマスコミへの登場料だけで、ロンドンに家を買い、二年間は楽に暮らせるだけのお金を手にすることができたのである。

七つ子をもったマカヒー夫妻も、多胎出産児はお金の代わりとして利用できることを知った。アイオワ州知事は、夫妻に家をくれると約束した。そして、ベッドルームが七つ、洗濯場が二つある五百四十平方メートルの家が、知事の個人寄贈という形で建てられた。トヨタ自動車からは、マイクロバスが贈られた。さらには、ケーブルテレビの七年間無料視聴権、アップルソース十六年分、パンパース紙おむつ一生分、といったプレゼントもあった。夫妻の住む、人口三千五百人のアイオワ州カーライルという町からは、ベビーシッター・サービスを無料提供するという申し出もあった。

今では夫妻は、さまざまな申し出を整理するために、代理人を雇っている。その代理人が、ボランティアのキリスト教徒たちの助けを借りて、ことを処理しているのだ。コマーシャル関係の調整を行っているのは、七つ子のパパ、ケニー・マカヒーである。いっぽうママのボビーも、シンプリシティー・パターン社のベビー服のデザインを、手がけるようになった。夫妻は、一家の日常を映画に撮る撮影権を、ある映画会社に売った。また、ディオンヌ五姉妹の場合と同様に、二年間にわたる写真撮影の独占権も、ニューヨークの会社に売っている。

世界中の善意の人たちから贈られてくるプレゼントの包みを開けるのに、ボビーは毎日、三時間ほどもかかるという。だが、マカヒー夫妻にまた何かが贈られたというニュースを新聞で読むたびに私は、無責任な不妊専門医のせいで三つ子や四つ子などをもつことになってしまった、他の何千組もの夫婦のことを考えずにはいられない。その多くは、知事から家をもらうこともなく、近所の人たちにベビーシッターのボランティアを頼めるわけでもない。ちょっと一息つくために、紙おむつ会社からの無料提供をあてにすることもできないのだ。

じつは紙おむつ会社は、多胎出産児の最近の急増ぶりに、うんざりしているのである。ある四つ子の母親が問い合わせたところ、紙おむつ会社の広報担当者は、こう答えたという。「四つ子では、珍しくもなんともありませんからね。わが社では、最近は通常、多胎出産児に特別なプレゼントをするということは、やっていないのです。もし今後、六つ子をお産みになるようなことがあったら、またお知らせください」

4 凍った命

アッシュ博士の〈犯罪〉

ロレッタ・ジョージと夫のバジーリュは長年、不妊に悩んでいた。そこで、カリフォルニア大学アーヴィン校の、リチャード・アッシュ博士に相談してみることにした。アッシュ博士は、世界的に有名な不妊専門医であり、彼が開発した〈配偶子卵管内移動法〉という手法の頭文字をとって、「GIFT〔ギフト。〈贈り物〉の意〕博士」と呼ばれていた。ポロ競技を楽しむことが趣味の、ハンサムで堂々とした風貌のアルゼンチン人であるアッシュ博士の配偶子卵管内移動法には、それまでどんな不妊専門医も達成できなかった長所があった。ローマ教皇庁も、文句のつけようのない方法だったのだ。他の手法のように、女性の卵をシャーレ内で夫の精子によって受精させるのではなく、女性の卵管に、精子を直接、注入したのである。これならば、自然妊娠にきわめて近い状態で、受精が起こる。

アッシュ博士の同僚の一人は、私にこう語った。「彼は間違いなく、世界でいちばん素晴らしい不妊専門医の一人だよ。進取の気性に富んだ科学者であるだけでなく、心の広い指導者でもあるんだからね」。また、患者の夫の一人も、「博士のためにだったら、命を差し出しても惜しくないくらいだ。国で、彼の銅像を建てるべきだね」とほめちぎった。

しかしながら時がたつにつれて、告発者たちが何人もあらわれて、この博士のもう一つの顔を暴《あば》きはじめた。アッシュ博士のクリニックで行われている怪しい行動についての告発が、カリフォルニア大学当局にあいついだのだ。告発の内容は、まず第一に、米国食品医薬品局で許可されていない薬品を、博士が患者に使っているというものだった。その上、あろうことか、本人に知らせることも同意をとりつけることもせずに、一部の不妊患者たちから卵をかすめ取り、それを別の患者に移植しているというのである。移植を受けるほうの患者は、その卵が正規のドナーから提供されたものだと、信じこまされていた。

この告発の内容は、きわめてショッキングで重大だ。しかしながら、のちに患者によって起こされた訴訟によって明らかにされたところでは、告発を受けた大学当局は、アッシュ博士を懲戒免職にするのではなく、告発者たちに九十万ドルの口止め料を払うことで、ことを内々にすませようとしたのだという。

ジョージ夫妻は、ごく早い時期にカリフォルニア大学アーヴィン校でアッシュ博士の治療を受けたカップルのうちの一組だった。三万ドルの治療費を払ったロレッタは、いったんは妊娠したものの、結局、三ヵ月後に流産してしまった。だがこの時、ロレッタ本人には知らされないまま、彼女の卵のうち五つが別の女性に移植され、その女性は双子の赤ん坊を産んだ。

それから六年がたって、いまだに子どものないロレッタのもとに、自分の卵を使って生まれた子どもが二人、この世に存在しているというニュースが飛びこんできた（一人は男の子、もう一人は女の子だった）。夫のバジーリュは、「子どもたちの父親がちゃんと二人を育てているか、この目で確かめなければ気がすまない」と言いはった。ロレッタも、ぜひとも子どもたちに会いたいと思った。そして夫妻は、子どもたちがバス停で待っているところを、ビデオで撮影した。わずか四分間のそのビデオを、二人は擦り切れるほど何度も見た。ロレッタは、女の子の歩きかたが、自分の子ども時代にそっくりだと思った。見れば見るほど子どもたちが大好きになってしまったので、夫妻は、双子の親権を求める訴訟を起こすことに決めた。

このような目にあったのは、ジョージ夫妻だけではなかった。デボラ・チャレンジャーと夫のジョンも、自分たちの血をひいた双子が別の女性から生まれているのを知ったのである。自分たちがキリスト教徒なのに、双子はユダヤ教の両親のもとで育てられていることが、夫妻にはとても気になった。

ルネ・バルーの場合には、知らずに提供してしまった卵から生まれていた子どもは、双子ではなく一人だった。ルネ自身は、結局、妊娠できずじまいに終わっていた。「もしかしたら私は、アッシュ博士の待合室で、今まさに私の子どもを育てている女性に、『大変だけど、頑張りましょうね』なんて言ったのかもしれない」という思いが、ルネを苦しめた。自分が離婚することになったのは子どもができなかったせいだと、彼女は信じていたのだ。最近になって再婚することが決まったのだが、その結婚式には、別のカップルのところに生まれている彼女自身の子どもにエスコートされてバージンロードを歩きたいというのが、彼女の願いだった。

「アッシュ博士のやったことは、神様にしか許されないことです」と、怒りをこめてルネは言った。「私の希望と夢を根こそぎ奪い取って、それを別の女性に与えてしまったのですから」

被害にあったカップルは百組以上にのぼり、八十四の訴訟が、アッシュ博士とその同僚たち、そして大学当局に対して起こされた。妻の卵だけが盗用されたケースもあれば、夫妻の胚がまるごと他の女性に移植されたケースもあった。なかには、生まれた子どもが今では外国に住んでいるという事例もあった。サンタアナに住むカップルの場合には、その胚のうち四つが、ウィスコンシン大学に送られて、動物学者の研究材料にされていた。

だが、告訴を受けたアッシュ博士は、メキシコに逃走してしまった。

「このような盗用事件は当然起こり得るし、それを防ぐのはとてもむずかしい」と、ボストン大学の保健法教授であるジョージ・エイナスは指摘する。「生殖技術という分野は金儲けにつながりやすいし、法もまだ整備されていないので、そこに目をつけるやつが、必ず出てくるからだ」

アッシュ博士のクリニックで助手をしていた女性は、「卵や胚を、本人の承諾なしに他の女性に移植することは、意図的に行われていました。でも、博士の仕返しが恐くて、逆らうことはできなかったのです」と証言した。いっぽうアッシュ博士自身は『タイム』誌のインタビューに答えて、「証拠書類を捏造《ねつぞう》し、贋《にせ》の治療同意書をつくって、私を陥れようとする人たちがいるのだろう」と述べ、責任を認めようとはしていない。だが、クリニックの主任だったテリー・オードも、助手の証言を裏づけるように、「アッシュ博士は、卵や胚の盗用を知っていただけでなく、みずからそれを命じていました」と述べている。

こうした盗用に際してアッシュ博士は、卵や胚の選別も行っていた。背が高く、髪の毛がブロンドで、目が青い女性の卵や胚を、好んで盗用していたのだ。また、比較的若い女性の卵を、もっと年上の女性に移植することが多かった。これは、クリニックの妊娠成功率を上げるためだと思われる。

遅きに失した感もないではないが、カリフォルニア大学アーヴィン校では、私を含む専門家たちからなる調査団を招いて、不妊クリニックを正常に運営するための指針づくりにのりだした。カリフォルニア州議会も、卵や胚の盗用を禁じる法律を制定した。「カリフォルニア・パネル・コード・セクション367」と名づけられたその法律は、一九九七年の一月から施行されている。

しかし、大学当局はいったいなぜ、私や議会に言われるまで、「女性の卵を、当人の同意なしに用いて赤ん坊をつくってはならない」ということがわからなかったのだろうか?

ペンシルヴェニア大学の生命倫理学者であるアーサー・カプラン博士は、こう言っている。「本人の承諾もなくだれかを人の親にしてしまうのは、レイプにも似た犯罪だ」

大学当局からは、不妊クリニックの元患者たちによって起こされた裁判について、和解に応じる意向が明らかにされた。大学側の弁護団は、それぞれのカップルが被った被害に見合う慰謝料の額を算定するために、事実認定書を作成した。本人たちには子どもが授からなかったのに、その卵や胚を用いてよそには子どもができていたカップルに対しては、最も高い慰謝料が支払われた。自分のところにもよそにも子どもが生まれたカップルに対する支払額が、それに次いだ。盗用された卵や胚が、結局出産にいたらず流産してしまったり、研究用に流用されたりしたカップルに対する慰謝料の認定額は、いちばん低かった。

ジョージ夫妻はまだ双子のビデオに執着しており、クリスマス・パーティに集まった二十人ほどの親戚の前で、それを披露した。そして、「子どもの養育費を半分負担するから、その代わりに親権も、双子を産んだカップルと共有したい」と申し立てた。

だが結局、大学側とジョージ夫妻のあいだには、一九九七年に、六十五万ドルの慰謝料で和解が成立した。この時には、夫妻を含む全部で三十一組のカップルに、合計千八百四十万ドルの慰謝料が支払われている。

驚くべきことに、それまで十六年間も不妊に悩んできたロレッタ・ジョージに、一九九七年二月、男の子が授かった。ジョシュア・ジェイムズ・ジョージという、聖人の名を並べたその子の名は、ロレッタによれば、「神様が私を救ってくださった」という気持ちでつけられたのだという。その子は、不妊治療を行わないのに、自然に生まれたのだ。

大学当局は、監督不行き届きを認めて慰謝料を払い、不妊クリニックの運営に関して、それまでより厳しい規則を定めた。だが、告発されたいちばんの当事者であるリチャード・アッシュは、法の手の届かぬ所に逃げてしまった。この本を執筆している現在も、カリフォルニア州医師会、FBI、食品医薬品局、米国税関、国税庁、被告調査局、カリフォルニア大学アーヴィン校保安部、そして国立衛生研究所の各当局が、彼に対する対応を検討している最中である。

本来なら、彼の身柄の引き渡しをメキシコ政府に求めるのが、第一歩だろう。しかしここでも、生殖技術の法的地位が確立していないことが、影響を及ぼしてくる。罪人として身柄の引き渡しを要求できるのは、窃盗罪の場合、被害額が五十ドルを超えるケースだけだ。しかし現在ではまだ、法律的に見ても一般常識でも、人間の胚に値札をつける慣例はないから、この条件を満たすことができないのである。したがってアッシュ博士は今でも、メキシコの有名な不妊クリニックの顧問をしている。しかも、ロバート・エドワーズが出している科学情報誌『ヒューマン・リプロダクション』の、海外編集委員をつとめてもいるのだ。

増えつづける冷凍胚

「うちのクリニックの冷凍庫には、三百個もの、所有者所在不明の胚が入っている」と、サウスフロリダに住む体外受精専門医の一人が、私に相談をもちかけてきた。「なんとか両親に連絡をとろうとしているんだが、引っ越し先がわからないんだ。こうした胚を、出生前養子縁組という形で、他の不妊カップルに移植してもかまわないだろうか？　それとも、廃棄してしまうしかないのかな？」

三百個もの人間の胚を処分したら、世論がどんな反応を示すだろうと、私は考えた。頭の中に、「ディズニー映画ばりの大虐殺」という新聞の見出しが踊った。

人間の胚は確かに、この世で最も価値のある、とても大切にされているものだ。その胚が途中で妨害されることなく生まれる権利を守るために、抗議し、野次《やじ》り、殺しさえする社会運動も、現に存在する（言うまでもなく、妊娠中絶合法化に反対する運動のことだ）。不妊に悩むカップルたちは、たった一つの胚を生み出すために、一万六千ドル（あるいはそれ以上）のお金を、ためらうことなく差し出す。また、研究者たちは胚のことを、さまざまな研究に使える宝物だと考えている。胚を増殖させてつくった細胞は、パーキンソン病やアルツハイマー型痴呆の治療に利用できるからだ。

だがそのいっぽうで、全国各地の体外受精クリニックには、置き去りにされた胚が、山のように残されている。不妊カップルたちはどうして、胚を冷凍してあることを忘れてしまえるのだろう？ それではまるで、時に都合よく、自分が女房もちであることを忘れてしまう無責任男のようではないか。

いったん冷凍された胚から誕生した、この世で最初の子どもであるゾーイ・リーランドは、一九八四年の三月二十八日に生まれた。体重二千五百グラムで生まれた彼女は、オーストラリアのとある不妊クリニックの冷凍庫の中で、胚として二ヵ月間をすごしていたのだ。この成果を受けて、その年だけでも、米国内で二百八十九個の胚が冷凍された。そして現在では、合計十万個を超える〈凍った命〉が、国内で眠っている。しかもその数は、一年に約一万九千個ずつ、増えつづけているのだ。

不要になった胚をどうすればいいかについては、いろいろな意見がある。不妊カップルが胚の冷凍を承諾するのは、排卵誘発剤の使用によって、一度に移植しきれないほどの胚ができてしまうからだ。もし最初の体外受精がうまく実を結ばなかった時には、その余った胚を解凍して再移植すれば、（排卵誘発剤の投与や、卵の採取といった）手順を最初から全部やり直すより、費用も安いし、苦痛も少なくてすむ。

キャスリーン・マークランドという女性に排卵誘発剤を使った結果、主治医は、完全な卵を八個採取して受精させ、胚をつくることができた。そのうち四個がキャスリーンに移植され、三つ子が生まれた。そして今、キャスリーンはクリニックから、残る四個の胚をどうするか決めてくれと言われている。家には三歳の三つ子がおり、これ以上、子どもをつくるのは、自分の体力の面からも経済的な面からも、むずかしそうだ。だが六年間も不妊に苦しんだ経験のある彼女としては、胚を処分してくれとクリニックに言うのも、気が進まない。

胚を廃棄してもらうのも嫌だし、他の不妊カップルに提供する気にもなれなかった彼女はついに、自分なりに最善だと思う方法を思いついた。残りの胚を自分に移植してもらうが、妊娠が成立しやすいように通常の移植時には行われる、ホルモン剤投与などは受けないことにするのだ。もしそれでも妊娠すれば、それはそれでいい。生まれてくる子どもを、今いる三つ子と同じように、可愛がって育てよう。だがおそらくは、流産してしまう確率が高いだろう……。

そこでキャスリーンは主治医に、そのような方法で移植してくれないかと頼みこんだ。だが、医師の答えはこうだった。「それは駄目だ。そんなことをすれば、うちのクリニックの妊娠成功率が減ってしまうからね」

冷凍胚の処分をどのように行うかは、クリニックによって違っている。なかには、「胚を冷凍保存するのは二年まで」と定めているクリニックもある。だがこれは、あまり適切な期限設定とはいえない。なぜなら、最初の体外受精で首尾よく妊娠した場合、その赤ん坊が生まれるのは、九ヵ月後だ。ということはつまり、冷凍期限の切れる二年後には、その子はまだ、一歳三ヵ月にしかならない。つぎの子をつくるには、おそらく早すぎるだろう。

一人の医師が、胚を殺すことに猛反対しているクリニックもある。彼は院内の他の医師たちにも、胚の処分を許そうとしない。というわけで、「もう子どもは十分な数だけ生まれたので、残りの胚は処分してほしい」と希望したあるカップルは、担当医師からこう言われる羽目になった。「胚は封筒に入れてお渡ししますから、家に持って帰って、ご自分で処分なさってください」

患者の気持ちなど微塵《みじん》も考えないこうした振る舞いを聞くと、だれもが、「胚の処分について定めた法律が、ぜひとも必要だ」と思うにちがいない。だが英国では、そうした法律をつくったものの、そのためにかえって大混乱が起きてしまった。

その法律「英国人類受精発生条例」は、「冷凍胚は、五年を超えて保存してはならない」と定めていた。期限をすぎても胚を処分しない医師には、禁固刑か罰金刑、あるいはその両方が課せられる。この法律が成立した時点ですでに冷凍保存されていた胚については、遅くとも五年後の一九九六年七月三十一日までに、完全廃棄しなければならないことになっていた。ただし英国政府は、一九九六年の五月に、「両親が二人とも同意した場合には、五年を超えて冷凍保存してもかまわない」という規定を、この法律につけ加えている。

人類発生受精局（HEFA）は一九九五年に、英国内の六十一の体外受精クリニックに手紙を送って、冷凍胚の処分期限が迫っていることを通知し、それぞれのクリニックが、現在およそ何個ぐらいの所有者所在不明の冷凍胚を保存しているか、報告するよう求めた。その手紙には、「処分期限は厳守するように」という一文も付されていた。保健社会保障省も、人類発生受精局とともに、所有者所在不明の胚がいくつぐらいあるかの調査にのりだした。

保存されていた胚の中には、もう十年以上も冷凍されたままのものもあった。法の施行以来、各クリニックでは、年に一度、患者たちに手紙を送って、「胚の冷凍継続を希望するか？　医学研究や他の不妊カップルのために提供するか？　それとも処分したいか？」とたずねていた。だがそうした意向確認書に対して、約一〇パーセントの患者は返事もよこさず、胚の保存料も払わない。しかし一九九五年の報告では、「そのような、所有者所在不明の胚も、とりあえず保存を続けている」と答えたクリニックが大半だった。

患者たちの多くが、いつのまにかよそに引っ越してしまったり、離婚したりしていて、胚の処置についての意向を伝えてこない。そのため、クリニックでは手のうちようがないのである。この問題について、「生殖倫理について発言する会」という団体の代表である女性は、「そんな、親がどこにいるかもわからないような胚を保存し続けるのは、無意味なことだ」と発言している。

しかしながら、まだこの法律が成立していなかった一九八〇年代に不妊治療を受けたカップルの中には、冷凍胚の処分を命じた法律ができたことを知らない人もいる可能性があった。また、ある米国人夫婦の場合のように、特殊なケースもある。英国の体外受精クリニックで胚を冷凍保存した夫婦は、その後、米国空軍によって本国に送還された。だがクリニックが空軍に問い合わせても、新しい住所は教えてもらえなかった。それを知られると、軍の機密が漏れる恐れがあると考えられたからだ。

しかも多くの医師たちが指摘したのは、長いことたってから、患者が再び連絡をとってきて、冷凍してあった卵を欲しがることもあるという点だ。現に、大きくなった息子を交通事故で失ったあと、再びクリニックにやってきた女性もいた。一般的に言って、患者が若いほど、ずっとあとになっても卵を欲しがる確率は高くなる。クリニックが懸念していたのは、患者たちに書面でインフォームド・コンセントをとることなく胚を処分などしたら、あとから面倒な法律上のトラブルに巻きこまれるのではないか、ということだったのである。

海外に引っ越してしまっている元患者たちへの連絡法も、クリニックにとっては頭の痛いことの一つだった。患者のプライバシーをクリニックが明かすことは許されていないから、興信所に頼んで探すことも、移転先を知っているかもしれない元の雇い主に問い合わせることも、ままならなかったのである。あるクリニックでは、CD‐ROMのデータベースを使い、英国の選挙人名簿に乗っている四千四百万人の中から検索してみたが、見つけることができたのは、現在連絡をとる必要に迫られている百五十組のカップルのうち、わずか二十九組だけだった。「行方不明の患者たちは、ずっとたってから電話してきて、『すみません。新しい住所を連絡するのを忘れてました』と、すまして言うつもりだろうか？それでは、あまりにも無責任じゃないか！」と、一人の医師は腹を立てていた。

英国で定められた例の法律には、そうした所有者所在不明の冷凍胚はいったいだれの所有権に属することになるのかが、きちんと示されていなかった。両親が行方不明で胚の流用や廃棄の意思決定ができない場合にはどうすればいいのかが、決められていなかったのだ。しかもこの法律だと、不妊の原因が夫にあるため、他のドナーから精子の提供を受けて胚をもうけた女性が、とても困った立場に追いこまれることになった。そうしたカップルの中には、「しばらくたってから、上の子と同じドナーの精子からできた胚を使って、下の子をつくりたい」と希望する人も少なくない（そうすれば、兄弟の遺伝学上の両親が同じになるからだ）。だが五年を超えて胚を冷凍保存するためには、遺伝学上の両親がそろって同意する必要があると、法律には定められていた。しかし夫以外のドナーから精子の提供を受けた胚の場合には、遺伝学上の父親に連絡をとることは不可能である。プライバシーを保護するための法律によって、ドナーの匿名性が厳しく守られているからだ。したがってこのようなケースでは、出産間隔をあけずに残りの胚を使って下の子をつくるか、冷凍胚を廃棄するかの、どちらかを選ぶしかなかったのである。

たいていのクリニックでは、積極的に胚を処分したいとは考えていなかった。だが、永久に全部の胚を保存しておけるほどの、資金やスペースもなかった。ロバート・エドワーズのあとを継いでボーン館クリニックの院長となったピーター・ブリンズデンは、「両親の同意がないかぎり、私はたった一つの胚も処分するつもりはない。そんなことをするぐらいなら、刑務所に行くほうがましだ。どの胚だって、人間の子どもに育つ可能性をもっているのだから。たとえ、無事に生まれる確率が一〇パーセントから二〇パーセントにすぎないとしても、その事実に変わりはない」と述べて、胚の廃棄を拒否しようとした。だが人類発生受精局はそのブリンズデンに対して、胚の処分を行わない場合、単に彼自身が禁固刑を受けるだけではすまないだろうと警告してきた。ボーン館クリニックの診療許可が取り消され、スタッフも全員、医師免許の返納を命じられるだろうというのである。そんなことになれば、同クリニックの何千人もの不妊患者が、治療を受けられなくなってしまう。

冷凍胚を処分することについてローマ教皇庁は、「出生前大虐殺だ」と非難した。妊娠中絶合法化に反対する英国の団体の一つも、「これらの小さな人類を、処置室の汚いゴミと一緒に焼却炉に放りこむなどというのは、正気の沙汰とは思えない」と抗議の声を上げた。代案としてローマ教皇庁が提案したのは、すでに家庭をもっている女性たちの中から、有志に名乗り出てもらうという方法だった。ちょうど孤児や捨て子を養子にするように出生前養子縁組を行って、その女性たちに胚移植をし、子どもを産み育ててもらうのだ。この提案を受けて、百人を超えるイタリアの女性たちが、胚を養子にしてもいいと名乗りをあげた（その中には、かなり年配の二人の修道女も含まれていた）。

だが、このように激しい議論が巻き起こったにもかかわらず、英国の各クリニックは結局、法律に従うことを決めた。一九九六年八月一日の時点で保存期間が五年を超えてしまう所有者所在不明の胚については、すべて処分することになったのだ。ボーン館クリニックでも九百個近い胚が処分される予定になっており、その処分には二日はかかるだろうと考えられた。

このボーン館クリニックの胚に対しては、イタリアの体外受精クリニック連盟から、「こちらで引き取ってもいい」という申し出が来ていた。だが院長のピーター・ブリンズデンは、こう言って丁重にそれを断った。「数年たって、自分の子どものうち何人かがイタリア国内で走りまわっているのを知る親が出てきたら、いっそう複雑な事態になってしまうでしょう」

妊娠中絶合法化に反対する各種団体は、胚の処分期限を延長してほしいという最後の嘆願を行ったが、メイジャー首相はそれを退けた。「英国議会の意思によって決定されたことだから」というのが、その理由だった。いっぽうイタリア議会でも、処分された胚に対して黙禱《もくとう》を捧げる時間をとってほしいという、アレッサンドラ・ムッソリーニの主張が、議長によって却下された（ちなみにこのアレッサンドラ・ムッソリーニは、かの独裁者ムッソリーニの孫である）。

英国全土で三千三百を超える胚が、冷凍庫から取り出された。ただ解凍処理されただけのものもあれば、酢酸とアルコールを混ぜた液の中につけられたのちに、焼却されたものもある。各クリニックには、処分期限の直前まで、「自分たちの胚は残してくれ」と連絡してくる元患者からの電話があいついだ。すでに処分が終わってからも、そうした電話はかかってきた。当然ながら、医師たちは苦しんだ。『残してくれ』と母親が必死で懇願する胚を、よもや自分が処分することになろうとは、これまで夢にも思わなかったよ」と、一人の医師は語っている。

人工子宮をレンタルする!?

二〇〇一年の秋には、アーリアン5宇宙ロケットが、フランス領ギニアから発射されることになっている。五百ドル払えば、自分の髪の毛を、そのロケットに乗せることができる。この計画のスポンサー・グループである「スペース・システム・アット・二〇〇一」によれば、約四千五百万人の髪の毛を募集する予定だといい、その持ち主の名前はロケットの外壁にデジタル表示されることになっている。

同グループはこれまでにも、〈LSDの導師《グル》〉ティモシー・リーリーや、映画「スター・トレック」の原作者ジーン・ロッデンベリイの遺灰をロケットで打ち上げる、〈宇宙葬〉を行っている。だが、科学者たちの中には、こう言う者もいるのだ。「なぜ、遺灰や髪の毛だけでやめておく？　人間の胚も、打ち上げればいいじゃないか」

つまり、ごく数人の大人の人間と、選び抜いた胚を入れたいくつかの人工子宮を、どこかの惑星に送りこんで、地球のクローンをつくろうというのである。だが問題は、そうしたことを可能にする人工子宮を、どうやってつくるかだった。しかし一九九七年になると、日本の研究チームが、「近いうちに〈体外発生〉の技術を完成できそうだ」という発表を行った。〈体外発生〉というのはまさしく、人体内での妊娠というプロセスを経ないで赤ん坊をつくりだす、人工子宮の技術のことだ。

その研究チームの人工子宮は、人間の女性のもつ本物の子宮にくらべると、いささか無味乾燥な形をしている。透明なプラスチックの箱で、中に温かい羊水が入っているだけなのだ。羊水内の胎児は、透析装置につながれている。その透析装置によって、胎児の血液中に酸素を送りこみ、老廃物を取り除いているのだ。これまでのところ、実験は、ヤギの胎児で行われただけである。出産予定日の三週間前に胎児を母ヤギの子宮から取り出して、その人工子宮に入れて育てたのだ。胎児はそのまますくすくと育ち、無事に人工子宮の外に出せるまでになった(つまり、〈誕生した〉わけだ)。

日本のあるバイオテク会社では、さらに進んだ実験が企てられている。一九九八年にその会社では、牛を長期にわたって子宮外で育てる研究を始めた。まずは牛の子宮内から、胚と胎盤を取り出す。そして胎盤に遺伝学的改良を加えた上で、胎児を育てるのだ。最初のうちは、流産の危険を小さくするために、改良した胎盤をまた母牛の体内に戻す必要があるだろう。しかしいずれは、母体に戻さなくても十分に人工子宮の機能を果たすようになるはずだと、同社の研究員たちは考えている。

というわけで現在ではもう、研究者たちは自信をもって、こう言い切ることができる。「〈体外受精によってつくられたものであれ、女性の子宮内から取り出されたものであれ〉人間の胚についても、人工子宮内に入れて、〈無事に誕生するまで〉育てあげることは、近い将来、可能になるだろう」

こうした人工子宮が完成すれば、男女の平等を実現する、偉大な発明にもなり得る。子どもをつくり、出産する上で、これまで男女間にあった区別はなくなるのだ。社会はもはや、「妊娠・出産は女の役目だ」と決めつけるわけにはいかなくなる。女性は、自分で妊娠しなくても、いつでも人工子宮をレンタルできるからだ。いっぽう男性も、胚を買い、人工子宮をレンタルすれば、文字通りの〈シングル・ファーザー〉になれる。

しかし人工子宮はまた、胎児の親にとって不都合な方向に利用される危険もある。というのは、「この胚は処分したい」と親が望んでも、かならずしもそれが実行されるとはかぎらなくなってしまうからだ。人権擁護運動の盛んな米国では、英国の場合とは違って、胚の処分を命ずる法律など、とうてい可決されそうもない。それどころか、処分を禁じる法律のほうが、ずっと成立しやすそうである。そして将来は、「存在する胚はすべて、人工子宮を用いてでも育てるべきだ」という法律が、できてしまうかもしれない。

現にルイジアナ州ではすでに、体外受精によってできた胚の処分を禁じる法律ができている。その法律によれば、そうした胚は〈法的に見て人格をもつ存在〉であり、その一つ一つについて、出生証明書に準じた証明書の発行を受けなければならない。両親が、「もうこれ以上、子どもはいらない」と考えた場合には、州はその胚をもらい受けて、他のカップルに与えることができる。

だが、自分の血をひく子どもが他人に育てられているとなれば、じつの両親は、どんな気持ちになるだろう？　先に紹介したジョージ夫妻のように、子どもがちゃんと育てられているか、心配になるかもしれない。またチャレンジャー夫妻のように、自分たちと違う宗教の家庭に育ってはいないか、気になるかもしれない。だが何よりも、子どもが無事に生きているかどうか、確かめたくなるに違いない。そして、それを知るためにも、子どもへの面会権を求めて、じつの親が育ての親に対する訴訟を起こすかもしれないのである。

余分な胚でも他人には譲りたくないと考えるルイジアナ州のカップルに対しては、私はこれまで、つぎのような抜け道もあるとアドバイスしてきた。妻本人が胚移植を受けた上で、法で認められている、通常の妊娠中絶手術を受けるのだ。しかし、このような強引な方法をとるしかないというのは、いかにもばかげている。妻は、子どもを産まないという権利を行使するため、(胚移植と妊娠中絶という)本来は受ける必要のない医療行為に身をさらすことによって、経済的にも心身の面でも痛手をこうむらねばならないのだ。

しかも、胚が生きる権利を守るという美名のもとに、女性が妊娠中絶する権利がそこなわれることにもなりかねない。というのも、今すぐにでも議員たちが、「八個の細胞からなる胚に生きる権利が認められているのに、妊娠八週の胎児には、どうしてそれが認められないのか?」と言いだすかもしれないからである。ルイジアナ州最高裁判所のある判事は、私にこう言っていた。「体外受精でできた胚を守る法律は、中絶を認めた法律を裏口から覆す、〈トロイの木馬〉になるかもしれない」

人工子宮の実現は、そうした動きを加速することになるだろう。それを封じる唯一の砦《とりで》は、子どもをまるでワインのように〈デカンターに移す〉ことに対する、人々の違和感だけだ。この表現は、オルダス・ハックスリーの『すばらしい新世界』から、借用したものである。小説の中では、すべての胎児が人工子宮に入れられ、政府がその誕生をコントロールしている。胎児の発達の全段階を通じて、政府が人工子宮内の環境を操作しているのだ。自分たちより前の世代の人間が人工子宮技術をどう考えていたかを述べるくだりで、登場人物である政府高官は、こう言う。「プフィッツナーとカワグチは、すでに人工子宮を完成させていた。だが当時の政府は、それを取り入れただろうか? 答えはノーだ。なぜなら当時は、キリスト教精神という代物《しろもの》が、邪魔をしていたからである」

5　だれの赤ちゃん？

ジェイコブソン事件

一八八四年のこと、医学部の教授だったウィリアム・パンコースト博士は、フィラデルフィアに住む金持ち夫婦の訪問を受けた。どうしても子どもが授からなくて、困っているというのだ。不妊の原因は、どうやら夫の側にあるらしかった。そこで博士は、他の男性に精液を提供してもらい、それを妻の体内に注入することにした。精液の提供は、教え子の中でいちばんハンサムな学生に頼むことに決めた。注入は全身麻酔をかけて行われ、博士は妻にも夫にも、他人の精液を使ったことは教えなかった。

だが、いざ赤ん坊が生まれてみると、博士の心に迷いが生じた。赤ん坊があまりにもドナーの学生にそっくりだったので、自分がやったことを、夫に白状せずにはいられなくなったのだ。しかし、子どもをもてたことを心から喜んでいた夫は、腹を立てなかった。それどころか、「いいことをしてくれて、ありがとうございました」と礼を言ったのだ。彼が望んだのは、「妻にだけは、ほんとうのことを教えないでください」という、その一点だけだった。

それから一世紀以上がすぎた今でも、医師たちの中には、自分が行った人工授精について、ありのままの事実を両親に告げない人がいる。ヴァージニア州の不妊専門医であるセシル・ジェイコブソンも、精子の出所について、両親たちを欺いていた一人だ。「できるだけ、ご主人の特徴に近いドナーの精子を使います」と請け合っていたにもかかわらず、じつは、できるだけ自分自身に近いドナー（つまり、ジェイコブソン本人〉の精子を使っていたのである。

一九九二年に国によってＤＮＡ鑑定が行われた結果、一九七〇年代から一九八〇年代にかけてジェイコブソンの患者たちに生まれた子どものうち、少なくとも十五人（多ければ七十五人）が、彼自身の精子による子どもたちだと判明した。「ジェイコブソン先生に人工授精をしてもらって生まれた娘が、今度、初めての子を産んだんです。そうしたらその孫が先生そっくりなんで、なんだか変だと思いました」と、ある夫婦は話している。

別の夫婦のケースでは、ジェイコブソンは、「特別な新しい技術を使えば、ご主人の精液でも、十分、妊娠が可能ですよ」と説明していた。自分が完成した技術で〈活性化〉すれば、精子の数が少なくても妊娠できると話したのだ。そこでその夫婦は、妻の排卵日に、そろってクリニックにでかけていった。そして夫はトイレで精液を採り、それをジェイコブソンに手渡したのである。だが、そのようにして生まれた二人の子どものＤＮＡ鑑定が行われた結果、二人とも、ジェイコブソンの子であることが判明した。意図的な、精液のすり替えが行われていたわけだ。

遺伝学上の父親は別にいるということを子どもたちにどう伝えればいいか、その夫婦は何ヵ月もかけて相談した。子どもたちに気づかれないよう、相談の時には、必ず二人で散歩に出るようにした。やがて二人は、子どもたちにこう話した。「人工授精の時、精子の〈混入〉があったらしい。だからお父さんは、君たちのほんとうのお父さんじゃないんだよ。でも、君たちを心から愛していることに、ちっとも変わりはないからね」。だが、それを聞いた子どもたちの側には、やはり変化があらわれた。二人のうちの一人が、「だってお父さんは、ほんとうのお父さんじゃないじゃないか！」と言って、いうことをきかなくなってしまったのだ。

何人かの医師たちが（オフレコにしてくれという条件で）語ってくれたところによると、昔は、医学生の中にどうしても適当な候補者がいない時には、医師本人の精液を使って、人工授精を行うこともあったのだという。患者である女性を診察台に寝かせてから、ちょっと席をはずし、トイレでマスターベーションをして、その精液を使ったというのだ。だがジェイコブソンの場合には、もっと悪質である。なにしろ彼のクリニックの元職員が四人も法廷で証言し、「うちのクリニックでは、ドナーが精液の提供をしているところなど、一度も見たことがありません」とはっきり述べているのだから。

ジェイコブソンはまた、妊娠そっくりの反応が出るホルモン剤を、患者たちに注射することもしていた。騙された患者の中には、五ヵ月以上ものあいだ、自分が妊娠していると信じこんでいた人もいた。ジェイコブソンは、そうした患者たちに超音波検査を行って、「赤ちゃんが見えますよ」と嘘を言い、心音をチェックしたりしていたのだ。そして、あとになってから、「赤ちゃんがおなかの中で死んでしまい、母体に吸収されてしまったようですね」と説明した。こうした〈想像妊娠〉を、なんと三回も経験させられた患者もいたのである。

だがジェイコブソンはけっして、いい加減なニセ医者などではない。五十五歳の彼は、妻とのあいだに八人の子もある父親で、生殖技術のパイオニアの一人であり、ジョージ・ワシントン大学の元教授でもあった。胎児期の遺伝学的検査法である羊水穿刺を米国に初めて紹介したのは、ほかならぬ彼である。ヴァージニア州ヴィエナにあった彼のクリニックには、全国から大勢の患者が押し寄せた。熱心なモルモン教徒だった彼は、患者たちにも、自分と一緒に祈るように説いていた。というわけで、彼に対する公判中には、オリン・ハッチ上院議員を含む九十人もの著名な人たちが、彼を弁護する嘆願書を寄せている。また、モルモン教会のメンバーたちも、減刑嘆願のために断食を行った。

そのようなエリート医師がなぜ、こんな形で患者たちを欺くことになったのだろうか?

ランディ・ベローズ検察官の推測はこうだ。「ジェイコブソンが国内で最初に手がけた羊水穿刺法を他の医師たちも行えるようになると、彼の収入は激減した。そこで、それを補うために、偽の妊娠をでっちあげなくてはならなくなったのだ」。いっぽう患者の一人は、こんな意見を述べている。「モルモン教ではひと昔前まで、一夫多妻を認めていたでしょう？　だからモルモン教徒のジェイコブソン先生は、〈ハイテク時代の一夫多妻〉を実践していたんじゃないかしら？」

ジェイコブソンは、患者やその夫たちのからだや人生を、わがもののように扱った。だがこうした傲慢ともいえる感覚は、不妊専門医たちが、ある程度共通してもっているものではないだろうか？　ジェイコブソンは、よくこう言っていた。「神が赤ん坊をつくるのではない。私が赤ん坊をつくるのだ」

実際、かなりの数の不妊専門医たちが、「ジェイコブソンのやったことに、特に目くじらを立てる必要はない」と考えているようだ。世界保健機関（ＷＨＯ）の体外受精専門医として、世界中の不妊クリニックを視察してまわった経験のあるロバート・ハリソン博士も、「ジェイコブソン博士のやったことが、特別に悪いことだとは思わない。むしろ、いい面もあったんじゃないか？」と言っている。

患者たちのほうは、ジェイコブソン博士に騙されたと思っていた。しかし博士本人は、自分が悪いことをしたとは感じていなかった。確かに、「患者にことわりなく、医師本人の精液を使ってはいけない」という法律は、どこにもない。そこで検察側は苦肉の策として、「匿名のドナーのものだと偽った精液について、その代金を請求する書類を患者たちに送った点が、郵便法および電信法上、詐欺罪にあたる」として、ジェイコブソンに対する立件を行った。これはまるで、アル・カポネを脱税の罪で逮捕するようなやりかただ。

その詐欺罪についての陪審員の評決が有罪と決まった時、ジェイコブソン博士はこう述べた。「ほんとうに驚いた。私はこれまでずっと、女の人たちが子どもをもてるように、精一杯の努力を傾けてきたんだ。悪いことだとか、法律違反だとか思えば、あんなことはやらないよ」。彼はまた、こうも言った。

「患者をエイズから守りたかったから、自分の精子を使ったんだ」

だが、ジェイムズ・カシェリス判事の考えは、それとは違っていた。「これほどまでの精神的苦痛を被害者に与え、これほど大きな心の傷を残した事件を、私はこれまで見たことがない」

ジェイコブソンは有罪の評決を不服として、合衆国最高裁判所に上告した。そして、「患者とその夫たちに、匿名での証言や、場合によってはかつらなどで変装しての証言を許すのは、〈自分に対する告発者と、法廷で直接、論を交えられる〉という、憲法で定められた私の権利を侵害するものだ」という主張を行ったのである。だが合衆国最高裁判所はこう述べて、その主張を退けた。「このままでも、被告人とその弁護士には、証言をしている患者がだれであるか、ちゃんとわかるはずだ。本名を明かさないのは、公開法廷であることを考えての措置である」。被害者たちの四歳から十四歳までの子どもたちが、ニュースで自分の出生の秘密を知ることを避ける意味でも、匿名性を守ることは必要だというのが、合衆国最高裁判所の判断だった。最高二百八十年の懲役を求刑されていたジェイコブソンは結局、懲役五年の実刑判決を受け、一九九四年二月に、コロラド州フローレンスの刑務所に収監された。七万五千ドルの罰金の支払いと、患者たちが彼に払った治療費三万九千二百五十ドルの弁済も命じられた。

だが、ジェイコブソンへの法的追及は、これだけで終わったわけではない。六組の夫婦が、ジェイコブソンの精子によって生まれた子どもの、養育費の支払いを求める裁判を起こしていたのである。そのうちの一組は、ユダヤ人のドナーをさがしてもらう約束だった。それなのに、ジェイコブソンはモルモン教徒だ。もう一組は、やせていて背の高いドナーを求めていた。ジェイコブソンは、そのどちらにもあてはまらない。

ジェイコブソンは、セントポール海上火災の医療事故保険に加入していた。だが同社では、保険金の支払いを拒否した。「〈職業上の行為〉によって生じた事故ではないため、支払いの対象にはならない」

というのが、その理由だ。「マスターベーションは、職業上の行為とはいいがたい」というのが、保険会社の言い分だった。だが裁判所はこの問題について、「たしかにマスターベーションは職業上の行為ではないかもしれないが、体内への精液注入のほうは、職業上の行為にあたる」という判断を下した。そこで保険会社では、ある程度の金額を支払うということで、患者たちとの和解を成立させた。その具体的な金額については、おおやけにされていない。

ジェイコブソン事件の検察官だったデイヴィッド・バージャーは、その後、モニカ・ルインスキー裁判でクリントン大統領を追及したケン・スター検察官のスタッフもつとめた。「俺ってよくよく、もめ事が好きなんだな」と彼が言うので、私は答えた。

「そうじゃなくて、精子関係の事件が好きなんでしょ！」

ジェイコブソン事件は、人工授精の分野では〈消費者保護〉がいかにずさんにしか行われていないかを、ありありと浮き彫りにした。アルバニー・ロー・スクールの、キャサリン・カーツ教授は言う。「ドナーの精液を女性の体内に注入する人工授精の分野では、医師の手にすべてがゆだねられており、最も基本的な注意を払うとか、記録をしっかり残すといったことは、いっさい無視されてきた」

精液を提供するドナーは、たいてい若い男性で、その多くが医学生だ。したがって、まだ子どものいない人が多い。一回五十ドルで精液を提供している医学生の一人は、私にこう言った。「あれは、けっこういい小遣い稼ぎになるんだ。女房をちょっとぜいたくな晩飯に連れていくのに、もってこいなのさ」

だがやがて、自分自身が妻とのあいだに子どもをもうけ、父親になると、そうしたドナーたちは、心の痛みを感じることが多い。自分が一生会うことのない息子や娘が世界のどこかにいると思うと、罪の意識にかられるのだ。私が知っている精神科医の中には、あとになって後悔の念にさいなまれている精子ドナーへのケアを専門にしている人が、二人もいる。カナダでは、自分の提供した精子から生まれた子どもたちについての情報を集めたいと考える、かつての精子ドナーたちが、グループを結成した。カリフォルニア大学サンフランシスコ校の医学部教授であるロバート・オーウェンも、ハーヴァード大学在学中の一九六〇年代に提供した自分の精子から生まれた子どもたちのことが、今になって気になってしかたがない。「幸せに暮らしているだろうか？　まわりの人たちに愛されているのか？　仕事はうまくいっているか？」と、つい考えてしまうのだ。

一人のドナーから提供された精子を用いて何人まで子どもをつくっていいかという上限は、べつに法律でも定められていないし、医師の側でとくに自主規制するということもない。ある調査によれば、不妊専門医の八八パーセントは、一人のドナーから精液の提供を受ける回数を、最高何回までと区切ってはいなかった。精子バンクの場合には回数制限があるが、それも、「一人のドナーあたり百二十五回まで」というように、やたらと多いものが珍しくない。

ある精子ドナーに話を聞いてみると、彼は週に二度の割合で、精子バンクに精液の提供を行っているのだという。一度に提供した精液は、精液注入処置の三回分、あるいはそれ以上に分けられて、使用されるのだそうだ。精液注入によって実際に子どもが生まれる確率は五七パーセントだから、彼は一年間に、なんと百七十三人もの子どもの父親になることになる。

そうした子どものうち二人がたまたまめぐり合って、結婚したらどうなるだろう？　現にこれまでにも、結婚しようとした二人を医師が思いとどまらせるというケースが、二件起きている。二人とも、同じ精子ドナーを父親にもっていたためだ。だが最近では、精子提供を受けて生まれる子どもの数は、爆発的に増えている。しかも、離れた都市どうしでドナーの精子がやりとりされることも多いから、生まれた子どもの動向を、すべて追跡して把握することなど不可能だ。私がかつて話を聞いたカリフォルニア州の医師は、ワシントンDCにあるジョージタウン大学の研修医だったころ、ドナーとして精子提供を行い、その結果、全部で三十三人の子どもが生まれたことをつきとめていた。その医師は、もしその子どもたちから電話があったら、「悪いが、財産は一ドルしかやれない」と言おうと、心に決めているのだという。そして、わが子どうしが結婚してしまうのを防ぐため、妻とのあいだに生まれた子どもたちには、「ワシントンDC出身の人間とは、絶対に結婚するな」と申し渡してあるのだそうだ。

ドナーからうつる病気

ドナーの精液を患者に注入する処置については、厳重に秘密を守るために、精子の提供者についての記録を残さないことが多い。アイヴィー・リーグに属する、ある大学の精子バンクを訪ねた私は、そこでも、どの患者にどのドナーの精子が使われたのかを記録していないことを知った。ということはつまり、もし仮に、ドナーの精子によって生まれた子どもに重大な障害があったとしても、その精子を提供したドナーを特定して、それ以上彼の精子が使われないようにすることはできないということだ。精子ドナーに関する法律がまだ整備されていないため、医師たちは、「へたに記録を残したりしたら、あとからそのドナーが、父親としての養育費を請求されたりするのではないか?」と心配しているのである。

大部分の不妊クリニックでは、ドナーの精液を注入する処置については、医師がすべての決定権を握っており、どのドナーの精液を選ぶかも、彼に任されている。

しかもドナーの健康状態に関する調査は、きわめてずさんだ。家族の病歴や本人の生活ぶりなどについて、医師が医学生に自己申告させ、それに基づいてドナーとして使うといったことが、ごく普通に行われているのである。しかし、自分の将来をその医師に握られている医学生が、「不特定多数の相手とセックスしていますとか、「ドラッグが手離せません」といったことを、正直に申告するだろうか?

ノースカロライナ大学で行われた研究によると、(医学生を含む)精子ドナーたちのうち大多数は、自分の家系に遺伝学的問題があっても、それを自覚していないという。また医師たちのほうも、家系や病歴に問題のあるドナーを排除できるだけの、十分な知識をもっているとはいえないようだ。というのも一九八七年に米国議会の技術評価局が行った調査によれば、ドナーの精液を利用している医師たちのうち三分の一は、その時点でまだ、冷凍精液ではなく、採取されたままの精液を使っていたからだ。それではエイズにかかっているドナーを排除できないのに、平然とそういうことが行われていたのである。また、医師たちのうち半数近くが、「遺伝学的に問題のあるドナーは排除している」と回答しているが、その判定基準が正しくない場合も多い。たとえば半数以上の医師が、「本人は健康だが家族に血友病患者がいる場合、そのドナーに排除する」と答えている。だが血友病という病気は優性遺伝だから、その遺伝子をもっていれば、必ず発症する。本人が健康ならば、その子どもに血友病が伝わることはあり得ない。

ある夫妻のケースでは、ドナーから精液の提供を受けて生まれた子どもが、遺伝的な病気でじきに死んでしまった。そこでもう一度、精液注入を受けて子どもを産むことにしたのだが、その時にも医師は、前と同じドナーの精液を使った。そうやって生まれた子どもがまた、上の子と同じ遺伝病で命を落とした時、両親は二度目の悪夢を味わうことになったのである。

ドナーの精液を注入することで女性たちにうつる病気には、淋病、B型肝炎、陰部疱疹、サイトメガウイルス感染症などがある。エイズに感染した女性も百四十一人いるのに、一九九五年に行われた最も新しい調査では、その時点でもまだエイズに関する検査を行ってドナーを選別していないクリニックが、いくつか存在した。

人間の精子ドナーに対する適性検査の現状にくらべれば、種牛《たねうし》に対する検査のほうが、はるかに厳しいといえる。種牛の精液は、必ずいったん冷凍されて、少なくとも一ヵ月はそのまま保存される。そしてその保存期間中に、精液採取時にはわからなかった感染症を発症した種牛の精子については、使用がとりやめられるのだ。また、それぞれの種牛について、生まれた子ども全部の健康状態が追跡調査され、記録される。さらには、牛の精液採取を行う人間のスタッフにも、定期的に健康診断が行われる。牛から採った精液に、彼ら自身のウイルスや細菌が混入する危険を、最低限に抑えるためだ。

おそらくは、そうした品質の違いが、価格に反映されているのだろう。牛の精液は一回分あたり二百五十ドルで取り引きされるのに、人間のそれのほうは、平均五十ドル程度の値段しかつかないのだから。

間違った精液は離婚原因か?

一九七六年に、「カリフォルニア低温精子バンク」に対して、二十四歳の法学生が、精子の提供を始めた。その際に彼は、長々としたドナー同意書に必要事項の記入を行い、叔母が腎臓病であることも隠さずに書いた。しかし、それを理由にバンク側から断られることはなかった。その時、同意書をチェックした医師の言葉を借りれば、「完璧な人間なんて、どこにもいないから」である。

その後十年間に、ドナー番号276のその法学生は、一回あたり三十五ドルで、合計三百二十の注入用精液を提供した。ロン・ジョンソンと妻のダイアンがその法学生の精液を選んだのは、ドナーについての情報を記した書類に、「髪と目が黒く、運動が得意」と書いてあったからだ。その特徴は、夫であるロンによく似ていたのである。そのようにして生まれた娘、ブリタニーは、夫妻の希望にぴったりの子どもだった。そこで二人は、同じドナーの精液を使って、もう一人、子どもをつくりたいと考えた。だが一九九一年にクリニックに問い合わせてみると、「そのドナーは〈引退〉しました」と告げられた。彼に腎臓病の初期症状が出たという情報が、クリニックに届いていたのだ。

ブリタニーが七歳になった時、その尿に血液が混ざっていることに、体育教師が気づいた。検査の結果、腎臓と脳に、嚢胞《のうほう》があることが判明した。おそらくは精子ドナーに、遺伝性疾患である多発性嚢胞腎の遺伝子があったものと考えられた。そのため彼の精子から生まれた子どもたちは、五〇パーセントの確率で、その疾患を引き継ぐことになったのである。

ブリタニーの両親は、現在、そのようなドナーから自分たちを守る措置を講じなかったクリニックに対して、訴訟を起こしている。だが、当時のクリニックにそのような措置を期待するのは、無理があるかもしれない。というのも、ダイアンが精液注入を受けた一九八六年当時には、多発性嚢胞腎の遺伝子があるかどうかを検査する方法は、まだ開発されていなかったからである。それを考えると、現在の精子バンクに、ドナーの質の完全保証を求めるのも、これまたむずかしいということになる。

最近では、精子をまるで一般の商品のように考える傾向が、ますます強くなってきている。「お金を払うからには、希望どおりの子どもが生まれる精子が欲しい」と望む患者が増えているのだ。ステファニー・ハーニチャーと夫のデイヴィッドも、ドナーの精液提供を受ける際、自分たちの実子としてとおるような子どもが欲しいと考えていた。そこで担当医のロナルド・アリー博士は、デイヴィッド本人の精液と、彼に似たドナーの精液を混ぜて、体外受精を行ったらどうかと勧めた。そうすれば、実際にはどちらの精液でステファニーの卵が受精したとしても、外部に対しては、夫婦の実子としてとおすことができるはずだ。

こうした方法は、少し前までは、かなり広く行われていた。しかし現在では、医師たちは一般に、夫本人の精液とドナーの精液を混ぜて使うようなことは、勧めなくなっている。というのも、みずからの精液も混ぜることを望むような夫は、まだ自分が不妊だということを十分に受け入れておらず、ドナーの精液提供を受ける心の準備が完全には整っていないのかもしれない、と考えられているからだ。そこで、精液を混ぜてほしいという希望に対しては、「あなたの精液と混ぜてしまうと、免疫学的反応が起きて、ドナーの精液の繁殖力も落ちてしまいますから」と断ることが多い（そうした繁殖力の低下は、実際に確認されている）。

だがハーニチャー夫妻の場合には結局、ドナー番号183の精液を、デイヴィッドの精液と混ぜて使うことが決まった。そのドナーはデイヴィッドと同じように、髪の毛が黒くてカールしており、目が茶色だった。しかし、いざ夫妻に三つ子が生まれてみると、そのうちの一人は赤毛だった。DNA鑑定が行われた結果、ドナー番号183ではなく、ドナー番号83の精液が使われていたことが判明した。赤くてまっすぐな毛の、緑色の目をしたドナーだ。ただしそのドナーはたまたま、夫妻が精液の提供を受ける候補として選んだ、最後の四人のうちの一人だった。

他のカップルだったら、「三人もの健康な子どもに恵まれたのだから」と考えて、そのまま満足したかもしれない。だがハーニチャー夫妻はクリニックに対して、五十万ドルの賠償金を求める訴訟を起こした。「言葉には尽くせないほどの不安や失望や悲しみを味わい、その結果、子どもたちと両親との関係も、夫婦相互の関係も、悪い影響を受けた」というのである。実際、三つ子が生まれた六ヵ月後には、夫妻は離婚してしまった。「離婚原因は、間違った精液を使われたことによるストレスだ」と、二人は主張した。

ステファニーは裁判で、「ドナー番号83の男性にも、ドナー番号183の男性にも、実際に会ったことはありませんが、可能性だけで考えれば、もし183の男性の精液が使われていれば、今よりもっと可愛い子どもたちに恵まれていたかもしれません」と訴えた。

だがその場合、もっと可愛い子どもが生まれていたかどうかはもとより、そもそも妊娠が成立したかどうかさえわからないということで、ユタ州の最高裁判所は、実際になかったことを前提として考えることは拒絶した。しかし一九九八年に判決を出す際には、判事たちの意見は分かれた。三人がカップルの主張を退け、二人が認めたのである。結局、最終的な判決は、「〈仮想の出来事を駄目にされた〉という主張は、法的判断の場にそぐわない」というものに落ち着いた。ただし判事の一人であるクリスティーン・ダラムは、判決に付記する少数意見として、「自分の夫の子だと思えるような子どもをもつことを選択する権利も、女性に認められている選択権の一つである。もしクリニックがちゃんと責務を果たしていれば、二人の希望どおりの子どもをもつことは、〈仮想の出来事〉ではなく、〈現実に起こり得たこと〉であったはずだ」と述べている。

人工授精とシングル・マザー

ドナーの精液を母体に注入して妊娠させる人工授精法は、もう一世紀も前からわが国で行われている。しかし、その処置によって当事者たちがどのような関係におかれるのかについては、ほとんど考えられていない。処置を受ける女性とドナーは、その子をつくる上でじつに緊密な役割を果たしているのに、両者の関係をあらわす用語さえ、いまだに存在しないのである。

こうした状況には、裁判所も手を焼くことが多い。その種の裁判のうち最も古いものの一つは、一九五四年にイリノイ州で起きた訴訟だ。その裁判の判決では、「たとえ夫が同意していたにせよ、ドナーの精液による人工授精は、姦淫にあたる」という判断が示された。だが、もっとあとになってカリフォルニア州で行われた裁判では、それが覆されている。「精液の注入を行うのは、女医かもしれないし、もしかしたら夫本人かもしれない。したがって、患者と施術者による姦淫というのはあたらない。また、精液のドナーとの姦淫と考えるのにも、無理がある。なぜなら精液の注入が行われる時、ドナーはその場に居合わせるわけではないからだ。はるか遠くにいたり、場合によっては、すでに死亡していることもあり得る」というのが、新しく示された判断だった。

こうした裁判によって、とりあえずは、「匿名の精子ドナーは、法的な意味での父親とは見なされない」という点がはっきりした。しかし、独身の女性たちが、ドナーによる精子提供を受けて子どもをもちたがるようになると、新たな法的問題が生まれてきた。一九七九年に全国の不妊専門医に対して行われた調査では、ドナーの精子による人工授精を独身女性にも行っているという医師は、まだ一〇パーセントに満たなかった。

だが一九八〇年に、メアリ・アン・スミーデスという三十六歳の女性が、ドナーの精子による人工授精を既婚者にしか行っていないことを不服として、ウェイン州立大学の不妊クリニックを訴える裁判を起こした。米国市民的自由連盟の助けを得てスミーデスは、クリニックの方針にまっこうから立ち向かった。「女性が子どもをもつ自由は、法律によって保護されている。それなのにクリニックの方針は、私のそうした自由や、独身者だからという理由で差別されない権利を、侵害するものにほかならない」と主張したのである。宣誓供述書の中で、スミーデスはこう述べている。「いずれ再婚したいとは、思っています。でも自分の年齢を考えると、子どもはぜひとも、来年までに産んでおきたいのです。それに、再婚しようとすまいと、私は親として十分に、わが子の面倒を見られると思います。情操面でも、経済的な面でも、社会的な面でも、子どもには不自由させない自信があるのです。女性は、その気になりさえすれば、適当な男を見つけて関係をもつのは、さほどむずかしくありません。でも、そんなふうにして子どもをつくるよりは、ドナーから精液の提供を受けるほうが、子どもにとっても、不名誉の度合いが少ないのではありませんか?」

だがこの訴訟は結局、法廷で決着をつけるところまでいかずに終わった。大学当局がクリニックの方針を転換し、彼女に人工授精を行うことを検討すると約束したので、和解が成立したのだ。

だが、めでたく勝利をおさめたことにお祝いを言おうとして、私がスミーデスに電話をかけてみると、彼女はまだ、実際に人工授精を受けてはいなかった。訴えを起こして以来、彼女のところには、「シングル・マザーになろうなんて、けしからん！」と反対する手紙が、二百通以上も届いていた。またクリニックの医師たちも、独身だという理由で彼女を拒むことはなくなっていたものの、今度は、彼女の年齢のことなどをはじめ、さまざまな別の理由をもちだして、気持ちをひるがえさせようとしていたのだ。「私たちにも精子を提供してくれる精子バンクが欲しい」という独身女性たちの思いがついに結実したのは、一九八二年のことだ。異性愛者だが独身の女性や、レズビアンの女性に精子を提供することを主たる目的として、「カリフォルニア精子バンク」が設立されたのである。この精子バンクに注文すれば、米国内のどこへでも、〈一夜の相手〉（すなわち、ドナーの精液の入った液体窒素容器）を宅配してくれる。精液が届いたら、かかりつけの婦人科医院で、それを注入してもらえばいい。自分でやりたければ、七面鳥を焼く時に肉汁をかけるターキー・ベイスターを使って、自宅で注入を行うこともできる。

しかも、ごく近い将来、ドナーの精液を手に入れるのは、さらに簡単になりそうな気配だ。ジョージア州の精子バンクであるザイテックス社が、各地のドラッグストアをフランチャイズ化する動きを見せているのである。精液の入った同社の液体窒素容器を各ドラッグストアにおき、一つ百七十五ドルで売る。一つ売れるたびにドラッグストアには、ザイテックス社から五十ドルの報奨金が入る、という仕組みだ。「大都市圏ではどこでも、子どもが欲しいのに生まれつき不妊の人が、人口の二〇パーセントを占めています」と、ザイテックス社の営業部長であるデイヴィッド・トールズは言う。そして、「月に八個以上売れれば、出資したお金を考えても、儲けが出ますよ」と、ドラッグストアの店主たちに説いてまわっているのだ。

ということはつまり、そのうちに、つぎのような光景があたりまえに見られるようになるのかもしれない――女性たちがドラッグストアに足早に入っていき、精液の入った容器と、マールボローのタバコを手に取る。そして言うのだ。「ああ、これは駄目だわ。今回は特別なの。ダンヒルの精子に替えてくれる？」

同性愛者の親権争い

レスビアンの女性、エリーズ・グリーンは、二十代のころに子宮全摘手術を受けていた。そこで、パートナーであるシャーリー・ウィルソンのほうが、ドナーの精子による人工授精を受けて子どもを産んだ。だがその子が二歳になる前に、二人は別れることになった。その後、シャーリーが子どもをエリーズに会わせようとしなくなったので、訴訟が起きた。現在係争中のこの裁判以外にも、同様の訴訟は、これまでに五十近くも起きている。そしてたいていの場合、裁判所は、実際に子どもを産んでいない側の女性には、面会権を認めていない。

レスビアンの権利を守ろうとする団体である「ナショナル・センター・フォー・レスビアン・ライト」の代表であるケイト・ケンデルは、こう語る。「わけもわからないうちに片親を失い、しかもその理由を知ることもできないというのでは、幼子《おさなご》は、とても悲しい思いをするでしょう。でも、こうした事態は、そのような子どもたちだけの悲劇ではありません。レスビアン社会全体にとっても、大きな悲劇なのです。仲間の一人が法廷に出ていって、『法律は、私の家族を尊重してくれない』と訴えなくてはならないのですから」

以前のパートナーに子どもを会わせようとしない女性たちに対しても、ケンデルの批判は及ぶ。「以前一緒に暮らしていたパートナーが男であれ女であれ、同じことです。たとえ相手に対してどんなに腹を立てており、裏切られたと感じていても、元カップルのどちらもが、子どもには会えるようにしておかなければなりません」

だが、レスビアン・カップルの親子関係はえてして、通常の親子関係より、さらに複雑なものになりがちだ。時には、カップルの両方が親権を得るために、二人同時に精子の提供を受けて、それぞれ妊娠するということも行われる。だがたいていは、どちらかかたほうが、子どもを産み育てることに、より強い関心を抱いている。あるいは、いっぽうが不妊症だというケースもある。

友人であるゲイの男性に、精子のドナーになってもらおうとするレスビアン・カップルもいる。シカゴのリン・アレルッツォとシャーリーン・クロッティも、そう考えてケヴィン・グリーンの協力をあおいだ（このケヴィンは、先に登場した同姓のエリーズ・グリーンとは、まったくの他人である）。ケヴィン・グリーンは精子を提供し、妊娠中も出産時も、なにかと面倒を見た。だが出産後、リンとシャーリーンが彼を子どもに会わせようとしなくなったので、自分にも親権を認めてくれるよう求めて、裁判を起こした。しかしこのケースについては、一九九八年に和解が成立している。ケヴィンとそのゲイ・パートナーである男性も、ひきつづき子どもに会ってかまわないと、女性たちが譲歩したのである。その結果、この子どもには、二人のママと、二人のパパができたわけだ。

あとになって親権に関するもめごとを起こしたくないと考えるレスビアン・カップルは、さらにこみいった手法に訴えることもある。かたほうの女性の卵をドナーの精子で授精して、その結果できた胚を、パートナーの女性の体内に移植するのだ。そのようなカップルに対して、サンフランシスコでは、ある判事が、出生証明書の両親の欄に双方の女性の名を記してかまわないという判断を示している。

「あの判事は、レスビアンの女性が養子を迎えるまとめ役を、これまでに何百組もやっているんです」

ケイト・ケンドルはそう述べて、もし他の判事だったら、こんなに偏見のない判決は出なかったかもしれないと指摘した。「もし保守的なイリノイ州デモインであんな裁判を起こしたら、判事は卒倒してしまうでしょうね。そしてすぐに、そんなことはまかりならんという法案が、州議会に提出されるはずですよ」

じつは、女性の体内への精液注入による人工授精を自分たちも行いたいと主張しているグループが、もう一つある。死刑が確定しているカリフォルニアの十四人の男の囚人たちが、その権利を求めて、訴えを起こしているのだ（ただし現在までのところ、裁判所はこの訴えを却下している）。「私たちにも、子どもをつくる権利はある。そしてその権利の中には、精液を冷凍保存しておいて、あとで（というのはおそらく、〈死刑を執行されたあとで〉という意味だろう）父親になる権利も含まれているはずだ」というのが、囚人たちの主張だ。だが皮肉なことに、この十四人のうち五人は、子どもを殺した罪で死刑を宣告された人たちだ。

「パパと話したい！」

「カリフォルニア精子バンク」ができたことで、精子バンクのありかたは、それまでと大きく変わった。なかでもいちばん大きな違いは、女性たちが、それまでよりずっと広い範囲から、精子ドナーを選べるようになったことだ。このバンクを利用する女性の一人は、私に言った。「私は、医者って人種が大嫌いなのよ。だから、わが子の父親に医学生なんか選ぶのは、まっぴらだわ」

「カリフォルニア精子バンク」のユニークなところは、精子ドナー一人一人に対して、生まれた子どもが十八歳になったら父親がだれであるかを教えてほしいか、たずねる点である。すると四〇パーセント以上のドナーが、教えてほしいと答える。ドナー側の身内がどのような人であるかを生まれた子どもに伝えるために、情報を盛りこんだスクラップブックやビデオテープをわざわざ用意する人さえいる。

諸外国の中には、もっと進んでいる所もある。スウェーデン、ドイツ、オーストリアでは、ドナーの精子を使って生まれた子どもにはすべて、そのドナーの名前を知る権利があるのだ。

しかし米国では、そうした権利は法律で保証されてはいない。そこで、自分の生物学上の父親について知りたいと、強く思いつめる子どもも出てくる。匿名の精液ドナーによって生まれた、ある十二歳の双子は、全国放送のテレビ番組に出演して、「パパと話したい！」と訴えた。ドナーがだれかわかっていた精子バンクでは、その男性に、「どうか、あの子たちと話してやってほしい」と頼んだ。男性は、「最初の契約には、そんな内容はなかったはずだ」と腹を立て、裏切られたという気持ちを抱いたが、結局、その説得に応じて双子と話をした。

また、スーザン・ルービンという女性は、三十一歳になって初めて、それまでずっと「パパ」と呼んでいた人が、自分の生物学的な父親ではないことを知った。スーザンの母親は、ドナーの精液を注入する人工授精を受けて、彼女を産んだのだ。ドナーについて母親は、南カリフォルニア大学のユダヤ人医学生だと聞かされていた。

「それを知って私は、自分の半分が急に奪い去られ、そこがぽっかりと空白になってしまったような気持ちになりました」と、スーザンは私に語った。そして彼女は、その空白を埋める決心をしたのである。

学期末レポートを書いている学生のふりをして、南カリフォルニア大学の公文書の閲覧を希望した彼女は、母親が人工授精を受けた年に医学部の学生や研修医やインターンだった四百人の男性の記録を調べていった。そしてその中から、ユダヤ人らしい名前をもつ人物を、すべてリスト・アップしたのである。「ドイツ系の名前の判定が、いちばん大変でした。ユダヤ人の名前かどうか判断に迷ったケースについては、ロサンジェルス地区の、婚姻記録にあたりました」。もしその人物が、ユダヤ教会堂であるシナゴーグで結婚していれば、父親候補者の一人だというわけだ。

ついでスーザンが意見を聞いたのは、遺伝学者だった。「あなたは赤毛で青い目なのに、お母さんは黒い髪で焦げ茶色の目をしているから、ドナーは九九パーセントの確率で、黒い髪も茶色の目もしていない男性でしょう」と、その遺伝学者はアドバイスしてくれた。そこでスーザンとその友人二人はそれぞれ別々に、古い学生簿と現在の医師人名録に載っている、父親候補者たちの写真を見ていった。目の色がわかりにくい場合には、運転免許証情報で確かめた。その結果、最終的に、三人の意見は完全に一致した。三人が三人とも、同じ十人の男性を、父親候補として残したのだ。

その中の一人の写真が、スーザンの目をとらえた。それは、母親にかつて体外授精を行なった医師の写真だった。「彼は、私に瓜二つでした」と、スーザンは今でも自信をもって私に言う。彼女はその写真と自分の写真を同封し、「私たち、そっくりではありませんか?」という手紙をつけて、医師に送った。

だが、医師からは返事がなかった。

6 電脳パートナー

ネット上の精子ドナー探し

パソコンのキーボードに指を走らせて、インターネットで精子ドナーをさがす。最初に目にとびこんでくるのは、オプションズ社のホームページだ。この会社は、不妊カップルと精子や卵のドナーとの橋渡しをする、いわば〈赤ん坊斡旋《あっせん》業〉を仕事としている。そのホームページをのぞいてみると、「当社があなたのお手伝いをします」とある。そして、「ほんの一言、背中を押してくれる言葉があれば、ほんのちょっと、手を引いてくれる人がいれば、あなたの前に、まったく新しい世界が開けます」と続く。

思わず、「いったいどうやって、このバーチャル・リアリティの世界で、手を引いてくれるっていうのよ?」と、皮肉の一つも言いたくなってしまう。コンピュータの画面上には、〈手を差し伸べますアイコン〉とか、〈あなたの苦しみ分かち合いますアイコン〉などといったものは、見当たらない。あるのは、コウノトリの図柄だけだ。

私は、精子ドナー情報のサンプルにアクセスしてみることにする。そのドナー番号は、１０４９だ。だが、この番号だけを見て、「ああ、この会社には、千人以上の精子ドナーが登録しているんだわ」と安心するのは早すぎる。最初のドナー番号を、１０４５から始めていないという保証は、どこにもないのだから。私がかつて訪ねたことのある精子バンクでは、不妊カップルたちに、どんなドナーを希望するかについて、十ページにも及ぶ質問書への記入を求めていた。えくぼがあるほうがいいか? ユダヤ教かカトリックか？　音楽的才能と数学的才能のどちらを望むか？……そういった果てしない質問の羅列を見ると、そのバンクの〈オズの魔法使いのドア〉の向こうには、何百人、何千人ものドナーが控えていて、どんな細かい希望にも応えてくれそうに思えた。だが実際には、ドナーはわずか二十人しかいなかったのだ！

ドナー番号１０４９の人物の写真を見ると、彫りの深い、かなり美形のカリフォルニア男だ。五ページにわたる彼のプロフィールを、ざっと拾い読みしてみる。〈海をきれいにする運動〉のメンバーであり、サーファー・クラブにも入っている。自己紹介欄には、「まじめ、感受性豊か、進取の気性あり、知性的、創造力に富む、思慮深い、野心的、競争心が強い、礼儀正しい、明るい、楽観的」と書かれている。ＳＡＴ（大学進学適性試験）の点数も、千三百五十五点と悪くない。彼の、五十四歳になる母親は、知的で斬新なセンスをもつ絵描きだ。老眼鏡をかけているが、それ以外の点ではきわめて健康だとある。兄の職業は、〈宅地開発業〉だ。

地元シカゴの精子バンクで精子を買えば百ドルで手に入るが、このオプションズ社のドナーの精子は、二千三百七十ドルもする（その上さらに、処置費と検査代がかかり、買い手がカリフォルニア州以外に住んでいる場合には、割増料金も加わる）。

もう一つ別のインターネット精子バンクである、パシフィック・リプロダクティヴ・サービス社でも、コンピュータを通じて営業を行うようになってから、業績が二五パーセントも伸びた。現在では、日本、ヨーロッパ各国、イスラエルなどから注文を受けて、海外へも精子を輸出している。しかし、たくさんの精子バンクがこのように海外へのネット販売を行うようになるにつれて、新たな懸念も生じてきている。まず第一に、これは新型の帝国主義ではないのか？　なにしろ米国の精子が、世界中にばらまかれるのだから。それにもし、何か不都合が起きたら、だれが責任をとるのか？　英国ではすでに、人類発生受精局から、「ドナーに対する検査・選別が適正に行われているかどうか確認できないので、インターネットで精子を買うのは危険である」という警告が出されている。

ドナーの選別とリスク

医師が精子ドナーを選んでいた時代には、当の不妊カップルはそのドナーの外見について、ごくごく大雑把な情報しか知らされていなかった。ベティ・オーランディーノの行った調査によれば、当時、精子の提供を受けたカップルのそれぞれが想像していたドナーのイメージは、はなはだしく異なっていたという。「妻のほうは、ロバート・レッドフォードのようないい男だと考え、夫のほうは、どや街の飲んだくれのようなやつにちがいないと思っている」というのだ。

だがインターネット時代が訪れて、人工授精のありかたも、大きく変わった。ドナーの写真を見ることができ、場合によってはその声を聞くこともできる。「南カリフォルニア低温バンク」のドナーの多くは、精子を売って生活費の足しにしている、ロサンジェルスの俳優の卵たちだ。だが、若くてハンサムな1049番のドナーの精子を使うと妻が決めたら、不妊の夫はどんな気持ちになるだろう？　妻のほうも、ウェットスーツに身を包んだサーファー姿のドナーのことを、あれこれ心に思い描くようなことはないのだろうか？　食料品店で、妻がたまたまそのドナーに出会ってしまったら、いったいどういうことになるのだろう？

しかも、不妊クリニックに直接精子を売っている男性にくらべたら、インターネット上で精子を売っている男性のほうが、〈出会い斡旋《あっせん》サイト〉に登場する確率も高そうだ。実際、〈ニュー・ライフ・ウェブ〉というサイトで精子ドナーと不妊カップルの橋渡しをしているイスラエルの会社はもともと、お見合いサイトである〈ネット・マッチ〉で成功して、新しくこの分野に進出してきたのである。

インターネット上の精子ドナーの場合には概して、その外見が重視されている。たとえば、パシフィック・リプロダクティヴ・サービス社のホームページに登場するドナーのプロフィールは、たいていが、「長身、金髪、青眼、面長、彫りが深い、目がきれい」といった具合だ。また、「丸い童顔、目がかわいい、バランスのとれた顔立ち」というのもある。この、「バランスのとれた顔立ち」というのは、いったいなんだろう? こう書かれていないドナーを選んだら、ピカソの絵のような顔の子どもが生まれてしまうとでもいうのだろうか?

シカゴにあるイリノイ大学のインターネット精子ドナー・カタログには、それぞれのドナーの身長が記されている。じつは最近では、たいていの不妊クリニックが、ドナーの身長を表示することをやめている。ニューヨーク市の、ある精子バンクの所長が私に語ったところによれば、それは、「身長の低いドナーをわざわざ選ぶ人はいない」からだ。イリノイ大学のカタログを見てみると、九〇パーセント以上が、身長百八十センチ以上のドナーである。なかには、二メートル近い人も何人かいる。

さらに見ていくと、不妊カップルに卵を提供する、女性ドナーを募るサイト(www.eggdonation.com)もある。現在、米国内には、卵ドナーのサイトが八十近く存在している。

そこに示されている、卵の提供者への報酬額は、なかなか心をそそるものだ。一九八四年に初めて卵の提供が行われるようになったころには、リチャード・シードは女性ドナーたちに、わずか二百五十ドルしか払っていなかった。だが一九九四年までには、平均価格は千五百ドル程度になった。そして一九九八年に行われたネット・オークションでは、ニュージャージー州のリヴィングストンにあるセント・バーバラ病院が、二千五百ドルから五千ドルの値をつけた。現在までの指し値の最高額は、「美しくて頭の良い、プリンストン大学出身の女性」の卵を切望している、ある匿名カップルのつけた三万五千ドルである。

こうしたコンピュータ画面の平板な文字の羅列を見ていると、女性たちはおそらく、卵を提供してもバーチャル世界で妊娠が起こるだけのような気がして、なんとなく安心してしまうのだろう。実際、ある女性がペンシルヴェニア・クリニックに電話をして、「卵のドナーになった場合、どのようなリスクがあるのですか?」とたずねたところ、クリニック側の返事は、「リスクなんて、何もありませんよ」というものだった。だがそれは、事実とは違っている。卵を提供する側にもさまざまな問題点や危険性があり、ひとつ間違えば、重大な事態にもなりかねないのだ。

まず第一に、ドナーの選別はとても厳しく、だれもがなれるわけではない。五人中、四人の女性は、その選別ではねられてしまうのだ。卵ドナー選別のための質問書には、まず例外なく、体重をたずねる項目がある。精子ドナーを選ぶ際、身長がかなりの決め手になるのに対して、卵ドナーは、太りすぎていないという基準で選ばれることが多いからだ。ノースカロライナ州ローリーに住むモーリーン・メンディックは、友人たちの多くが不妊に悩んでいるのを知って、卵のドナーになろうと思いたった。自分も夫も給料のいい技術者だったから、べつに報酬の千五百ドルが目当てだったわけではない。自分も一歳の子をもつ身だったから、ただ純粋に、他の女性が母親になるのを手伝いたいと考えたのだ。健康診断や心理テストを受けたあと、モーリーンは診察室に通された。医師は、彼女を頭のてっぺんから爪先までをじろじろと眺めまわし、こう言った。「ドナーを選ぶ時、私は、その人の遺伝物質を後世に残し、育てる価値があるか、見ることにしてるんだ……。きみは、完全に合格だよ」

私の友人であり、法学部の教授であるR・アルタ・シャローの場合には、そううまくはいかなかった。代理母選定の仕組みがどうなっているのか確かめるために、彼女はみずから、代理母に志願してみたのだ。だが、内斜視があり、モデルとは程遠い体型の彼女を、クリニックは採用しようとしなかった。まるで、「あなたみたいな子どもを、だれが欲しがるというんですか?」と言わんばかりの扱いだったという。「私の商品価値はゼロらしいわ」と、アルタは笑っていた。

こうした第一の関門を抜け、採用が決まった女性ドナーには、厳しい医学的管理が待っている。まずは二週間のあいだ、毎日、排卵誘発剤の注射を受けなくてはならない。注射自体も痛いが、その副作用でドナーは、激しい感情の揺れを経験することになる（その状態を不妊専門医の一人は、「ヒトラー＝バンビ症候群」と呼んでいるほどだ）。頭痛や脱毛、痙攣《けいれん》、悪心《おしん》などが起こることもある。むくみが出て、注意深く経過観察していないと、腎臓や心臓に障害が起こることも珍しくない（これとは対照的に、精子ドナーのほうは、高校生なら小躍りしそうな物がいっぱい詰まった部屋で、ほんの数分すごせばすむ。趣味に応じて各種そろったエロ雑誌。ビデオ・デッキとエッチ・ビデオ。そして、こうした場面に欠かすことのできない舞台装置、すなわちビニール張りのソファ……）。

経過観察の一部として、卵ドナーは毎日クリニックに通院し、血液検査と超音波検査を受けなくてはならない。卵巣の卵が十分に成熟すると、四十センチ近くもある注射針をワギナ（膣）に挿入して、たくさんの卵が一度に取り出される。その際、局所麻酔が用いられるにせよ全身麻酔が用いられるにせよ、ドナーは、麻酔にまつわるリスクにもさらされることになる。しかも卵ドナーの経験のある女性は、あとになってから卵巣癌になる確率が高いという研究結果も、いくつか出ている。

報酬額の高さにつられて、最近では若いドナー志願者がとても増えているが、こうした若年層には特に、これまで述べたようなリスクは周知徹底していない。ひと昔前まではお手伝いさんや子守りとして雇われることの多かったロシアや東ヨーロッパの娘たちが、今では卵ドナーに大勢志願してくる。カリフォルニア大学サンディエゴ校のアルバイト紹介課では、学生たちを卵仲介業者に紹介している。女子学生の中には、卵を提供して得たお金で学費を払っている者もいるのだ。キャリー・スペートという女性は、ニューヨーク大学大学院で映画制作を学んでいたころ、ドナーとして四回、卵を提供した。そうやって稼いだ合計九千ドルを使って、二本の短編映画を撮影し、サンダンス映画祭に出品したのだ。彼女は自分の映画制作プロダクションに、「ザイゴート・プロダクション」という社名をつけていた（「ザイゴート」とは、〈接合子〉すなわち受精卵のことをさす医学用語である）。

いったん卵ドナーとなってみたものの、その現実は予期していたようなものではなかったと、がっかりする女性も少なくない。匿名の卵ドナーたちのうち約半数は、再び卵を提供する気にはならない。その中には、たとえば、「自分の提供した卵によって生まれた子どもは、いったいどんな生活をおくるのだろう?」と不安になった人たちもいる。前述のモーリーン・メンディックの場合には、「自分がまるで、卵製造工場みたいな気がしてきた」のだという。

モーリーンの卵で子どもをもつことのできたカップルは、半年後、「また同じドナーに卵を提供してもらって、下の子をつくりたい」と言ってきた。それを知らされたモーリーンは、なぜまた新たに自分が卵を提供しなければならないのか、不思議に思った。初回の時、医師は十九個もの卵を採取したのだから。

それまで彼女はてっきり、自分は一組のカップルだけの手助けをしているのだと思いこんでいた。だがその時になって初めて、十九個の卵が、三組とか四組のカップルに振り分けられているのかもしれないと思いあたった。もちろんそのカップルたちは、それぞれ、ドナーへの謝礼金をとられているのだろう。自分の血を分けた子どもたちが、いくつもの家族に振り分けられ、しかもその事実を、彼女もそれぞれの家族も知らないのだと思うと、心中穏やかではいられなかった。「秘密厳守の弊害が、こういう所に出てくるんですよね。クリニックが実際に何をやっているのか、チェックのしようがないんですから」と、モーリーンは語っている。

ペンシルヴェニア大学で生命倫理学の研究に携わっているアーサー・カプランは、つぎのように指摘している。「問題はそもそも、このプロセスを〈ドナーによる卵の提供〉と呼ぶところにある。じつは彼女たちは、〈卵を提供する人〉ではなく、〈卵を売る人〉なのだから。この場が卵を売買するマーケットであり、法的な規制が必要であることをきちんと認識すれば、卵ドナーに対する保護も、もっと進むはずだ」

わざわざ院外のドナーを募って卵を採取すると、その女性たちにこうしたリスクを負わせなければならないところから、その代わりに、体外受精を受ける患者たちの卵を使おうとするクリニックもある。一九九二年に行われた調査では、体外受精クリニックのうち半数近くが、患者を卵ドナーとしても利用していた。患者なら、体外受精のプロセスの一環として、もともと排卵誘発剤を使用しているので、ドナーとして協力してもらっても、新たな身体的リスクを負うことはないからだ。他の女性にも卵の一部を提供してかまわないという患者には、体外受精の料金を割り引いているクリニックもある。しかしこうしたやりかたは、患者を『ソフィーの選択』のような悲劇的な立場に追いこんでしまうもののようにも思える。つまり、自分自身の子どもをつくるために、本来なら自分のものだったかもしれない子どもを、他人に引き渡さなければならなくなるのだから。

患者からの卵提供を特にシステムとして取り入れていないクリニックでも、患者のあいだの卵の提供依頼といったことまでは、特に禁じていないところが多い。卵をつくれないからだの患者が、他の患者の採卵日にやってきて、「卵の一部を譲ってください」と頼みこむ。そのように個人的に頼まれてしまうと、相手側も断りにくい。

体外受精を受ける患者を卵ドナーとしても利用することになると、場合によっては、その患者本人の安全性や必要性が、十分に考慮できないケースもでてくる。たとえばそのような場合、医師はどうしても、排卵誘発剤を通常より多めに使って、提供用の卵を十分に確保したくなる。また、卵の提供を受けたほうは妊娠したのに、本人は妊娠できなかったということも起こる。オーストラリアで初めて卵の提供が行われた時にも、まさにそうした事態が起きてしまった。そのような場合、子どもに恵まれなかった卵提供者が不満を感じ、相手方の子どもへの面会権を求めて訴訟を起こすといったことにもなりかねない。

現在では、卵を提供したい人が、自分で直接、広告を出すということも始まっている。たとえば、「ユダヤ人の卵、売ります。……当方、容姿端麗で、健康状態も万全。優良な遺伝子をお求めのカップルに、卵をお譲りします」といった具合だ。私はこの広告を目にした時、思わず何度も読み返してしまった。〈優生学〔人類の遺伝的素質の改善を研究する学問〕〉と〈民族的純潔〉を合言葉にユダヤ人に対して行われたあのような悲劇の歴史があるのに、ほかならぬそのユダヤ人の女性が、「優良な遺伝子」を求める卵の選別を肯定するような広告を出しているのが、なんとも解せなかったからだ。

「ビヴァリーヒルズ・代理母・卵ドナー・センター」のホームページでは、三百人の卵ドナーから、好みの人を選ぶことができる。それぞれのプロフィールには、好きな本や映画、体重、自分と両親の健康状態や病歴、そして座右の銘までもが、記されている。たとえば、「情けは人のためならず、めぐりめぐっておのが身のため」という座右の銘に共感したカップルが、そのドナーを選ぶといったことも起こるわけだ。こうした詳細なデータに加えて写真も何枚か添えられており、ドナーを選ぶ手がかりになっている。紹介料は前金で六千ドルであり、当然ながら、それ以降の医学的処置代金は別途にかかる。

お金を払って卵を提供してもらうことが禁じられている国々では、どうしても卵ドナーの数が足りなくなる。そこでたくさんのヨーロッパ人が、「ビヴァリーヒルズ・センター」に注文を寄せることになる。たとえばある英国のカップルは、夫の精子をカリフォルニアに送ってドナーの卵を受精させ、その結果できた胚を、速達郵便で送り返してもらった。

二十歳になった、世界最初の試験管ベビーであるルイーズ・ブラウンに、英国のトーク・ショー番組の司会者が、こうたずねたことがある。「もし自分が、破損物注意のクッションつき封筒に入れられてご両親のもとに郵送されたとわかったら、どういう気持ちになるでしょうね？」

「私だったら、いい気持ちはしないと思います」というのが、その時のルイーズの答えだった。

ルイーズ自身は、体外受精で生まれたことを、べつに気にはしていない。だが人はえてして、「お父さんが隣の部屋でマスターベーションして、その精液でプラスチックの小皿の中の卵を受精させた結果、あなたが生まれたんですよね。そのことについて、どう思いますか？」といった質問をしたがるものなのだ。

一般の人が生殖技術に抱いているイメージは、だいたいこの程度のレベルでしかない。そんな中で、各種の技術を比較検討し、何が許されて何が許されないかを判断するのは、至難の業といわねばならないだろう。

閉経後の女性への卵提供の是非

精子に比べると卵のドナーは不足しがちなので、どのような女性がその提供を受けるのが妥当かが、しばしば問題になる。じつは卵の提供によって、一つの革命的な変化が起きた。若い女性から卵の提供を受け、ホルモン療法を施せば、閉経後の女性でも、妊娠が可能になったのだ。

しかし、「ジム・レイラーのニュースアワー」という番組に私と一緒に出演した不妊女性は、そうした卵の使いかたには反対だった。自分自身、体外受精によって二人の子どもをもうけていたのだが、閉経後の女性にそれを行うのは、〈自然に反する〉からよくないというのだ。しかしながら、ほんの何年か前までは体外受精そのものが、〈自然に反する〉という非難を受けていたのを忘れてはならないだろう。

閉経後の女性にとっては、卵の提供を受けることが、若返りのきっかけになることもある。一九九六年の十一月に出産した、アーセリー・ケイという名の六十三歳の女性の場合には、年齢を偽ってカリフォルニアのクリニックの専門家をまんまと騙し、若いドナーの卵を手に入れたのだった。

また、十九歳の息子を交通事故で亡くしたのち、六十二歳で卵の提供を受け、体外受精で子どもを産んだ人もいる。イタリアの不妊治療のパイオニアであるセヴェリーノ・アンティノーリは、閉経後の女性を七十人も妊娠させるのに成功している。こうした高齢の女性に若いドナーの卵を用いた場合の妊娠成功率は、二五パーセントから三五パーセントといったところである。これは、閉経のため妊娠できないのではなく、不妊症のために妊娠しにくい若い女性たちの妊娠成功率より、むしろ高い数字だ。

だが、この問題について私にコメントを求めてくるテレビの女性プロデューサーたちは例外なく、「閉経後の女性への体外受精には絶対反対」という態度を見せる。それはなぜなのか、私なりに考えてみた。おそらく彼女たちは、四十代の終わりごろに生理がなくなったことで、子どもをもつかもたないかの迷いに自然と決着がつき、心の平安を手に入れたのではないだろうか。ところが閉経後の女性にも妊娠が可能だということになると、「母親になるか、キャリアウーマンとしてやっていくか?」の選択を、いつまでも心に問いつづけなければならなくなってしまうのだ(その点では、若い不妊女性の前につぎつぎに際限なく提示される新開発の治療法も、同じように終わりのない苦しみを与えているともいえる)。

ニューヨーク病院の不妊治療クリニックである「コーネル・メディカル・センター」の医長であるゼイヴ・ローゼンワクス博士も、閉経後の女性への卵提供には反対の立場だ。それは、ストロム・サーモンド上院議員が七十歳で父親になったとか、映画俳優のアンソニー・クインが七十八歳で十一番目の子をもうけたとかいうのとは、別問題だというのである。

「男は腹の中で子どもを育てるわけではないから、たとえ高齢でも、赤ん坊の健康に悪影響を与えるようなことはない」というのが、ローゼンワクス博士のあげる、その理由だ。しかし閉経後の女性の妊娠例はまだ少ないから、そのことに特別なリスクがあるのかないのか、あるとすればどんなリスクか、といったことはだれにもわかっていない。それなのに、こうした主張を展開するいっぽうで、同じように赤ん坊へのリスクがはっきりと確認されていない数々の処置(体外受精、胚の冷凍、胚の移植前診断、卵内への精子注入など)をみずからのクリニックで平気で行っているのは、なんとも解せないことだ。

ミネソタ大学の法学教授であるスーザン・ウルフは、これは腎臓の提供を受けられる患者に年齢制限があるのと同じで、医療サービスの供給に設けられた年齢制限の一つだと考えている。「医療サービスの供給は、個々の医師がそれぞれ個別に判断して行うものであってはなりません。社会全体を見渡した基準が必要なのです」

米国生殖医学会も、閉経後の女性に対する卵の提供には反対だ。その倫理規約には、こうある。「まだ思春期に達しない少女に、卵母細胞を提供することを容認できないのと同じように、閉経後の女性が妊娠することも、とうてい容認しがたい」。だが、まだ自分で判断し同意するのがむずかしい十歳の少女に卵を提供することと、みずからの意思で妊娠を希望する五十歳の女性への卵の提供を、モラルの点で同列に論じるのは、年配の女性への侮辱とはいえないだろうか?

米国生殖医学会はまた、妊娠することで年配の女性の健康が損なわれるのを防ぐ意味でも、卵の提供は望ましくないとしている。しかしもっと若い女性の場合にも、妊娠しないよりはするほうが、健康上のリスクは大きい。むしろ閉経後の女性への卵提供は、〈女性版バイアグラ〉のようなものだと考えればいいのではないだろうか? つまり、いくらかの危険はあるが、とても心をそそられるものなのである。

「問題は年齢ではなく、その女性のからだが妊娠に耐えられるかどうかだ」と、前述のアンティノーリ博士は言う。「だから、個人的な好みや意見にとらわれないで、その重要なポイントをきちんと押さえた法律をつくってもらいたいね」

最初の結婚で四人の子をもうけたジョニー・モズビー・ミッチェルは、再婚後、五十二歳になってから、卵の提供を受けて、また子どもを産んだ。上の娘の一人もちょうど同じ時期に妊娠していたのだが、母親にぶつぶつと文句を言った。「ママ、余分な時間があるんだったら、私の子どもたちの面倒を見てちょうだいよ」

卵の提供に関しては、それをめぐる用語についてもいろいろと混乱が生じており、時には笑ってしまうようなやりとりもある。専門家たちの集まりで、一人の質問者がたずねた。「遺伝物質は提供したものの、妊娠は他の人に委ねた女性のことは、いったいなんと呼べばいいのでしょう?」

社会学者のバーバラ・カーツ・ロスマンの答えは、簡単明瞭だった。「〈父親〉と呼べばいいんじゃありません?」

7 借り腹

代理母をめぐる状況の変化

借り腹の歴史は、じつは聖書の時代にまでさかのぼる。子どもを産めないサラが、夫のアブラハムをけしかけて、女中のハガルを孕《はら》ませたのだ。しかし一九八〇年代になると、借り腹というテーマは、トーク・ショー番組を通じて、極端な形で〈再発見〉されることになった。最初のうち、代理母になったりそれを依頼したりするのは、あまり豊かでない階層の女性にかぎられていた。そうした家庭の女性が、同じような家庭の不妊女性のために、完全なボランティア精神で、子宮を貸すことを引き受けていたのだ。しかし不妊カップルのために他の女性が赤ん坊を産めることが知られるようになると、上流社会にもそれが広まっていった。裕福な不妊カップルと代理母の橋渡しをする弁護士は、一万ドルから三万ドルもの手数料を要求するようになり、さらには、代理母に対しても謝礼金を支払うよう求めるようになった。

たとえば一九八〇年に、カリフォルニア州の不妊カップル、アンディとナンシーのために代理母となることを決めたテキサス州アマリロの助産婦、キャロル・パーヴェックの場合には、ことはこんなふうに進んだ。アンディとナンシーは、旅費節約のために三日半もかけてバスでテキサス州にやってきて、キャロルとその夫のリックに会った。バスの長旅でひどく疲れていたし、自分たちの子どもを産んでくれるかもしれない女性と会うというのでとても緊張していたので、夫妻の神経はかなり高ぶっていた。

そこでパーヴェック家に着いたとたん、ナンシーはこらえきれずに、わっと泣きだしてしまった。

キャロルとリックは、夫妻のことがたちまち好きになった。「だって、あの人たちも私たちと同じで、ジーンズにTシャツ、ファーストフードの、ごく質素な生活をしてるっていう感じだったんですもの」とキャロルは説明する。二組の夫婦は、性格の点でも、経済状態の点でも、子どもに対する考えかたの点でも、とてもよく似ていた。アンディはキャロルと同じように、髪が赤くて近眼だった。あごひげを生やしている彼は、「じつは僕、顎がすごくひっこんでるんだよ」と白状した。そこでキャロルは、陽気に答えた。

「それじゃ、もし生まれてくる子の顎がひっこんでたら、私じゃなくて、あなたのせいね」

キャロルは夫のリックを別室に呼んで、小声でたずねた。「あなた、どう思う?」

「とてもいい人たちじゃないか」というのが、リックの答えだった。

そこで二人は居間に戻り、夫妻にこう勧めた。「ホテルに行くのはやめて、うちに泊まらない? ホテル代を節約すれば、帰りはバスじゃなくて、飛行機に乗れるでしょう?」

妊娠期間中、二組の夫婦は、電話や手紙で連絡をとりあっただけだった。費用の点で、行ったり来たりはできなかったのだ。だがそれでも、お互いに理解し合う機会はたくさんあった。少なくとも週に一度は、手紙をやりとりしていたからだ。赤ん坊が生まれたら、テキサスとカリフォルニアの双方で複雑な法的手続きをしなければならないだろうから、もしその途中で何かトラブルが起きたらどうしようかということまで、四人はじっくりと相談した。「こちらで育てることになるにせよ、あちらで育てることになるにせよ、絶対に赤ちゃんを里子に出したりはしないというのが、みんなの一致した意見でした」

代理母になるのを引き受けたことについて、「それじゃまるで、不倫じゃないか!」と非難する人たちもいた。そうした声に対してキャロルは、「人工授精っていうのは、注射器でやるのよ。注射器と不倫はできないわ。確かに私のからだは利用されるけど、それは、私が死んだら眼球や腎臓を利用するのと同じでしょう? それにもともとこのからだは、私自身のものじゃないわ。私の信じるキリスト教では、『人の本質は魂であり、肉体は、この地上にいるあいだだけ授けられた乗り物でしかない』と教えてるはずよ。だから、からだが自分だけのものだなんて、考えちゃいけないのよ」と反論した。

キャロルのところには、たくさんの手紙も届いた。賛成意見もあれば反対意見もあり、なかには、何がなんだかわけのわからない手紙もあった。ある看護婦は、怒りを含んだ調子で、こう書いてきた。「あなたが、消毒もしてない部屋で、消毒もしてない器具を使って、自分で人工授精を行ったのは、きわめて不適切です。牛の繁殖家だって、人工授精を行う時には、すべての消毒を行うんですから」。「私、もう少しでこの看護婦さんに、『あなたのご主人は、何分間ペニスを煮沸消毒してからセックスするんですか?』って返事を出しそうになったわ」というのがキャロルの弁だ。

赤ん坊が生まれた時、産科医はその子を、キャロルのおなかの上に乗せようとした。そこでキャロルは抵抗した。「先生、この赤ちゃんは私の子じゃないのを、忘れたんですか?」。他人のものになる赤ん坊に自分が深い思い入れをもってしまうことを、キャロルは心配していたのだ。

「でも」と医師は答えた。「部屋の中で、暖かい場所はここしかないんだ」

赤ん坊が、静かにキャロルのおなかに乗せられた。恐る恐る目を開けた彼女は、ほっと安心した。「私の子だ」という気持ちは、特にわいてこなかったからだ。心に浮かんだのは、「なんて素敵な赤ちゃんなんでしょう!」という気持ちだけだった。

退院したキャロルを待っていたのは、自分たちのためにも代理母になってほしいというカップルたちからの、手紙の山だった。そこに綴られた悲痛な思いは、キャロルの心を動かした。そこで、アンディとナンシーに感じたような親近感をもてるカップルがいないかと、一通ずつ目を通していった。二百通ほどは、考えるまでもなく不合格だった。「自分の産んだ赤ちゃんに、私自身がきちんと、いい家庭を選んであげたという確信がほしいんです」と当時、キャロルは語っている。「子どもが成人するまでずっと、『あの夫婦は、今ごろお金に困っていないかしら?』とか、『愛情深く、子どもを育ててるかしら?』なんて、心配したくはありませんから」

ただ跡継ぎが欲しいだけのカップルや、子どもと触れ合う時間が十分にとれそうもないカップルの代理母をつとめる気には、キャロルはとうていなれなかった。生まれてくる子がどのような人生をおくることになるかを、具体的に思い描きながら、彼女は手紙を読んでいった。なかには、自分の会社を継がせる人間が欲しいだけに思えるカップルもいた。「この家庭だと、子どもはきっと、何がなんでも有名大学に入るよう、期待されるでしょうね。それどころか六歳から、しつけの厳しい私立の小学校に入れられてしまうかもしれないわ。この夫婦には、雨の中で子どもと泥んこ遊びを楽しむような、あたたかい気持ちが感じられないもの」というふうに、キャロルは考えていったのだ。

だが、そろそろ実際に二度目の代理母をつとめてもいいとキャロルが思うようになるころには、代理母をめぐる状況自体が、大きく変化していた。代理母には一万ドルの謝礼金、仲介弁護士には同額の手数料を払うのが、一般的になりつつあったのだ。

そのころまでにキャロルは、場合によっては代理母になってもいいという下約束を、何人かの男性とかわしていた。「その人たちはみんな、いいお父さんになりそうな人ばかりなんです」と当時、彼女は語っている。「自分の服にミルクを吐き戻されても気にしないし、床の上に坐りこんで赤ん坊と遊ぶのも大好き、という人たちですね。怒りんぼで威張り屋の、弁護士や医師なんかじゃありません。あの人たちときたら、『謝礼金なしに、代理母になるべきじゃない』って言うんですよ。でも、最高の父親になれそうな男の人ってたいてい、代理母にお金を払えるほどお金持ちじゃないから、困ってしまうんです」

だが、謝礼金を受け取るべきかどうかという悩みは結局、偶然の事故によって決着がついた。ある日、キャロルが古い緑の愛車をバックでカーポートから出そうとしたちょうどその時、向かいの奥さんも、自分の車をバックで発進した。車は二台とも、ぺしゃんこになってしまった。そこでキャロルは、こう決心したのだ。「いいわ。代理母の謝礼金を、受け取ることにしましょう」

しかし、二度目の代理母を引き受ける動機について、二つの声がキャロルの心の中に代わる代わるあらわれては消え、彼女を苦しめた。いっぽうでフェミニストの自分が、明快にこう言い切る。「女性には、子どもをもつかもたないか、どうやって子どもをもつか、といったことを、自分で決める自由があるのよ。代理母システムは、その自由を行使する道の一つなんだから、何も恥じることはないわ」。だがもういっぽうでは、もっと小さな、もっと未熟な声が、甘ったるくこうささやく。「でもやっぱり、お金の魅力もあるわよね。一度でいいから私、車のディーラーに上客としてもてなされて、『お支払いは大丈夫ですか?』なんて言われないで、車を買ってみたいわ」。新時代の〈借り腹制度〉を最初に考案したミシガン州の弁護士、ノエル・キーンに申しこみの電話をかける段になっても、この二つの声はまだ、キャロルの心の中でこだましていた。

お金を払って代理母を雇うことが一般的になってくると、女性の社会的活用を進めたいと考えるフェミニスト(女権拡張論者)たちは、一種のジレンマに陥った。一九八〇年代半ばをすぎてもまだ、女性はなかなか専門職につきにくく、実質上、政治の場面からも締め出されているという状態が続いていたので、フェミニストたちはかなり苛立ちを感じていた。その上さらにこのような事態が加われば、小切手帳と、容易にからだから取り出せる精子とをもっている男たちは、女性と親密な関係を築かなくても、お金の力で女性の生殖能力を買うことができるようになってしまう。だがそのいっぽうで、フェミニストたちはこれまでずっと、「女性には、自分のからだに関することを自分で決める権利が認められるべきだ」とも主張してきていた。ということはつまり、母になるのも、中絶するのも、だれかのために代理母になるのも、その人の自由だということだ。

私も出席していた法学者たちの集まりでは、「代理母になる女性の中には、ほんとうに自分がそうしたいのではなく、ボーイフレンドに言われてしかたなくとか、生活に困っているからという理由で、それを引き受ける人もいるかもしれない。だから、代理母というシステム自体を禁止すべきだ」という意見も出た。しかしそれを言うなら、妊娠中絶にしても、ボーイフレンドに言われてしかたなくとか、金銭的な理由から、それを受ける決心をする人もいるかもしれない。したがって、女性の決定が特定の男性や、男性中心の社会意識、あるいは経済的な問題などによって影響されるかもしれないからというだけでは、中絶よりも代理母システムのほうを、いっそう厳しく禁じなければならないという理由にはならない。

ただし、私が実際に会った代理母たちは、べつに他人から強制されたり、経済的に逼迫《ひっぱく》したりしているようには見えなかった。たとえばドナ・リーガンという女性も、だれかに強制されて代理母になったわけではないと、ニューヨークでつぎのように証言している。「代理母になってくれと、だれかに頼まれたことはありません。自分から出向いて、代理母として使ってくれないかと、申し出たのです。それなのに私が女性として、自分自身の意思でそれを選んだのではないなどと言う人がいるのは、とても心外です」きっぱりとそう言ったドナは、こうつけ加えた。「私だって皆さんと同じように、日々の生活の中で必要となるさまざまな難しい選択を、ちゃんとこなしているんですから」

やはり代理母となった経験のあるジャン・サットンは、こう言う。「確かに代理母を引き受けることには、心身両面でのリスクがあります。でもこの世の中では一般に、自分が納得ずくで引き受けるのであれば、もしかしたら危険が伴う役割を果たそうとしても、止めたりはしないでしょう？　炭鉱夫や消防士やカーレーサー、そして大統領だって、ある意味ではとても危険な仕事ですよね。でもその職業を選んで、それに応じた報酬をもらうのは、べつにいけないことじゃないはずです。それなのに、女の人が代理母として報酬をもらうことだけ禁止するなんて、矛盾していると思いますけど」

ベビーM裁判

代理母になることをいったんは引き受けたものの、あとから気が変わって、生まれた子どもを手もとにおきたいと主張したメアリ・ベス・ホワイトヘッドという女性の、いわゆる〈ベビーM裁判〉は、代理母をめぐる諸問題に光明を与えたというよりも、むしろ問題をいっそう複雑にしたといったほうがいいだろう。この裁判では、被告と原告の双方が弁護士を立てて、互いに相手側が親としての適性を欠いていることを証明しようとした。だがメアリ・ベスとリックのホワイトヘッド夫妻についても、エリザベスとウィリアムのスターン夫妻についても、親として不適格だという確たる証拠はなかった。四人のうちだれも、Mちゃんを虐待したり育児放棄したりしそうな人はいなかったのだ。そこで弁護士たちは、Mちゃんの親として適さない部分がだれかの性格の中に少しでもないか調べるために、〈精神面での心電図検査〉ともいうべきものを行うことにした。

それがどのように行われたかを知れば、現在、子どもを育てている人も、これから育てようと思っている人も、ぞっとしてしまうにちがいない。まずは精神科医、心理学者、ソーシャルワーカーといった人たちが、ホワイトヘッド家を訪れた。そこには、パンダやクマのぬいぐるみやベビー・ベッドなど、Mちゃんのたくさんの持ち物が、あるじの帰りを待ち焦がれていた。心の健康の専門家たちが一部始終を見守る中で、メアリ・ベスは娘にお湯をつかわせ、ミルクを飲ませ、手遊びをしてやり、歩行器に入れて居間をあちこち動きまわらせ、抱いて寝かしつけた。その光景は、母子の幸福な絆を絵に描いたように見えたかもしれない。だが実際には、その母親ぶりを見守る専門家たちは、彼女の一挙手一投足に目を光らせ、なんとかあらをさがし出そうとしていたのだ。

この時、専門家の一人であるマーシャル・シェクター博士は、メアリ・ベスが鍋やフライパン、スプーンといったもので赤ん坊を遊ばせず、ぬいぐるみの動物ばかりを使った点を批判した。また、手遊びをした時、ちゃんと歌の歌詞を歌わず、「がんばれ！　がんばれ！」と言ったのもよろしくない、という意見だった。別の専門家は、メアリ・ベスがあらかじめ受けたカウンセリングの時に十分に心を開かなかったことや、髪の毛を染めていることを、マイナス要因としてあげた。

フェミニストたちは当然ながら、メアリ・ベスの味方だった。だがやがて彼らは、それ以上の主張をしはじめた。気持ちが変わって子どもを手もとにおきたくなった代理母たちを支援するだけでなく、そうでない代理母にまで、産んだ子どもを手もとにおくよう働きかけはじめたのだ。

シンシア・カスターは、メリーランド州で代理母をつとめた。そこのシステムでは、子どもを受け取るカップルと代理母は、互いに知り合わないことになっていた。だが出産間近になったシンシアは、子どもを育てるのがどんな人たちなのか、どうしても知りたくなった。だがそれは教えられないと断られたので、自分の体験を『ワシントン・ポスト』紙に投稿した。

シンシアの話では、その記事が掲載されるやいなや、フェミニストの法律家で、「代理母に反対する国内連絡機関」という団体のメンバーでもある、シャロン・ハドルから連絡があって、「赤ちゃんは、あなたから離れたくないのよ。赤ちゃん自身が選ぶことはできないんだから、あなたががんばらないとね」と言われたという。しかもシャロン・ハドルは声色まで使って、こう念を押したのだ。「ママ、お願い。僕をあの人たちに渡さないで！」
〈ベビー・M裁判〉については一般に、階級間の闘争だという言いかたがされている。ホワイトヘッド夫妻よりスターン夫妻のほうが収入が多いことから、そう言われるのだ。だが、スターン夫妻のほうが年上で、仕事のキャリアも長いから、収入にもおのずと差が出ることを忘れてはならない。それに、ウィリアム・スターンはけっして上流階級の出ではないし、メアリ・ベスのほうもべつに、下層階級の家に生まれたわけではない。メアリ・ベスの父親は、大学院の修士課程を修了した教師だ。いっぽうウィリアムの父親のほうは、簡易食堂のコックである。自分から強く希望して代理母になる女性がいることをありのままに認めず、お金に困った女性がしかたなく代理母を引き受けるという作り話をでっちあげたがる人たちが、ここにも存在していたわけだ。

それに、収入の差にばかり目を向けてメアリ・ベスに同情していると、彼女がじつは、心の底から赤ん坊第一に考えていたとばかりは言い切れない、という事実を見落としがちになる。彼女は、スターン夫妻に赤ん坊を渡すぐらいなら殺してしまうと脅し、「産んだのは私なんだから、殺すのも私の自由でしょ！」と息巻いたのだ。

代理母になったわけ

「代理母にお金を払うというのは、親として果たす役割にお金を払うということだから、どうもしっくりこない」という意見もある。しかし子どもを世話して育てることは、子どもを産むことより大変な仕事だと一般に考えられているためか、育児を代行する人たちに対してお金を払うことには、人々はなんの抵抗も感じない。ベビーシッターやお手伝いさん、保育園などへの金銭の支払いは、当然と考えられているのだ。

ある女性は、代理母として子どもを産んで、生物学的父親に渡すのと引き換えに、一万ドルの報酬を得た。そのうち三千ドルは税金として徴収されたから、手もとに残ったのは七千ドルだった。「それなのに私、たとえば子どもを欲しがっているカップルに自分の実子を養子にあげて、税抜き一万ドルの謝礼金をもらったよりもひどく、みんなから悪口を言われたんです」

自分たちの生活の一部として、ぜひとも赤ん坊が欲しいというカップルがいて、はじめて代理母という存在が成立する。そうしたカップルの役に立ちたいと考える女性たちは、妊娠に先立って、外的な圧力からではなく、自分自身の意思で、代理母になることを決心する。わが子を養子に出した母親の七五パーセントが、あとになって自分のしたことを後悔するのに、代理母の中で子どもを手もとにおきたくなるのは、わずか一パーセント程度にすぎない。

養子の場合には、じつの母親の気が変われば、子どもはその母のもとに戻ることになる。養い親のほうには、それを拒む法的権利はないからだ。だが、現在の代理母システムでは、親権をもっているのは、精子を提供した父親である（体外受精ののち、代理母に胚を移植した場合には、卵を提供した女性、すなわち彼の妻に、親権がある）。代理母も、気が変わったら親としての権利を主張できるということを認めてしまうと、赤ん坊が法的に宙ぶらりんな状態になってしまうからだ。だれがその子を育てるか決まるまで、何年も訴訟が続くことになるからである。

ラトガーズ大学のネイディーン・タウブ教授は、さまざまな立場のフェミニストの主張を調整したいと考えて、国内各地の活動家たちに声をかけ、〈一九九〇年代にふさわしい、生殖に関する法律〉を考える委員会を結成した。私にもお呼びがかかったので、他のメンバーたちと交代で各地の代理母たちに会いに行き、その実像を調査することになった。二年ほどのあいだに、私は八十人以上の代理母に話を聞き、五つの州の代理母センターを訪問した。

正直に言うと、初めのうちは私も、自分の意思に反していいように利用されている女性たちを、心に思い描いていた。南カリフォルニアのラティナという、治安の悪い荒れた地区に住む代理母を訪ねた時には、そのみすぼらしい家の前に車を止めながら、「今度こそきっと、食い物にされている女性に会えるにちがいないわ」と思ったものだ。だが実際にインタビューしてみると、彼女がまったくの自由意志で、心から正しいと信じて代理母を引き受けたことがわかり、すっかり驚いてしまった。「私には、飢えた人たちを救う力はありません。戦争を止めることもできません。でも、どこかの夫婦が赤ちゃんを得て家族をつくる手伝いをすることで、ほんとに小さいことかもしれないけれど、ちょっとだけは世の中を変えることができるんです」というのが、彼女の説明だった。

その女性には、幼い自分の子どもも二人いた。「この子たちは、自分も別の家にやられてしまうかもしれないと、心配してるんじゃありませんか?」という私の質問に、彼女はきっぱりと、「そんなことは、絶対にありません」と答えた。そして、冷蔵庫の扉に一枚の写真をマグネットで貼り、こう説明してくれた。「これが今、赤ちゃんを待っているメアリとトムの写真です。メアリは腫瘍が破裂して、もう妊娠できないので、代わりに私が、この赤ちゃんをおなかで育ててあげてるところなんです」

数多い代理母の中には、子育てが好きではないという理由から、この道を選んだ人もいるのではないかというのも、私が当初、想像していたことだった。そうでなければ、「妊娠はしたいが、生まれた子どもは人に渡す」という気持ちの説明が、つかないように思えたのだ。ところが私が会った代理母たちは皆、人生において子育てほど重要なことはないと考えている人ばかりだった。子どものいない人生など考えられないから、不妊カップルに、いたく同情してしまうのだ。代理母に関するいくつかの研究でも、代理母たちは同年代の女性たちと比べて、性格や心理にほとんど違った点はないという結果が出ている。差があったのは、代理母のほうがいくらか、他人に対する思いやりが深く、リスクを恐れず、妊娠中のトラブルが少ないという点ぐらいのものだ。代理母の家庭で育っている実子たちにも話を聞いたが、自分もよそにやられてしまうのではないかというような不安は、まったく抱いていなかった。なぜなら、(母親自身の考えと同じように)「ママのおなかの赤ちゃんは、最初から別の家の子どもで、自分たちとは違うんだ」と考えていたからだ。

私は不妊カップルのほうにも、インタビューを行った。彼らはベビーブーム世代で、子どもをもつことに関しても、「無理だ」という答えを受けつけようとしなかった。ジョン(仮名)は言う。「僕たちは、テクノロジー全盛期に育った世代だろう? 生殖に関する技術が十分に実用化された時代の人間なんだから、そこに解決策を求めないままで、子どもをもつのをあきらめることなんてできないよ」

そのジョンと妻のエリザベスが見つけた解決策とは、ジャン・サットンという代理母だった。ジャンは、新しいことを試すのを恐れない性格だった。ミシガン大学の学生だったころにも、さまざまな実験の被験者に、自分から志願してなっていた。代理母になったのも、けっしてお金が必要だったからではない。彼女自身、サンディエゴにある病院の小児科集中治療室の看護婦として十分な収入を得ていたし、夫も高給取りだったのだから。

ジャン・サットンの排卵日に合わせて、本来なら弁当を入れるランチバッグに夫の精子を入れたエリザベスは、北カリフォルニアから飛行機で飛び立った。出発前の空港でエリザベスは、そのランチバッグをX線検査装置にかけるのを拒んだ。

「中身はなんですか?」空港警備員が、ランチバッグを開けようとしながらたずねた。

「私の未来の赤ちゃんよ!」エリザベスが答える。

警備員は、それ以上ひとことも言わずに、ランチバッグの口をもとどおりに閉じて、返してよこした。

サンディエゴの空港には、ジャンが精子を受け取りに来ていた。「なんだか変な気持ちだわ」エリザベスは言った。「だって、こんなふうにして子どもをつくることになるなんて、これまで考えてもいなかったんですもの」

変な気持ちなのは、ジョンも同じだった。「ジャンはとっても魅力的で、賢い女性だろう？　もしまったく別の状況で出会っていたら、デートして、その結果、子どもができてたかもしれない。もちろん、こんなこと考えちゃいけないんだけどね。といっても僕はけっして、浮気したいとか思ってるわけじゃないんだよ。女房を愛してるし、結婚生活にも満足してる。それを目茶苦茶にするようなことは、絶対に御免だ。ただ、脳味噌のどこか古い部分で、セックスと子づくりが、分かちがたく結びついちゃってるんだな。かなり微妙な問題なんだよ」

妊娠期間中に、ジャンとその子どもたちは、しだいにエリザベスやジョンと親しくなっていった。同じカリフォルニア州でもかなり離れた場所に住んでいたから、最初は冗談半分で、「赤ちゃんが生まれたら、一緒に休暇をすごしましょうよ。そうすれば、水入らずですごせるわ」などと話し合ってもいた。「みんなでキャンプに行くってのはどう？」とジョンが提案し、ついに一九八六年の母の日に、じつに奇妙な家族が、ヨセミテ渓谷に集合することになった。一歳三ヵ月になっていた女の赤ん坊は、父親、半分だけ血のつながった兄や姉、そしてもちろん二人の母親たちの関心を、一身に集めた。

出産の時は別として、ジャンはそれまでずっと、赤ん坊に会っていなかった。そこで大きく深呼吸してから、赤ん坊のほうへ近づいた。丸顔で、蜂蜜色の髪をしたその赤ん坊は、ジャンの家の娘であるクリスに、とてもよく似ていた。ジャンは思わずにっこり笑いかけたが、赤ん坊のほうは、なんの関心も示さなかった。その時ジャンは、自分がその子を家に連れ帰りたいとは全然考えていないし、赤ん坊のほうも、ジャンと一緒にいたいとはまったく思っていないということを、はっきりと意識した。

だが、すべてのケースが、こんなにうまく運ぶわけではない。代理母システムは、それを仲介する弁護士にとっては恰好の金づるだから、たとえ途中で代理母や不妊カップルが傷つくようなことがあっても、ことを続行させたがる。ノエル・カーンが代理母として使った女性の中には、不妊カップルから無理やりお金をせびりとったり、妊娠中も酒びたりで、胎児性アルコール症候群の赤ん坊を産んでしまったりした人もいた。

ノエル・カーンの仲介がうまくいかなかった理由の一つは、代理母に適した人を選ばなければならないという考えが、まったくなかったことにある。ノエル・カーンと一緒にミシガン州の代理母システムで仕事をしていた精神科医、フィリップ・パーカーは、私にこう語った。「僕は、検査をして代理母の候補者を不合格にしたことなど、一度もありません。だいたい、どのような女性が代理母としてふさわしいのかということさえ、全然知らなかったんですから。私たちのあいだでは、気持ちの揺れが大きな女性ほど、代理母になることを引き受けさせやすい、という程度の認識しかなかったのです」

悪名高い例の〈ベビーM裁判〉のケースでは、メアリ・ベス・ホワイトヘッドが代理母に志願してきた時、その面接を行なったのは、ノエル・カーンのニューヨーク事務所にいた、心理学者のジョーン・アインウォーナーだった。アインウォーナーは、メアリ・ベスについてはもっと詳しい検査やカウンセリングを行って、生まれた子どもをちゃんと手離せるかどうか確認してから、代理母として受け入れたほうがいい、と進言していた。事務所に提出するレポートにアインウォーナーは、「彼女はじつは、自分が思っている以上に、子どもをもう一人、欲しいのかもしれない」と書いている。だがカーンはそのレポートの内容についてはメアリ・ベスにもスターン夫妻にも知らせないまま、メアリ・ベスを代理母として使い続けたのである。

法律上の親はだれ？

カーンが仲介した中には、赤ん坊を自分のものにしたがる親が多すぎるのではなく、逆に少なすぎるケースもあった。ジュディ・スタイヴァーは、カーンの代理母に志願して三週間もたたないうちに妊娠した。その時点ではまだ、父親のアレグザンダー・マラホフは、契約書へのサインもすませていなかったほどだ。

ジュディが事前にサインした代理母同意書の十八項には、「契約書の内容を完全に理解し、自分の自由意志で代理母を引き受けたことを認めます」という項目があった。だがノエル・カーンは、それだけですぐに代理母として使うことはせず、ジュディをパーカー医師のもとへ行かせ、確実なインフォームド・コンセントを行うよう求めた。パーカー医師はつぎのような文章を示し、それを自筆で写すよう、ジュディに言った。「自分がこれから妊娠するのは、その子の生物学的父親の妻が子どもをもつためであることを、私は完全に理解しています。その子の生物学的母親である私は、生物学的父親が親権をもつのが、子どもにとって最善であることを認めます。出産後は可及的速やかに、子どもを生物学的父親に引き渡すことに、異存ありません」。ジュディは丸っこくて几帳面な字でその文章を写し、日付を書き入れた。

九ヵ月後、ジュディはランシング総合病院に入院して、男の子を産んだ。だがその子は小頭症で、ひどい感染症にもかかっていた。主治医のカーラ・スミスがジュディに、「赤ん坊に抗生物質を投与したいので、了承してほしい」と言ってきた。そこでジュディは自分が代理母であることを打ち明け、「了承は、子どもを引き取ることになっている、アレグザンダー・マラホフさんからとってください」と頼んだ。「契約書がありますから、私はこの子に、〈母としての情〉は感じていません」というのが、ジュディの言い分だった。

だが、ニューヨークにいるアレグザンダーに連絡をとってみると、「赤ん坊の治療についての決定を、私がする気はない」という返事だった。彼はもともと、妻との結びつきを強めるために、子どもが欲しいと思っていたのだ。それなのにこれでは、妻とのあいだがかえって険悪になりかねない。重大な障害をかかえた子どもを育てるのは、考えただけでも荷が重すぎた。

では、赤ん坊の法律上の親は、いったいだれになるのか？　西欧以外の文化では、こうした問題の解決を、一族の長老たちに委ねるところもある。だが私たちの社会では、結局この問題を、テレビに委ねることになった。アレグザンダーとジュディ、そしてジュディの夫であるレイは、フィル・ドナヒューのテレビ番組に出演して、決着をつけることに同意したのだ。

プロデューサーは番組の放映日を、だれが赤ちゃんのじつの父親なのかを調べる血液検査の結果が出る、まさにその当日に設定した。アレグザンダーとジュディとレイはその結果を、何百万人もの視聴者が見守る中で、初めて知らされるのだ。

テレビカメラが、三人の顔をつぎつぎに映し出していく。全員が、ひどく固い表情だ。そして敗者は……レイ・スタイヴァーだった。

ジュディはもちろん、人工授精のあと一ヵ月間は夫とセックスしないよう、言い渡されていたはずだ。だが、その直前にもセックスを控えるようには、言われていなかったのだろう。そこで、体外受精の直前にレイの精子で妊娠し、子どもを産んだ。だが彼女自身ずっと、赤ん坊はアレグザンダーの子どもだと思いこんでいたのだ。

スタイヴァー夫妻には、赤ん坊を里子に出したり、まったくの他人に養子にもらってもらう道もあった。だが二人は、ぐっと心を落ち着けて赤ん坊に名前をつけ（クリストファー・レイ・スタイヴァーという名だった）、三歳になる娘のミンディの弟として、自宅に連れ帰った。

赤ん坊が生まれてまだ三週間とたたないうちに、アレグザンダー・マラホフは、スタイヴァー夫妻とノエル・カーンを訴える訴訟を起こしていた。妊娠期間中、赤ん坊がアレグザンダーの子だと信じきっていたスタイヴァー夫妻は、まったくの善意から、おなかの赤ん坊にとってよさそうなことを、一生懸命やってきた。それなのに突然に予定外の子どもをもつ羽目になったこと、それも重病をもつ子だったことからくるショックから、二人はまだ立ち直っていなかった。小さなクリストファーに必要な薬や往診の代金を支払っていけるかも、不安だった。それどころか、緊急時に確実に救急車を呼べるよう、電話代をちゃんと払い続けられるかさえ、自信がなかった。そうしたことに加えてアレグザンダーから、五千万ドルを超える慰謝料を請求されたのである。アレグザンダーの主張は、自分の精子でジュディが妊娠しなかったことによって、約束の赤ん坊が生まれていたら手に入ったはずの「愛情も、思いやりも、幸福も失われてしまった」ので、心に大きな痛手を受けたというものだった。

そこでレイとジュディの側も弁護士を雇い、自分たちの身を守ることに決めた。そこから、訴訟は雪だるま式に膨らんでいった。二人はまず、ノエル・カーンのスタッフたちに対して、体外受精の直前にもセックスを控えるようアドバイスしなかったことへの裁判を起こした。ノエル・カーン本人をも、自分のところで行われていることへの監督不行き届きを理由に訴えた。そしてアレグザンダー・マラホフに対しても、その精子が感染源でクリストファーの病気が起きたという訴訟を起こしたのである。

裁判所は結局、スタイヴァー夫妻に有利な判決を出した。判決文には、「いやしくも法律の専門家である弁護士が代理母ビジネスに関与している以上、〈専門家としての細心の注意〉を払って、ことにあたるべきである」と述べられていた。

代理母をめぐる法律の未整備

米国議会で証言した際に私は、代理母にまつわるきちんとした法律を、新たに制定する必要があると力説した。代理母候補の選定が適切に行われ、法的な親がだれであるかが明確になるような法律が、ぜひとも必要だと思っていたからだ。だが残念ながら議会はまだ、お金と引き換えに女性が子どもを産んで引き渡すということ自体、受け入れる準備ができていない段階だった。そこで当然、議員たちは私の主張を無視した。

だがそれからいくらもたたないうちに、ミシガン州議会議員であるコニー・ビンスフェルドが、代理母にまつわる法律を州内で定めるための専門委員会をつくることになり、私にも参加を要請してきた。

委員会の会合は、じつに堂々とした建物で開かれた。メドーブルック館として知られる、百室もある大邸宅が、その建物である。ミシガン州の、デトロイトから車で一時間ほどのロチェスターにあるメドーブルック館は、一九二〇年代に、マティルダ・ダッジとその二番目の夫、アルフレッド・ウィルソンによって建てられたものだ。マティルダの亡くなった前夫は、自動車王のジョン・ダッジである。七千平方メートルを超えるその屋敷は、オークランド大学がつくられる際に州に遺贈され、会議場として利用されていた。

かつてこの屋敷で育てられた子どもたちは、じつに多彩な寄せ集めだった。ジョン・ダッジの最初の結婚で生まれた子どもたち（マティルダはジョンの、三番目の妻だった）、マティルダとジョンの子どもたち、そしてアルフレッドとマティルダが養子に迎えた二人の子どもたちが、一緒に暮らしていたのだ。

メドーブルック館に到着した委員会の面々は、この屋敷にはまだ、個人の邸宅として使われていたころの名残が、あちこちに残っていることに気づいた。部屋部屋にはちょっとした飾り物が残されたままになっていたし、絨毯《じゅうたん》にはところどころ、擦り切れた部分があった。寝室のドアには鍵がなく、トイレも各寝室についているのではなくて、廊下の端にあるだけだった。そんなわけで、とても広い屋敷だったのに、あたりにはなんとなく親しみ深い雰囲気が漂っていた。この中では二十人の委員たちも、すぐに家族のように打ち解け、お互いに親しみを感じるようになってもいいはずだった。だが実際には、家族同然の遠慮のなさで意見を激しくぶつけあったり、主導権をめぐって争ったりしてもかまわないという気分のほうが、その場を支配してしまったようだ。

そこに着くまでの私は、代理母をめぐる諸問題について、冷静かつ客観的な討論が行われるのだろうと思っていた。ところがメドーブルック館に到着するとすぐ、どうもそうはなりそうもないという予感がしてきた。代理母に反対する人たちにはそれぞれ、豪華な個室が与えられた。それなのに、フェミニストの中でも代理母に比較的寛容な立場を取る者（ネイディーン・タウブと私）は、狭い女中部屋を共同で使うように言われた。さらにひどいことには、その部屋は一般公開の観光コースになっており、毎日午後になると、定年退職した年配のツアー客や学校の生徒たちを引き連れたガイドが突然侵入してきて、山と積まれたシーツ類を指さしながら、説明を始めるのだった。

この委員会の会合より少し前に、ローマ教皇庁から、『人類の生命の始まりを尊重し、出産の尊厳を守るための教書』が発表された。その内容は、人工授精、代理母、体外受精を批判するものだった。政治と宗教は分離して考えるべきだということを、私もロー・スクール時代にいやというほどたたきこまれたと思うのに、本来は政策について考えるべき各種の場に、その教書はかなりの影響を及ぼした。イリノイ州議会で私が、いったいいつになったら代理母に関する法律ができるのかとただした時にも、珍妙な事態が起きた。議員の一人が、傍聴席にいたカトリック教会の倫理監督官のほうに向き直り、こうたずねたのだ。「教皇はいつ、それを許してくださるのでしょうか？」

ミシガン州の委員会でも、そうした宗教的な影響は避けがたかった。最初の晩の顔合わせディナーの席から、討論は始まった。まずはコニー・ビンスフェルドが立ち上がり、こうスピーチした。「私はデザートに、チェリー・フランベ〔サクランボにお酒をかけ、火をつけたデザート〕など注文しなかったのに、皆さんの前には今、それが並んでいます。きっとこの炎は、精霊が舞い降りてきて、私たちの討論を見守ってくれているというしるしなのでしょう」

ビンスフェルドが、従来のいわゆる核家族という形態以外の、すべての生殖技術に反対の立場をとるのは、べつに予想外のことではなかった。しかしこのような発言は、メドーブルック館の所有者だった人たちのような混合家族の歴史をも、現代の米国家庭の大半は核家族モデルにあてはまらないという社会的現実をも、無視したものだ。今日、誕生する子どもの約半分は、十八歳になるまでに一度は、単親家庭の子ども時代を経験する。しかしそうした子どもの回復力の強さについては、各種の調査が実証している。単親家庭の子どもたちは、考える力においても、自分を尊重する心においても、両親のそろった家庭の子に遜色《そんしょく》はないというのだ。代理母によって生まれた子どもの場合、そのほとんどは、じつの父親とその妻が営む、〈理想的な〉家庭で育つことになる。ちゃんと結婚している、同性愛でない両親のそろった家庭が、用意されているのだ。であれば、少なくとも普通と同じぐらいには、ちゃんと育つはずである。

じつの両親がそろった家庭で育たないと子どもに悪影響が出るという思いこみは、委員会のメンバーの体験を考えてみても、正しいとはいえないはずだ。コニー自身にしても、幼い時に母親を亡くし、父親だけの家庭で育っている。彼女こそが、ホームドラマそのままの家庭でなくても人は立派に育つということを示す、生き証人のわけだ。

結局、委員会の結論は、「人はだれでも、自分の子どもをもつためにさまざまな道をさぐる、基本的人権を有している。州の有力者たちがいかに好ましく思わなくても、その基本的人権に政府機関が干渉するのは、憲法に違反する行為である」というものに落ちついた。

それなのにビンスフェルドは、この結論に従うことをせず、ミシガン州議会に、「金銭の授受を伴う代理母システムは違法とする」という法案を提出した。依頼した不妊カップルにも、代理母にも、懲役一年と罰金一万ドルを課すというのだ。それを仲介した弁護士、医師、心理学者にも、懲役五年と罰金五万ドルが申し渡される可能性があった。

この法案は、一九六〇年代にオハイオ州で提出されたものとそっくりだ。オハイオ州の法案は、ドナーの精子による人工授精を有罪とし、(医師、精子ドナー、不妊カップルなど)関係者すべてに懲役と罰金を課そうというものだった。だが結局、このオハイオ州の法案は、議会を通らなかった。そして現在では、少なくとも三十五の州で、精子ドナーによる人工授精を認める法律が施行されている。

だが、ビンスフェルドの法案は、それとは反対の道をたどった。代理母システムを禁じる法案は、可決されたのだ。

「あの法律だと、代理母に人工授精を行なった医師は、銃をもってセブンイレブンに押し入った強盗と同じくらい、悪いやつだということになっちまう」とは、ビヴァリーヒルズで代理母や卵ドナーを紹介するセンターを開いている弁護士、ビル・ハンデルの弁だ。

その後、各地に巻き起こった立法化の嵐が落ち着いてみると、代理母システムそのものを禁じた州が三つ、契約を強制してはいけないという法律を定めた州が十三で、少しでも代理母や不妊カップルの権利を守ろうとする法律を制定した州は、わずか三つだけだった。法律上の親がだれなのかについてトラブルが生じた時の規定を盛りこんだ州も、ごく少数しかなかった。ノースダコタ州とユタ州では、そのような場合、子どもは代理母とその夫のもとにおかれることになっていた。いっぽうアーカンソー州、フロリダ州、ネヴァダ州では、子どもは契約をかわした不妊カップルのものだと定められていた。

代理母を依頼した夫婦が離婚した場合

このように、地域によって態度が一定していないにもかかわらず、実際には代理母システムは、前にも増して盛んになっている。人々は積極的に〈子づくり旅行〉を行って、自分にいちばん都合のいい法律のある州で、代理母契約をするからだ。

ひと昔前までは、不妊女性の夫の精子で、代理母に人工授精を行うのが一般的だった。したがって代理母は、自分の卵による子を妊娠し、出産していたのだ。ところが最近では、もっと新しい代理母の形態が生まれてきた。不妊カップルの卵と精子を体外受精させ、できた胚を代理母に移植するのだ。この場合、代理母は、まったく血のつながっていない赤ん坊を、子宮内で育てるだけになる。

一九九一年に、サウスダコタ州のアーレット・シュワイツァーという四十二歳の女性が、彼女自身の孫を、おなかの中で育てることになった。アーレットの娘は、生まれつき子宮がなかったのだ。そこで娘の卵と、その夫の精子を受精させて胚をつくり、それをアーレットに移植したのである。

イタリアでは一九九七年に、一人の代理母が二組の不妊カップルの胚を、一度におなかの中で育てた。生まれた子どもはDNA鑑定によって、どちらのカップルの子どもか決定されたのである。この代理母は、謝礼金は受け取っていないと主張している。だが、それではなぜ、彼女はそんなことをしたのだろう？　仮に、一組のカップルの代理母となると、一万ドルの謝礼がもらえるとする。二組同時に引き受ければ、一度にその二倍のお金が手に入るのだ。しかし、二人の子を同時に妊娠すれば、代理母にとっても赤ん坊にとっても、それだけリスクは大きくなる。

ここ一、二年、ホモセクシャルの男性たちも、さかんに代理母システムを利用するようになり、〈べビーブーム〉ならぬ〈ゲイビーブーム〉と呼ばれている。ロサンジェルス西部にあるグローイング・ジェネレーションズ社では、ゲイの男性たちの、「父親になりたい」という希望の実現を手助けしている。創立四年目のこの会社は、ゲイだけを対象とした代理母紹介業者だという点で、おそらく米国内でも唯一のものだろう。同社ではこれまで、少なくとも十五組のゲイ・カップルに、代理母による出産を実現させている。同社で代理母をつとめたアイオワ州の女性は、それまでゲイの男性に会ったことはなかった。だが地元の大学の講義に出席し、『そしてエイズは蔓延した』〔邦訳は草思社刊〕という本を読んだあと、同社に電話で志願してきたのだ。

　代理母を紹介するためには、ゲイ・カップルに、家族内の問題をさらけださねば答えられないような、微妙な質問もしなければならない。そこで同社の心理カウンセラーはまず、こうたずねる。「生まれてくるお子さんには、母親の役割について、どう話しますか？　自分には父親が二人いる理由について、友達にどう説明すればいいと、お子さんに教えるつもりですか？」

　インターネットで利用できる代理母紹介サイトは、まだ数が少ない。前述のグローイング・ジェネレーションズ社のサイトの他には、www.Surrogacy.com、ニュー・ライフ社、クリエイティング・ファミリーズ社、www.iwhost.net/surrogatesといったところだろうか。なかでもSurrogacy.comは、毎日四百を超えるEメールに応じている。こうしたインターネット・サイトを利用して、精液注入法と胚移植法を合わせると、これまでに少なくとも三十人の赤ん坊が、代理母から生まれている。不妊ないしは同性愛カップルがインターネットで代理母をさがす理由の一つは、それだと、通常は一万ドルから二万ドルもかかる、仲介者への手数料を払わなくてすむからだ。しかしながら、仲介者抜きでことを進めるのは、それなりのリスクを孕《はら》んでいる。仲介業者の多くは、カップルと代理母を引き合わせる前に、代理母候補者の心身の状態をチェックする。また、カップルの側についても、不適切な点はないか調べる。だが、そうした専門家抜きでやる場合、当事者たちには、相手の何をチェックすればいいのか、わからないことが多い。たとえば、代理母候補の夫についても、エイズその他の性感染症の検査を行うことが不可欠だといったことも、見落とされがちなのだ。また、双方がそれぞれ独自に、法律の専門家にアドバイスを受ける必要があるということも、忘れられやすい。インターネットで知り合った代理母候補とカップルは往々にして、遠く離れた場所に住んでいることが多い。そのために、必要な検査や法律的知識も、いっそう複雑なものになってしまうのだ。

代理母に関して、親権がだれにあるのかを明確に定めた法をもつ州が少ないことから、それをめぐる裁判も、相変わらずたくさん起こっている。モスチェッタ夫妻の代理母となった、エルヴァイアラ・ジョーダンの場合はこうだ。彼女はロバート・モスチェッタの精子で人工授精し、妊娠した。だが妊娠中にモスチェッタ夫妻の仲が険悪になってしまったので、エルヴァイアラは、「結婚カウンセリングを受けて、なんとかよりをもどしてください」と強く主張した。しかし結局、赤ん坊が生まれたあと、夫妻は別れてしまった。そこでエルヴァイアラは、子どもの親権を求めて裁判を起こした。裁判所の結論は、「親権はエルヴァイアラにある。これまで七ヵ月間子どもを育ててきたシンシア・モスチェッタには、親権は認められない」というものだった。裁判所の調停によって子どもは、平日の昼間は代理母のもとですごし、平日の夜と週末はロバート・モスチェッタのもとですごすことになった。シンシアは完全に、かやの外におかれてしまったのである。

ジョン・ブザンカと妻のルアンヌは、生殖技術を最大限に利用して、子どもをもつことにした。夫婦どちらにも不妊の原因があったので、精子ドナー、卵ドナー、そしてさらに別の代理母の、協力を得ることにしたのだ。その結果、生まれてくる子どもは、ブザンカ夫妻を入れれば五人の親をもつことになった。ポーカーで言うなら、〈ロイヤルストレートフラッシュ〉の、五枚の札がそろったわけだ。

だが、まだその子が代理母のおなかにいるうちに、ジョン・ブザンカは離婚訴訟を起こした。そして、「自分は、生まれてくる赤ん坊の養育費を払う必要はない。なぜなら、まったく血がつながっていないからだ」と主張したのである。予審法廷は、その主張を認めた。そして驚くことに、その理由はなんと、「ブザンカ夫妻は、卵ドナーと精子ドナーと代理母を用いて子どもを得たから、生まれた赤ん坊であるジェイシーには、法律上の両親は存在しない」というものだった。だが上訴裁判所では、その判断は覆された。「そもそも、もしブザンカ夫妻が二人そろって、受精した卵を代理母に移植することに同意していなければ、ジェイシーは生まれていなかったということを、忘れてはならない」と述べたその判決は、ジョンとルアンヌを、法律上の両親であると定めたのである。

しかしながら、法律上の両親がだれか裁判で決まるまで、生まれてきた子どもたちを、(ジェイシー・ブザンカの場合にように)何年も待たせるというのは、いかにも酷だ。その意味でも、代理母システムに関与するすべての人たちの権利を保護する法律を、各州で早急に定める必要がある。

私のその思いは、つぎのような電話をもらうたびに、いっそう強くなる。「私たち、地元の新聞に広告を出して、代理母になってくれる人を募集したんです。今、選んだ人がここに来てるんですけど、これからどうすればいいんですか?」

8　天才をつくる

ノーベル賞受賞者の精子バンクを訪ねる

カリフォルニア州エスコンディードは、ほんとうに自然に恵まれた土地だ。抜けるように青い空は、太陽の光と雨をほどよくもたらし、特大のオレンジと、馬を肥やす豊富な牧草を育てあげる。気温も快適で、昼は暖かく、夜は涼しい。

ロバート・クラーク・グレアムはこの最良の地で、最良の人間をつくろうと思い立った。エスコンディードに広さ四ヘクタールほどの農場をもっていた彼は、そこにある古い井戸小屋の地下室に、「胚選別貯蔵所」なるものを設立した。そして、ノーベル賞を受賞した科学者たちの精子を集めはじめたのである（そしてのちには、それ以外の天才たちの精子も扱うようになった）。それらの、オタマジャクシにも似た生き物のめざす目的地は、天才児を産みたいと思っている、きわめて優秀な女性たちの子宮だった。

とても裕福な視能訓練士〔視力の測定や矯正を行う医療技師〕であり、発明家でもあったグレアムは、この貴重な精子を、どんな女性にも売ったわけではない。ただ興味をもっただけや、少々頭が良いだけでは、駄目だったのだ。グレアムは、この天才たちの子どもを産む資格がある女性は、五十人に一人程度しかいないと考えていた。というわけで、対象となる女性は、知能テストで上位二パーセントに入る人たちの国際団体である、「メンサ」の会員でなければならなかった。選考基準に合格した女性にはグレアムから、液体窒素容器に入った貴重な精液が、速達便で届いた。

グレアムがクリニックを開いた一九七九年当初から、私は彼の主張に興味を抱いていた。彼は、「科学の力で、もっと賢く、もっと創造力に富み、もっと幸せな人たちに満ちた、〈エスコンディードの拡大版〉ともいえるような楽園を出現させたい」と話していたのだ。それは、なかなか魅力的な考えだった。そうなれば、頭の固いわからずやの上司や、注文の品を間違える店員は、この世にいなくなるわけだ。不良少年の更生のために使うお金が足りないという理由で、価値ある研究への資金援助が減らされるといった事態も、なくなるだろう。(グレアムや私のような?)頭がよくて魅力的な人間が、「世の中ってものは、あんたの思うようには動いていないんだよ」などと説教されることも、なくなるにちがいない。というわけで、グレアムの貯蔵所について読んだ私は、彼の試みについて、もっと知りたくなった。

だがグレアムに連絡をとるのは、容易なことではなかった。彼のところには世界中の女性から、電話や手紙が殺到していたからだ。自分が天才だと思っている男性科学者たちも、彼に精子を提供して、米国を天才の国にするのに一役買いたいと、躍起になっていた。

グレアムは、最近の出生率の傾向が続けば、人類は退化していくいっぽうだと信じていた。彼言うところの「よりすぐれた人類(ヨーロッパ人および米国人のことだ)」の出生率は、夫婦一組につき子ども一・八人と、きわめて低い。つまり、親の世代と同じ人数を維持するために必要な二・一人より、かなり少ないというわけだ。これだけでも「社会の損失」なのに、世界全体の人口のほうは、夫婦一組につき子ども四・一人の割合で爆発的に増えているから、よけいに始末が悪いというのである。

この知性の衰退(彼はそれを、「文明の進歩を阻む慢性疾患」と呼んでいる)を覆すに足るだけのたくさんの子どもを、「よりすぐれた人類」が産むようになれば、文明はもっと急速に進むはずだというのが、彼の信念だった。その根拠となっていたのは、米国の教育心理学者、アーサー・ジェンセンの説である。グレアムによれば、ジェンセンの結論は、「知能指数は、その六九パーセントが遺伝、二五パーセントが環境によって決定され、残りの五パーセントは検査の誤差である」ということなのだそうだ。したがって、教育に多大な国家予算を投じるのは、大きな無駄遣いだということになる。「それだと、世代が一つ移るごとに、また最初から全部やり直さなくてはならなくなるからだ。だが子どもをつくる時点で良い資質を選別すれば、世代を重ねるにつれて、遺伝的資質がどんどん向上しつづけることになる」というのが、グレアムの主張だった。

そうした信念と、潤沢な資金をたずさえて、グレアムは「ハーマン・マラー胚選別貯蔵所」を設立し、生まれてくる子どもたちに、「遺伝上有利な人生のスタートライン」を与えることにした。ハーマン・マラーというのは、「X線は遺伝子に影響を与え、突然変異体を生み出すことがある」ということを発見し、一九四六年にノーベル賞を与えられた遺伝学者だ。優良精子を提供する精子バンクをつくってはどうかと、二十年も前にグレアムに説いたのが、そのマラーだったのである。「『優良な子孫を残せる精子ドナーを有効利用しないのは、倫理に反する』と考えられるようになる時代が、いつかきっと来るに違いない」というのが、マラーの考えだった。「他人の精子や卵で子どもをつくることは、現在でも可能だ。しかし将来は、それが当然とされるようになり、義務にさえなるだろう」とマラーは断言し、つぎのように述べている。「親の欠陥や弱点をそのまま受け継いだ子どもをつくるのは、けっして良いことではない。将来は、有能で、長命で、親となる資格を十分に備えた男女から提供された卵と精子のみを合体させて、子どもをつくるようになるはずだ」。しかし、一九六七年に死亡したマラーは、そのかなり前から、グレアムとのつきあいを絶ってしまった。そのグレアムがマラーの名を冠した精子バンクを設立したことから、「マラーは、自分の妻とグレアムが親密になったのを怒って、絶交を申し渡したのではないか？」という噂が立った。マラー未亡人のシーアは、その点について、こう申し開きをしている。「主人がグレアムの計画への協力を生前にやめたのは、そんな理由からではありません。グレアムが、他人を思いやれる人間をつくるのではなく、ただひたすら、頭のいい人間をつくろうと言いはったので、主人は嫌気がさしてしまったんです」

私は何度も電話をかけたり手紙を書いたりして、グレアムからの連絡を待っていると伝えたのだが、彼からはなんの音沙汰もなかった。そこでついに、優良精子を欲しがっている女性のふりをして、彼に近づくことにした。まずは「メンサ」の知能テストを受けて会員になり、こう電話したのだ。「私は心身ともに健康な、子供のいない女性です。〈メンサ〉の会員で、イェール大学を卒業し、現在は法律家として働いています」

今度はすぐに、グレアムから返事があった。そして、エスコンディードの彼のオフィスに呼ばれたのは、それから幾日もたたない、一九七九年の春の日のことだった。私がそのオフィスでグレアムと話しているちょうどその最中に、ヨーロッパのドナー志願者から、彼に電話がかかってきた。その内容に、私は一心に耳をすましました。「私はまだ、ノーベル賞はとっていません。でも、フランスでいちばん頭がいい男であることは確かです」と、電話の主は言っていた。

ここの精子ドナーは皆、十九ページもある志願書に、必要事項を書きこんでいた。その志願書には、「あなたはどのぐらいの頻度で癇癪を起こしますか？」とか、「誇大妄想という診断を受けたことがありますか？」といった質問が並んでいた。精子の採取は、ドナーである科学者たちの研究室に、グレアムの助手のポール・スミスが直接出向いて行うのだった。

電話のフランス人をドナーとして受け入れるかどうか、グレアムが考えているあいだ、妊娠希望者のふりをした私は、自分に手渡された書類に目を通していた。いちばん最初は、つぎのような文章で始まる、宣伝文句だった。「私ども〈胚選別貯蔵所〉は、特にすぐれた女性の皆さんに、これまでにはなかったすばらしい宝物をお届けいたします。現代の最も優秀な科学者たちの中から、あなたのお子さんの父親を、自由に選ぶことができるのです」。申しこみ書類には、私の知能指数や業績、健康状態を問う質問が並んでいた。書類に書かれた説明によれば、私は今後、グレアム自身と、それ以外の二人のサンディエゴの医師たちによる、適性検査を受けねばならないらしかった。母親としての私の能力を、なぜその医師たちが判定できるのかについての説明は、何もなかった。

もしその検査に合格すると、「今後、時々送られてくる、当〈貯蔵所〉の関与によってできた子どもに関するアンケートに、誠意をもって正確に答えます」と書かれた同意書に、立会人の目の前でサインすることになる。それがすんで初めて、高さ六十センチほどの液体窒素容器に入れられた、五センチほどのガラス瓶入りの冷凍精子が、私のもとに郵送されてくるのである。それは、私の排卵日に合わせて届くようになっているとのことだった。

その日には私以外にも、妊娠希望者が何人も来ていた。グレアムがその人たちのところを行ったり来たりしているあいだ私は、天才精子ドナーたちのプロフィールを記した書類を眺めていた。ドナーの氏名は記されておらず、子どもに伝えてもいいと思われる、良い特徴だけが列挙されている。最後の欄には、そのドナーに関するグレアム自身のコメント（「とても有名な科学者」とか、「感動を与える人物」、「スーパーマンのような人」など）が、書き添えられていた。

やっと私の所に戻ってきたグレアムは、こう説明を始めた。「この〈貯蔵所〉のアイデアを最初に思いついたのは、ノーベル賞受賞者のハーマン・マラーなんだ。彼が、偉大な業績を残した男性の精子を提供してもらって精子バンクをつくるよう、勧めてくれたんだよ。でも私は、精子ドナーは科学部門のノーベル賞受賞者だけに限ることにした。なぜなら、『お前は神のつもりか？』と人々にそしられるのを、避けたかったからだ。これなら、精子ドナーとして適当かどうかの判断は私が行うのではなく、ノーベル賞選考委員会に委ねることになるからね」

しかしながらノーベル賞受賞者たちの中には、グレアムの計画の趣旨を、なんとも怪しげだと感じた人も多かった。彼から精子の提供を依頼された、英国ケンブリッジ大学のノーベル賞受賞学者、マックス・ペルーツ博士は、こう話している。「グレアムには、『私はチビで、ハゲで、腰痛もちだ』という返事を出したよ」

私はグレアムに、精子バンクのほうも見学させてもらえないかと頼みこんだ。オフィスからエスコンディーノ農場の精子バンクに向かう車の中でグレアムは、自分の「貯蔵所」には十万人の子どもをつくるだけの精子が保管されている、と自慢した。途中、野生動物保護センターの前を通りかかった時には、ハンドルを握ったまま、こう説明した。「ここではまさに、うちの〈貯蔵所〉と同じ仕事をやってるわけだよ。絶滅の危機に瀕している種《しゅ》を絶やさないように、繁殖を行っているんだからね。彼らは、希少種の細胞を保存することもしている。クローン技術が完成したら、それでクローンをつくろうというわけさ」

ハイウェイをはずれるころには、彼の話題は、自分がいかにすぐれた人間かということに移っていた。彼自身、「メンサ」の会員であり、自分の「溢れる才能（と彼自身が言った）」を駆使して、きわめて衝撃に強い眼鏡レンズを発明したのだという。そのおかげで大金持ちになった彼は、油田からマンション経営にいたる多彩な投資を行うために、専任のスタッフを二十五人も雇っているのだそうだ。「私自身は八人も子どもをもうけたから、人類を進歩させるという役割を、もう十分に果たしたわけさ」。自慢話を続けながら彼は、高速道路を降りようとして進入ランプに入りかけたことに気づき、急にUターンした。あわててよけたまわりの車がいっせいにクラクションを鳴らしたが、グレアムはいっこうに気にする様子はなかった。

車がガソリンスタンドに入ってもまだ、私の胸はドキドキしていた。セルフサービスの給油ポンプのところまでいくと、グレアムはなんと、車のガソリン・タンクに給油するのではなく、後部座席から液体窒素容器を持ち出し、それにガソリンを入れはじめた。いうまでもなくそれは、精子保存用の容器だ。だがグレアムは間違いに気づかずに、それに給油ノズルを突っこんだ。煙のような液体窒素が、あたりにもうもうと噴き出した。

農場に着くとグレアムは、その容器をそのまま井戸小屋に運びこんだ。彼と並んで階段を降りていってみると、地下室は、ごく普通の郊外の家の地下娯楽室のような感じだった。のちに私は、カリフォルニア州の弁護士であるビル・ハンデルに、精子の保管場所について定めた公衆衛生上の規則はないのかたずねた。「そういったものは、べつにないね」というのが、ビルの答えだった。「だからもし僕が、テイクアウトの惣菜屋の中に精子バンクを開きたいと思えば、ソーセージの横に精子を並べたとしても、だれにもそれを止められないわけさ」

グレアムのもとで働いていたポール・スミスが独立し、一九八四年に開いた天才精子バンクである「ヒレディティ・チョイス」のほうは、グレアムのところよりさらにひどい状態だった。十三年後、カリフォルニア公衆衛生局は、きわめて異例な措置として、このバンクを閉鎖した。その理由は三つある。水道がないこと。基本的な衛生状態の確保がなされていないこと。そして、人間と同時に犬の繁殖も手がけていたスミスが、人間の精子と間違えて犬の精子を使ったという告発があったことだ。スミスはこの閉鎖措置に抗議して、「うちのバンクで精子を買った女性で、子犬を産んだ人など一人もいない」と述べている。

グレアムと私は地下室の精子バンクをあとにして、芝生の上を、車に向かって歩きはじめた。あたりには、ユーカリやモモの木が植えられている。その途中もグレアムは、熱弁をふるうのをやめなかった。「知性こそが、人間と動物を分けるものだ。これまで長いこと、人間は適者生存の法則にのっとって、生存競争を繰り広げながら進化してきた。だから、いちばん知的な者たちが、自然に生き残ってきたんだ。だが現在は科学技術が発達したために、頭のよくないやつらも、生きのびて子どもをつくることができる。おまけに優秀な女性は、遅くまで子どもをもたなかったり、まったく子どもを産まなかったりすることが多いから、ぽろぽろ子を産むのは、たいしたことのない女ばっかりなんだ」

グレアムはちょっと立ち止まると、一本の木から、巨大なタンジェリン・オレンジをもぎとった。私にもそうするように言うので、一つもらうことにした。だが彼は明らかに、私の選んだオレンジがお気に召さなかったらしい。それを遠くに放り投げ、もっとまん丸の、もっと完璧なオレンジを、手ずからもいでくれた。

ミシシッピ盲腸手術計画

一八〇〇年代末ごろの米国の遺伝学者たちの大半は、人間のさまざまな行動も、遺伝によって説明できると考えていた。精神の発達の遅れや犯罪傾向、貧困、売春、知性の欠如といったことも、遺伝によってもたらされると信じられていたのだ。そこで一般の人たちのあいだにも、不幸な子を産まないために、遺伝的素質を見て結婚相手を選ぶという風潮が強まった。一九一〇年には、ニューヨーク州のコールドスプリングハーバーに「優生学記録所」なるものが設立され、専門の調査員を養成して、全国の人たちの家系調査を行うことになった。一九二四年までには、そうしたデータを記したカードが七十五万枚にもなり、記録所には、「これこれの人から結婚を申しこまれたが、優生学的に見たらどうだろうか?」という問い合わせがあいついだ。

そのような遺伝学的理論をもとに、社会や法律の見直しも進んだ。その中核となった考えかたは、〈望ましくない〉遺伝子が後代に伝わるのを防ぐということだ。ハーヴァード大学の心理学科主任教授は、「民主制度をやめて、生物学的能力によって階級を分けたカースト制度を敷くべきだ。そして、下層階級には子どもを産むことを禁じ、異なる階級間の結婚も許さない法律をつくるほうがいい」と強く主張した。米国議会や各州の議会でも、こうした遺伝偏重の考えかたが、幅をきかせた。「(精神遅滞など)社会に十分適応できない人が生まれてしまうと、その世話をするために、皆の税金を大量につぎこまねばならなくなる」という理由から、〈望ましくない〉遺伝子をもった人は子どもをつくってはいけないという法律が、あちこちで可決されたのである。

一九〇七年から一九三一年にかけて、米国内の合計三十の州で、〈知能が低い〉とか犯罪傾向があると考えられる人には、強制的に不妊手術を施すという法律を可決する動きが起こった。そうした計画のことを「ミシシッピ盲腸手術計画」と呼ぶことがあるが、それは、こうした不妊手術の対象とされたのが、主として、ミシシッピなど南部の州から移ってきた、貧しい人たちだったからだ。一九六四年までに六万四千人を超える人たちが、そうした手術を受けさせられた。本人が逆らったのに無理やり手術されたケースもあり、本人にはそれと知らせないまま、手術が行われることも珍しくなかった。だがその後、「犯罪傾向は遺伝する」という考えかたは、間違いであることが明らかになった。また、当時は〈知能が低い〉とみなされて不妊手術をされた例の多くについても、現在では、まったく問題にする必要のない、ごく普通の状態だと考えられるようになっている。

こうした優生学偏重の動きは特に、女性に対して強く発動された。男性よりずっと、施設に強制収容されたり、不妊手術を施されたりすることが多かったのだ。合衆国最高裁判所判事のオリヴァー・ウェンデル・ホームズも、その他の点では個人の権利の擁護者だったのに、キャリー・バックという女性のケースでは、〈知能が低い〉ことを理由に、強制的な不妊手術は妥当だったと認めている。ホームズ判事は言う。「社会福祉は、最良の市民たちの生活を犠牲にすることで、成り立っている場合が多い。しかし、もともと社会への貢献度が少ない人たちにこそ、犠牲を払ってもらうのが本筋だ。……能力のない人たちのせいで、それ以外の人々の生活の質が落ちてしまうことは、防がねばならない。そのためにも、無能力者の子どもたちが犯罪に走ったり、能力の欠如ゆえに飢えたりするのを手をこまねいて見ているより、明らかに社会に不適応な人々には、子どもをつくらせないようにするほうがいいだろう。……いわゆる〈知恵遅れ〉の家系が、三代も四代も続くのはたくさんだ」

だが、歴史家で法律家でもあるポール・ロンバードが一九八五年の研究で明らかにしたところによれば、驚くべきことに、キャリー・バックはけっして、いわゆる〈知恵遅れ〉ではなかったという。彼女自身もその娘も、学校の成績はとてもよかったのだ。彼女が強制的に施設に入れられたのは、〈知能が低かった〉からではなく、婚外子を産んだことが〈不道徳〉だとされたからだ。だがそれは、同居していた義理の両親の甥に、レイプされたためである（そしてほかならぬその人たちが、彼女を施設に送りこんだのだ！）。「キャリー・バックに不妊手術を行った医師は、セックスや妊娠に、とても強い嫌悪感をもっている人物だった」とロンバードは書いている。しかもキャリー・バックの弁護士は、ちっとも役に立たない人間だった。もともとは、彼女の不妊手術を認めた施設内委員会のメンバーであったその弁護士は、証人喚問を行うこともせず、〈知恵遅れ〉だという診断を覆すような証拠を提出することもなかったのだ。

「この私の計画は、そういったものとはまったく違う」と、グレアムは力説した。「知能の低い人に子どもをもつことを禁じるのではなく、知能指数がトップ・クラスの人たちを、増やそうとしているのだから」

「ナチス・ドイツのようなやりかたは、米国では不可能だ」とグレアムは言い、暴力的な方法ではなく、社会がすでに受け入れている方法、すなわち、社会的および経済的な奨励によって、自分はことを進めようとしているのだと説明した。

精子バンクを通じて遺伝的に優れた男性の子どもを産むチャンスを女性たちに与えるだけでなく、〈価値の高い〉夫婦には子どもをもつことを積極的に奨励することも、グレアムは考えていた。たとえば、彼が設立した「人類を進歩させるためのグレアム基金」のような基金に賛同者からお金を寄付してもらって、〈優れた〉若い夫婦を選び出し、出産費用を肩代わりする。そのかわり、その夫婦のあいだに生まれた子どもには、寄付者と同じ名前をつけるというのだ。

また、知能指数の高い夫婦には、政府が郊外の特定地域に広い家を建設して提供し、子どもをたくさん産んでもらう、というアイデアもあった。家賃は名ばかりのものにして、知能テストに合格し、少なくとも一年おきには子どもをつくることに同意した夫婦のみを、その地域に住まわせるのだ。

一九五六年にノーベル物理学賞を受賞した、スタンフォード大学教授のウィリアム・B・ショックリーも、社会の遺伝子プールを浄化するために報奨金を出すべきだという考えに賛同して、つぎのように述べている。「遺伝的に劣っていると考えられる人たちが、子どもをもたないことに同意した場合には、社会はその人たちに対して、報奨金を出すべきである。不妊手術に同意した人の知能指数が百より一少なくなるごとに千ドルの割合で、報奨金を出すのが適当だろう」

やがてついにグレアムの話題は、私自身に優良精子を受け取る資格があるかどうかという問題に移っていった。彼の「貯蔵所」には、精子を売るのは既婚女性に対してだけという決まりがあったが、初めてグレアムを訪ねた時、私はまだ結婚していなかったのだ。「残念ながら、今の規則のままだと、あなたに精子を売ってあげることはできないね。だがあなたは法律家だから、きっと今後、私の役に立ってくれるだろう。なに、心配はいらないよ。規則のほうを変えればいいんだから。あなたには精子が売れるけど、黒人の未婚女性には売れないような、うまい規則を考える必要があるな」

オリンピック選手の精子

科学者たちをえらく信奉しているわりには、グレアム自身の計画は、あまり科学的なものとはいえなかった。たとえば、ノーベル賞受賞者の実子たちの知能指数や業績、社会での活躍の度合といったことは、まったく調べていなかったのだ。ただ、子どもたちが身体的に健康であれば、精子ドナーとして認めていたのである。だが私の知るかぎりでは、ノーベル賞を受賞するような〈科学的センスの遺伝子〉は、血を分けた子どもよりもむしろ、研究室の弟子たちに受け継がれることのほうが多い。例のショックリーも、『プレイボーイ』誌のインタビューに、「残念ながら、うちの子どもたちの出来は、ごくごく普通だ」と答えている。

グレアムの計画のそうしたいかがわしさに、多くのノーベル賞受賞者たちが、精子の提供を拒んだ。そこでグレアムはしだいに、「ノーベル賞受賞者以外の精子にも、収集の手を広げるようになっていった。その点について彼はのちに、「ノーベル賞受賞者は概して年寄りなので、精子の授精力が弱い」と言い訳している。「メンサ」内に存在する、優生学を信奉するグループの力を借りて、彼はその機関紙にドナー募集の広告を出しはじめた。というわけで、「貯蔵所」の設立後十年もたつころには、ノーベル賞受賞者のドナーは一人もいなくなり、代わりに、若くて健康で知能指数の高い〈白人〉男性のドナーばかりになった。

そうしたドナーの中でも最も有名な人物は、とてもハンサムな、オリンピック出場選手だとグレアムは言った。「おそらくは、世界一すばらしい神経と筋肉をもった人間だよ。子孫をたくさんもつにふさわしい男だ」

シカゴに戻ってから、私は同僚たちと、そのドナーがいったいなんの選手なのか、想像してみた。

「仰向けに寝てそりですべり降りる、リュージュじゃないの？」と、ミシェル。

「ちがうわ、きっとピンポンよ」と言ったのは、ナネットだ。

一九八〇年代にグレアムに精子を提供した人物の一人が、のちには、ハーヴァード大学出身の獣医師である、あのリチャード・シードだ。人工授精のパイオニアであり、「注文に応じて、あなたのクローンをつくります」という、とんでもないことを言いだして、有名になった人物だ。一九九八年にテレビ出演した彼は、他人の血をこっそり盗んで、本人さえ知らないうちにクローンをつくることもできると、司会者のテッド・コペルをおどかした。そのドラキュラのような不気味な喋りかたを、かつてグレアムの「貯蔵所」で精子の提供を受けた女性が聞いていたら、きっと、「この人がうちの子の父親かもしれない」と、たまらなく不安になったに違いない。

私もゲストの一人として出演していたその「ナイトライン」という番組で、シードはテッド・コペルに、こう言ったのだ。「あなたにそっと近づいていって、偶然のようなふりをして、その腕に注射針を刺す。そうやって採った血から、あなたの許可なしにクローンをつくることなんて、造作もない」

「そうなったら、面白い裁判になるでしょうね」と、コペルは応酬した。

〈優秀な〉精子で生まれた子の実際

シカゴ大学の、分子遺伝学および細胞生物学の教授であるバーナード・S・ストラウスは私に、グレアムの計画が人間の遺伝をいかに単純にしかとらえていないかについて、説明してくれた。「知能というものは、たった一つの遺伝子によって伝わるわけではない。いくつもの染色体が関与する暗号の組み合わせによって、子孫に伝えられるのだ。だから、たとえノーベル受賞者の妻もひじょうに高い知能をもっていたとしても、二人のあいだに生まれる子の知能は、必ずしも高いとはかぎらない」

テキサス州ガルヴェストンにあるテキサス医科大学の小児遺伝学者、ルービン・マタロンも、こう言っている。「ノーベル賞受賞者の精子を使うことに伴う問題点の一つは、彼らがたいてい、年寄りだということだ。以前から、母親が四十歳以上で卵が老化していると、障害をもった赤ん坊が生まれやすいということは言われてきた。だが最近の研究で、父親が高齢の場合にも、そうしたことが起こることがわかってきた。特に父親が六十歳以上だと、障害児が生まれやすい。たとえノーベル賞受賞者が若いころ、妻とのあいだに健康で頭のいい子どもをもうけていたとしても、今日、彼の精子を使って生まれる子どもが同じように健康で優秀だという保証はないのだ」

それに、こうした優生学的計画にまつわるいちばんの悲劇は、本来なら最良の親となるはずの人が、適性なしと判断されやすい、というところにあるのではなかろうか? やさしくて愛情にあふれ、子どもが大好きな女性が、喘息《ぜんそく》や糖尿病、知能テストの成績などといった遺伝的〈欠点〉を理由に、母親になることを思いとどまるよう説得されたり、場合によっては禁じられたりするかもしれないのだ。

「おたくのバンクの精子を利用する女性には、子育てについて、何かアドバイスなさるのですか?」とたずねた私に、グレアムはこう答えた。「そんな出すぎたことは、できないよ。私は子育ての専門家じゃない。私がよく知っているのは、眼鏡のことだけさ」

だが、「精子ドナーを厳選することが、人類の進歩につながる」と考える精子バンク関係者は、何もグレアムだけではない。ザイテックス社の営業部長であるデイヴィッド・トールズも、こう語っている。「家や車を買ったり、どこに旅行に行くか決めたりする時にはだれでも、賢い選択をするために、できるだけ情報を集めようとするでしょう? どのドナーから精子を提供してもらうか決める時、最良の人を選ぼうとするのも、それと同じですよ」

知能指数の高い男性の精子を用いて子供をもうけたある夫婦も、「サクラメント・ビー」という番組の取材に、こう答えていた。「家や、学校や、医師や、車の場合には、よく調べて、いちばんいいものを選ぶのが当然でしょう？　赤ん坊をつくる時も同じことをやっては、どうしていけないのですか？」「グッドモーニング・アメリカ」という番組に私と一緒に出演した、頭の良い精子ドナーの利用者であるジャクリーン・ティーペンという女性は、自分の体験について、こう語った。「ドナーのプロフィルをよく見て、気に入らない特徴がある人は除外するんです。たとえば、〈リチャード・ニクソンのような鼻〉なんていうのは、私たち夫婦の好みではありませんでした。私たちは、目が薄茶かブルーで、大学を出ており、大学院の修士課程か博士課程に進んだドナーをさがしていたんです」

「これは、とてもいいシステムだと思います」と、彼女は続けた。「ドナーのいろいろな特徴を知って選べるっていうのは、ほんとうにありがたいわ」

マンハッタンにある、コロンビア・プレスビテリアン病院の不妊クリニックではいずれ、カップルの希望に応じて卵と精子のドナーを選び、それを受精させて子どもをつくるサービスを始める予定だ。マーク・ソーが経営するこのクリニックでは、そうやってできた胚を、代金二千七百二十五ドルで、不妊カップルの〈養子〉にする。卵のほうは、自分も不妊治療を受けている女性から、排卵誘発剤によってできた余分なものを提供してもらい、精子については、同クリニックへのドナーのものを使う予定だ。

遺伝的に優れた女性を代理母にすることで、すばらしい赤ん坊を得ようとする人たちも少なくない。たとえばある夫婦は、チェロ奏者である代理母をさがしていた。それ以外の楽器の奏者では、駄目だというのだ。また、エレノア・ルーズベルトとブリジット・バルドーを足して二で割ったような代理母と契約したい、という独身男性もいた。驚くべきことに弁護士のノエル・キーンは、その希望にぴったり合う女性をさがし出した。だがこの話は結局、流れてしまった。その女性がとても強情で、契約条件にどうしてもうんと言わなかったからだ。

有名人の精子や卵も、とても人気がある。ある研究者が冗談で、ミック・ジャガーの精子を売ると発表したところ、世界中の女性から注文が殺到した。

初めて訪ねた時以来、私はこれまでずっと、グレアムのやることに注意を払ってきた。彼の精子コレクションを使って、今までに二百人以上の子どもが生まれた。その子たちは、米国各地および英国、ドイツ、カナダ、イタリア、エジプト、レバノンなどに住んでいるという。しかしその大多数は、名前が明かされていない。それがだれかを知っている人間は、グレアム以外には、世界でただ一人だけだ。その人物の写真を、『カリフォルニア・マガジン』誌が、一九八三年に掲載した。その人物とは、エスコンディードの郵便配達夫である。彼だけが、グレアムの精子バンクから速達便で発送される液体窒素容器の宛名を、見ることができたのだ。

しかしながら私は、親の希望により、天才の精子を使って産み出された、そうした子どもたちの行く末を、心配しないではいられない。親たちが皆、子どもの才能が自然と花開くまで、じっくり待っていられるとはとうてい思えないからだ。

ヴィクトリア・コワルスキーは、グレアムのバンクの精子を利用して生まれた最初の子だ。アリゾナ州スコッツデイルで一九八二年四月にヴィクトリアが誕生すると、その両親であるジャックとジョイスは、一家の生活を記事にする権利を、『ナショナル・インクワイアラー』誌に二万ドルで売った。同誌のインタビューに、ジョイスはこう答えている。「うちの娘が天才に育つ可能性は、とても高いはずです。きっと、幼いうちから大学の教科書で勉強するような子どもになると思いますよ」

だが、この喜ばしいはずのニュースを、恐ろしい思いで聞いた者たちがいた。ジョイスが先夫とのあいだにもうけた二人の子どもたち、ドナとエリックだ。二人はその時、じつの父親と暮らしていた。母親であるジョイスとその新しい夫であるジャックは以前、二人を虐待した。そのせいでジョイスは、二人に対する親権を失っていたのだ。当時のジャックとジョイスは、二人を優秀な子に育てようと、躍起になっていたのである。ドナは幼いころ、実母と継父によって、額に〈まぬけ〉という文字を書かれた。また二人とも、家で長時間勉強させられ、間違えるとベルトや革ひもで叩かれた。「あの人たちはいつも、『お前たちのためにやっているんだ』と言ってました。いっぱい勉強して、優秀な子になってほしかったんです」とエリックは話している。

だから、ヴィクトリアの前途にどのような生活が待ち受けているのかを思うと、私は身震いを感じないではいられなかった。彼女に寄せる両親の期待が大きいだけに、余計に恐ろしく思ったのだ。「娘が三歳になったら、コンピュータの操作を教えるつもりです。文字や数はもちろん、歩きだすより前に覚えさせますよ」とジャックは、『ナショナル・インクワイアラー』誌に語っている。

テレビ番組の「グッドモーニング・アメリカ」に登場した夫婦も、私を不安にさせた。ベビー・ベッドの上でしきりに寝返りをうっている赤ん坊を指さしながら母親は、その子がどんなに賢いかを並べたてていた。だが私にはどう見ても、ごく普通の子どもにしか見えなかった。そして、「もしこの子が天才に育たなかったら、いったいどういうことが起こるのだろう？」と考えてしまったのである。

一九八二年八月生まれのドロン・ブレイクは、グレアムの「貯蔵所」のスターだ。知能指数が百八十で、フィリップ・エクスター・ハイスクールの全課程をすでに終了したドロンは、〈天才〉の精子を女性に提供したグレアムがつくりたいと思っていた、まさに理想的な人物ということになる。彼は二歳でコンピュータを操り、五歳でシェイクスピアを読み、十三歳の時には、宿題を終えたあと、いくつもの協奏曲を作曲したと言われている。ただし、ドロンが三歳の時に撮影を行ったＢＢＣ（英国国営放送）のレポーターによれば、彼はどんな楽器にも特別な才能は見せておらず、パソコンも嬉しそうにバンバンと叩くだけで、見事にそれを使いこなすようなことはなかったという。

現在のドロンは、自分がどのようにして、この世に誕生したかを知っている。その彼は、こう語る。「僕は別に、実験で生まれたとか、選民思想に基づいてつくり出されたとは、思っていないよ。ママはただ、子どもが好きだったから、赤ん坊を産みたいと思っただけなんだ。そして、どうせだったら最良の方法を選びたいと考えたのさ」

アフトン・ブレイク博士もドロンの母親と同じく、つぎのように考えている。「健康な男性は、だれにとっても魅力的だ。……世の中はどんどん住みにくくなっているんだから、生まれてくる赤ん坊に、ちょっとばかり有利な点を前もって与えてやったって、かまわないじゃないか」。ドロン自身も、「人と違ってるってのは、カッコイイよ」という意見だ。ただし彼は、精子を提供してくれた男性が自分のことをどう思っているのかは、気になっている。「その人の人生にとって、僕は何なんだろう？　息子なのか？　それともただ、精子バンクでつくられた子孫だっていうだけなのかな？」

9　この世への入会資格審査

男女産み分けの出生前診断

生後四日目に行われた血液検査の結果票には、「アレクシス・フェレルには、ファンコニー貧血〔多発性奇形を伴う先天性再生不良性貧血。小児期に発症し、生命にかかわる場合が多い〕の恐れがある」という内容が記されていた。だが主治医のケニス・ローゼンバウムは、その結果票を見なかった。その後、二回行われた血液検査でも、検査室からの報告には「異常の恐れあり」と書かれていたのに、ローゼンバウム医師は、それにも目を通さなかった。

三歳になったアレクシスは、肺炎を起こして入院することになった。今度の主治医はたちまち、彼女がファンコニー貧血であることを見抜き、「骨髄移植を行わないかぎり、この子は大人になるまで生きられないでしょう」と説明した。そこでアレクシスの母親は、ローゼンバウム医師を相手に、裁判を起こすことにした。

だが、話はここからややこしくなる。アレクシスが生まれた時点では、彼女のファンコニー貧血を改善するためにローゼンバウム医師が行える治療法は、何もなかった。そこで彼の弁護士は、「ローゼンバウムがミスをおかしたのは確かだが、たとえ正しく診断していても結果は変わらなかったのだから、彼がアレクシスに害悪をなしたとはいえない」と主張したのである。

だが、アレクシスの母親であるスーザン・フェレルは納得せず、つぎのように述べた。「もしローゼンバウム医師が、娘の出生時に正しく診断してくれていたら、私はアレクシスの父親と、あんなに早く別れたりはしませんでした。彼とのあいだにもう一人子どもを産んで、アレクシスと遺伝子型の合う骨髄ドナーを確保したはずです」

弁護側は、なぜスーザンがアレクシスの父親に電話して、もう一人子どもをつくるのに協力してほしいと頼まないのか、不思議に思った。だがじつは、父親はその時には、ホームレスとなって遠い土地で暮らしており、連絡がとれなかったのだ。前夫の行方がわからなくなる前にもう一人子どもをつくるという、自分にとってはただ一つの望みがローゼンバウム医師のせいで絶たれてしまったというのが、スーザンの主張だった。

それに対して弁護側は、「そこに直接的な因果関係があると考えるのは強引すぎる」と反論した。仮にローゼンバウム医師が正しい診断を告げていたとしても、夫のほうでスーザンとそれ以上暮らすのを拒んだり、もう一人子どもをつくるのを嫌がったりしたかもしれないのだから。

しかしながらワシントン・D・C上訴裁判所の判事たちには、生殖技術に関する、かなり詳しい知識があった。そこで弁護側に対して、「フェレル氏はべつに、どうしてもスーザンとよりを戻す必要はなかった。ただ、精子を彼女に提供しさえすればよかったのだ」という点を指摘したのである。

一九九七年に出た判決では、つぎのように述べられている。「ローゼンバウム医師が正しく診断していれば、現在、アレクシスの命を救うのに役立ったはずの肉親のドナーを、フェレル夫妻はつくることができたはずだ」

上の子が病気なので、その子へのドナーとして役立てる目的で下の子をつくるという例は、これまで百以上確認されている。そうした場合、下の子の妊娠が確認されると、胎児の出生前診断を行って、上の子と遺伝子型が合うかどうか調べる。合わなければドナーとして役に立たないので、すぐに中絶して、つぎの妊娠を待つのだ。こうした理由で中絶された胎児がどのぐらいの数にのぼるのかは、わかっていない。ある夫婦は、遺伝子型が合わない胎児も中絶せず、そのまま産むことに決めた。その結果、病児以外に三人の子をもつことになったが、結局そのうちだれも、病児とは遺伝子型が合わなかった。運よく遺伝子型の合う赤ん坊が生まれたものの、その子もまた、上の子と同じ珍しい代謝性疾患にかかっていることが判明した、というケースもある。

新しい生殖技術が実用化されると、それに関わる家族には、その分、複雑な問題が新たに生じてくることも多い。すでに再婚している母親が、最初の結婚でできた子どもに骨髄移植が必要になったことを知るとする。彼女は前の夫の精子で人工授精を行い、子どもを産むことにした。だがその場合、現在の夫は、妻が前夫の子どもを産むことをどう感じるだろうか？　生まれた子どもは、いったいだれが育てるのか？　病児の治療手段として妊娠を勧める医師は、そういった問題については何も考えていない。

新しく赤ん坊を産まなくても、家族の中に、すでに遺伝子型の合う人がいる場合もある。だがその人が、「骨髄の採取は痛いから、ドナーになるのはいやだ」と拒否したら、どうなるだろう？　新しく赤ん坊を産んで、その兄や姉、従兄弟、親などが拒否したことを、文句の言えないその子にやらせるのは、いかがなものだろうか？　境界線は、いったいどこに引けばいいのか？　上の子に腎移植が必要な時、両親が自分の腎臓を提供せず、下の子をつくってドナーとするのは、許されるのか？

世界各地には、進歩した技術を利用して〈この世への入会資格審査〉とでもいうべき出生前診断を行い、胎児を厳しく選別している所が少なくない。インドや中国、台湾、バングラデシュなどでは、検査技師が携帯用の超音波検査機をもって村々をまわり、男の子が欲しいと切望している妊婦たちに検査を行う。そして、その不鮮明な画像にペニスが映らないと、中絶してしまう妊婦が多いのだ。ボンベイだけに限っても、羊水穿刺を行って胎児の性別を判定してくれる診療所が、二百五十八ヵ所もある。またインドで行われた調査では、八千の中絶例のうち七千九百九十九例が、女の胎児だった。人権擁護運動を進める各種団体は、この調査結果を、〈特定人種の大量虐殺《ジェノサイド》〉ならぬ〈女性の大量虐殺《ジャインサイド》〉の動かぬ証拠だとして、抗議の声を上げている。中国でも、〈一人っ子政策〉が強力に推し進められた結果、男女の人口比率が、百五十三対百になった。

カリフォルニア、ワシントン、ニューヨークの各州にあるジョン・スティーヴンズ博士のクリニックでは、西洋人のカップルも、男女産み分けのために出生前診断を受けることができる。あるオーストラリア人女性は妊娠したが、まだ中絶が可能なあいだにスティーヴンズのクリニックの診断を受けに行けないという理由で、その子を中絶してしまった。そしてつぎの妊娠の時には無事スティーヴンズの診断を受けて、男の子だと言われたので産んだのである。全体的に見れば男の子を望む親のほうが圧倒的に多いのだが、あるイスラエル人の夫妻は、どうしても女の子が欲しいと思っていた。男の子だと軍隊にとられて死んでしまうかもしれないと、心配だったのだ。最初の妊娠は男の子だったので、夫妻は中絶してしまった。つぎには、男の子と女の子の双子を妊娠した。そこで妻は、選択的減数処置を受けて、男の子だけを中絶した。

米国内の遺伝学専門医のうち三四パーセントが、「男の子が欲しいと言われれば出生前診断を行う」と答えている。また、「そのような診断を行っている医師を紹介する」と答えた医師も、二八パーセントにのぼる。この調査を行ったのは、マサチューセッツ州ウォールサムにある「シュライヴァー精神遅滞センター」の社会学者である、ドロシー・ワーツだ。そのワーツによれば、男女産み分けの要望に協力すると答えた医師は、一九八五年から一九九五年までの十年間で、一〇パーセントも増えているという。「その他の面では、倫理的な問題は、わが国でひじょうに重要視されるようになってきているのに、男女産み分けのための中絶だけは、増えるいっぽうなのです」と、ワーツは語っている。

ヴァージニア州フェアファックスにある、「遺伝学・体外受精研究所」では、機械によってDNA量を測定して、Y染色体をもつ精子（男の子をつくる精子）と、X染色体をもつ精子（女の子をつくる精子）こちらのほうが、遺伝物質が二・八パーセント多い）を分離している。そうして分離した精液を用いて、男でも女でも、好きなほうを産めるわけだ。その料金は二千五百ドルなので、体外受精を行った胚の性別を調べて選別し、体内への移植を行う方法で産み分けをする場合の一万ドルより、ずっと安くあがる。

この研究所では、思いどおりに女の子を産むことができた家族の体験談しか発表していないが、これは、自分たちのやっていることの社会的正当性について、非難を受けないようにするためだろう。じつは男の子を望む家族のほうがはるかに多いという事実には、ひとこともふれていないのである。産み分けの成功率は、女の子の場合が九三パーセント、男の子の場合はそれより低く、六五パーセントだ。

英国エセックス州で体外受精クリニックを開いているポール・レインズベリーは、わざわざヴァージニアのその研究所に自分の患者を送りこまなくてもいいように、英国の法律を変えたいと思っている。「わが国では、代理母も、人工授精も、合法的なものとして許されています。そうしたことにくらべれば、男女の産み分けに関する倫理上の問題など、微々たるものだと思うんですが……」

中国やインドですでに生じているような男女の人口比率のアンバランスが米国でも起きたら、いったいどうなるだろうか？　社会学者のアミタイ・エッツォーニは、つぎのように予測している。「一般的に、文化に対する関心は女性のほうが高く、犯罪を犯すのは男性のほうが多いから、男女の産み分けが広く行われるようになれば、世の中は、開拓時代に逆戻りした感じになるだろう。芸術はすたれ、暴力沙汰が増えるのだ。また、男性のほうが共和党支持者が多いので、政治は今より右寄りになるにちがいない」

米国では今のところまだ、男の子を強く望む傾向が、他の国のように表立ってあらわれてきているわけではない。しかし、クリーヴランド州立大学の心理学者であるロバータ・スタインバーカーは、もし男女の産み分けが両親の希望によって自由にできるようになると、困った事態が生じるのではないかと心配している。統計によると、全体の二五パーセントの人々が、なんらかの男女産み分け法を試みたと答えており、そのうち女性の八一パーセント、男性の九四パーセントが、第一子には男の子を望んでいた。だが別の調査では、弟妹にくらべると第一子がいちばん、学歴の面でも、収入の面でも、業績の面でも高いという結果が出ているところから、スタインバーカーは、「第一子はほとんどが男の子、ということになってしまうと、女性は劣っているという思いこみが、今以上に定着してしまうのではないか」と気にかけているのだ。

遺伝子改良技術と「頭のないヒト・クローン」

しかしながら、〈希望と違う〉胎児を中絶したり、Y染色体をもつ精子を選別したりするということはまだ、赤ん坊を思いどおりにデザインしてつくる道を、ほんの一歩踏み出しただけにすぎない。ごく近い将来にはさらに進んで、赤ん坊の遺伝子を操作する、もっと精密な技術が利用できるようになるだろう。

体外受精によって、胚を女性の子宮に移植する前に、その遺伝子診断を行うことは、すでに可能になっている。そのように胚の染色体や遺伝子を診断できるようになったことで、新たな可能性が生まれてきた。胚に病気がある場合にはそれを治療したり、なんらかの〈欠陥〉がある場合にはそれを修正したりといったことも、できるようになりはじめているのだ。

プリンストン大学の生物学者、リー・シルヴァーは言う。「体外受精の技術は、もともとは女性の子宮内にしか存在できなかった胚を、白日のもとにさらけ出す役割を果たした。そのおかげで、胚内部の遺伝物質を操作することが、可能になったのだ。つまり、体外受精技術によってわれわれは文字どおり、人間という種《しゅ》の未来を、この手で左右できるようになったわけである」

胎児の遺伝子改良に対する潜在的需要は、きわめて大きい。バイオテクノロジーを手がける企業にとってそれは、ごく稀にしか出現しない遺伝性疾患の治療法を開発するよりも、はるかにうま味のある市場だ。マーチ・オヴ・ダイムズ社の調査によれば、世の親たちの四三パーセントは、少しでも健康な赤ん坊を産むために、胚の遺伝子診断を受けたいと考えており、赤ん坊の知的レベルを上げたいと考える親も、四二パーセントいる。米国内で一年間に生まれる赤ん坊は四百万人を超えるから、胎児の遺伝子改良への需要は、バイアグラのそれにまさるとも劣らないものになるはずだ。

脳下垂体から十分なヒト成長ホルモンが分泌されないため、成長が阻害されている子どもは、米国内におよそ六千人から一万五千人いるといわれている。このような子どもたちこそが、遺伝子工学によって生産が可能になったヒト成長ホルモンを投与されるべき、正当な対象だろう。だが実際には、年間二万人から二万五千人もの子どもたちが、ヒト成長ホルモンの注射を受けている。そうした子どもたちの四二パーセントは、厳密な意味での成長ホルモン欠乏症ではないということは、医師たちも認めるところだ。ただ、平均より五、六センチ背が低いというだけで、この注射を受ける子も少なくないのである。ある医学調査では、シカゴ郊外の高校一年生の男子生徒のうち五パーセントが、ホルモン治療を受けたことがあると答えていた。

現在ではヒト成長ホルモンは、米国内で流通している薬のうち、四十三番目の販売高を誇るようになっている。その製造メーカーであるジェネンテック社とエリー・リリー社は、合わせて年間十億ドル近いお金を、この薬で得ているのだ。国立衛生研究所さえもが、ごく普通の健康な子どもにヒト成長ホルモンを投与した場合の影響を調べるため、十二年の歳月をかけ、西暦二千年終了予定の研究を行わせている。その研究資金の多くがエリー・リリー社から出ていることを知っても、驚く人は少ないだろう。

ただしそれでも、実験的にヒト成長ホルモンを投与されている子ども一人につき二十万ドルという大金が、米国民の支払う税金から支出されているのである。

しかしながらヒト成長ホルモンは、どんな子にも必ず効果をあげるとはかぎらない。投与を受けない場合に予想される身長より十センチ以上伸びる子もいるが、そのいっぽうで、予想身長を下まわってしまう子もいるのだ。しかも米国小児科学会によれば、副作用の恐れもある。白血病、脊柱側湾症の悪化、腫脹、アレルギー、糖尿病などが起こる可能性があるのだ。

ノースカロライナ州シャーロットではかつて、子どもたちの身長測定が学校で行われ、「背の低い子には、医学上の注意が必要です」というお便りが、保護者に郵送されていた。当の保護者たちは知らなかったが、この計画を実施していたのは一人の看護婦で、彼女にはジェネンテック社から、〈コンサルタント料〉の名目で、十万八千ドルが支払われていた。しかもその看護婦の夫は、ヒト成長ホルモンの投与を行える、その地域でただ一人の小児内分泌学専門の医師だった。ある保護者の話では、その医師はしきりに、十一歳になる男の子にヒト成長ホルモンを投与するよう勧めたという。その子は、「このままでは百七十センチ程度までしか背が伸びないだろう」と言われていた。医師はたくみに、母親の罪悪感をついてきた。「薬を投与していればもう十センチは背が高くなったかもしれないということを成長後にお子さんが知ったら、なんと弁解するつもりなんですか?」と言ったのだ。

このように、「そうした特徴をそなえているほうが皆に好まれるから」といったことだけを理由に、危険を伴うかもしれない処置を医師が行うことは、許されていいものだろうか?

米国でも有数の遺伝子工学研究者であるW・フレンチ・アンダーソンは、こう語っている。「遺伝子操作によって人の特徴をいじるという傾向は、今後、どんどん進むだろう。なにしろ米国議会はいっこうに、そうしたことを禁じる法律をつくる方向には動いていないのだから。そのうちに、ハゲの家系の胎児には遺伝子操作を行って、毛が抜けないようにするなどといったことも、出てくるかもしれない」

アンダーソン自身も含め数多くの研究者が、さまざまな遺伝子改良技術の特許をとっている。そうした技術を使えば、両親は、胚に望ましい遺伝子をつけ加えて、〈より良い〉子どもを産むことができるわけだ。医学と哲学の双方に造詣の深い、シカゴ大学のレオン・カース博士は、つぎのように述べている。「人類に関する遺伝子工学の各種の新技術はまさしく、〈進化の新たな局面〉へとわれわれをいざなうものだといえるかもしれない。こうした新技術によって人間は、これまでとはまったく別のものになってしまうかもしれないのだ」。ドストエフスキーの『罪と罰』の主人公、ラスコーリニコフのつぎの言葉を引用して、彼は、私たちが現在どのような状態におかれているかを、指摘している。「人間てやつは、どんなことにでも慣れてしまう……まるで怪物だ」

ある遺伝子学者は、恐ろしいほど冷静な口調で、人種差別主義者にとって遺伝子工学がいかに都合のいいものかを語り、こう言った。「だって、すべての人を同じ人種につくり変えてしまうことなんか、簡単なのだからね」

ギャリソン・キーラーの、架空の町での理想的な暮らしを描いた『ウォウビゴン湖での日々』に登場する親たちと同じで、大多数の親は、自分の子どもたちが皆、〈平均以上〉であることを望む。そうした要望に応えて遺伝子改良が広く行われるようになったら、〈標準〉の定義は、いったいどういうものになってしまうのだろう?

米国希少疾患連絡会副会長のマイクル・S・ランガンは、つぎのように述べている。「そうなれば金持ちの夫婦の多くが、背が高くて美しい子を手に入れるために、喜んで大金を払うでしょう。その結果やがては、外見が〈まわりと違っている〉人は、遺伝子改良を受けられなかったやつだとして、差別されるようになるのです。なんらかの倫理的な歯止めをかけないと、今から一世紀もたつころには、わし鼻や八重歯、ニキビ、ハゲなどの人は、悪者扱いされることにもなりかねません」

なかには、他の生物の遺伝子を人間に導入することを考えている研究者たちもいる。たとえば、光合成をする遺伝子を人間に加えたらどうか、といったことだ。すでに、植物のタバコにホタルの遺伝子を導入して暗闇で光らせたり、人間の癌の遺伝子を実験用マウスに導入して、デュポン社が特許をとった〈腫瘍マウス〉をつくったりといったことは、実際に行われている。というわけで、「人間の遺伝子がいったいいくつ含まれていれば、その生き物は、憲法によって保証される人権をもつ存在と考えられるのか?」といった論調で、法律の見直しを迫る新聞記事も、最近は増えている。

その問いを私も、自分が指導している法学部の学生たちにぶつけてみた。「人間みたいに歩き、人間みたいに喋り、人間みたいに光合成を行ったら、その生き物は、人間とみなせますよ」と答えたのは、法律家をめざしている元医師だった。つまり、科学技術の進歩によって、人間の定義自体も、以前とは大きく変わりつつあるというわけだ。

クローン技術に関しても、まったく同様のことがいえる。ジョナサン・スラックが頭部のないカエルのクローンをつくって以来、研究者たちは、人間についても頭部のないクローンをつくって、臓器提供ドナーとして使ったらどうかと考えている。脳がなければ、法律上、人間とみなす必要はないというのである。

躁うつ病と遺伝子操作

哲学者のピーター・シンガーと、オーストラリアの国会議員であるディアンヌ・ウェルズは、親がわが子の特徴を選ぶ権利を制限すべきだと考えている。「親による遺伝子工学技術の利用について検討する政府機関を設け、遺伝子工学のさまざまな利用法について、もしそれが広く行われたら個人や社会に悪影響を与えないか、検討を行うほうがいい」と主張しているのである。シンガーやウェルズが心配しているのは、「社会的地位や富を求めての競争で子どもを有利にする資質は、必ずしも、社会的に見て望ましい資質とは限らない」ということだ。たとえば貪欲な人は、金融界では成功するかもしれないが、周囲の人を幸せにすることは少ないだろう。

遺伝子操作がごくあたりまえに行われるようになったら、一人一人の人間や社会全体がどのような損失をこうむるかについては、一口で言えない複雑な面がある。たとえば現在、悪性貧血である鎌状赤血球貧血にならないようにするための遺伝子治療について、研究が行われている。しかしじつは、鎌状赤血球をつくる遺伝子を一つだけ持っているのは、その人にとって有利なことなのだ。それだと、マラリアに対して免疫力ができるのである。

ジェイムズ・ワトソンが代表をつとめるコールド・スプリング・ハーバー研究所で行われた会議には、私も出席した。会議の議題は、「本人にとっては望ましくないが、社会全体にとっては望ましい遺伝子を、どう考えるか?」という、いささか挑発的なものだった。具体的に問題にされたのは、これまで多くの画家や小説家を苦しめ、そのいっぽうで優れた作品を生み出すもとともなった、躁うつ病である。会議の出席者の中には、もし胎児期の遺伝子操作によって躁うつ病がこの世からなくなってしまったら、社会にとっては大きな損失になるだろう、と考える人たちもいた。

だが生物学者のリー・シルヴァーは、そうした意見には反対だった。「仮にエドガー・アラン・ポーが躁うつ病ではなかったとしても、『大鴉《おおがらす》』は書かれていただろう。反対に、もしモーツァルトが躁うつ病のために三十四歳という若さで自ら命を絶たなければ、後世の人々は、もっとたくさんのピアノ協奏曲を楽しむことができたはずだ」

遺伝子改良の問題について、法律や生命倫理の専門家たちはまだ、それを何と同列に考えればいいのかさえ、よくわかっていないのが現状だ。生まれてくる子の身長が少しでも高くなるようにと、親たちが胎児の遺伝子改良を受けることは、たとえばスポーツ選手のドーピングのような、〈ずるい〉ことなのか？　それとも、子どもにパソコンを買い与えたり、サッカー・チームの特別合宿に参加させたり、音楽のレッスンを受けさせたりするのとたいして違わないのだろうか？

もっとも、遺伝子操作にはやはり、ある程度の医学的危険が伴うので、特別な疾患のない子の場合、資質をさらに高めるためだけに遺伝子操作を受けるのは二の足を踏むという親も、少なくはないだろう。細胞内に新たな遺伝物質を入れる際に、もともとあった遺伝子を傷つけ、その機能を損なってしまう可能性があるのだ。遺伝子操作を受けた実験用マウスのうち五パーセントが、そのような突然変異体として生まれてくる。両親や医師には、生まれてくる子をそのような危険にさらす権利があるのだろうか？　また、遺伝子操作を受けた子どもに対する〈所有権〉は、いったいだれにあるのか？

ヒューストンにあるベイラー医科大学の研究者グループは、〈遺伝子操作によって、母乳中に薬効成分を分泌できるようになった女性〉について、ヨーロッパ特許庁に特許を申請している。今のところグループはまだ、この技術を動物たちにしか用いていないが、将来を見越して、申請項目には人間の女性も含めているのである。この点についてグループの弁護士は、「いずれは、さまざまな特徴をもった人間についても、特許を認められる時代が来るかもしれないので……」と説明している。

ヨーロッパ特許庁のポール・ブレンドリー局長は、「人間については、特許を認めるわけにはいかない」と、すげない態度でこれを却下した。だがベイラー医科大学側は、ヨーロッパの法律のどこをさがしても、人間についての特許を禁じるという文章は見当たらない、と反論に出た。それに対するブレンドリー局長の返答は、つぎのようなものだった。「ヨーロッパ特許協定には、〈公益〉や〈モラル〉に反する特許は、認めるべきでないという定めがある」

興味深いことに、米国の法律には、そのような留保事項がない。たとえそれがどのような社会的影響を与えようと、「人間によって生み出された、ありとあらゆるもの」が特許を受けられるという、合衆国最高裁判所の判例があるのだ。

「生まれないほうがよかった」という裁判

生まれた時にはどこも悪くないように見えた、カリフォルニア州のショーナ・カーレンダーという女の子には、三歳になるころまでに、痙攣《けいれん》発作や視力障害、精神発達の遅れなどがあらわれてきた。両親は、「私たちがテイ・サックス病〔従来、家族性黒内障白痴と呼ばれていた疾患のうち、生後数ヵ月以内に発症するもの〕の遺伝子をもっていることを見抜けなかった」として、遺伝学研究所とその医師を訴えた。「幼稚園入園までも生きられないような重病の可能性がこの子にあると、あらかじめ知らされていたら、妊娠中絶を受けていた」というのである。

ショーナの両親は、その裁判に勝訴した。「妊娠中に、わが子についての正確な遺伝学的情報を知らされていれば、妊娠中絶していた」と訴えた両親の勝訴をこれまでに認めた州は、カリフォルニア州以外にも、二十一ある。アラバマ州では、遺伝性疾患をもつ子の姉が、「両親の注意が病児にばかり向けられていたため、自分は〈親による十分な世話〉を受けられなかった」として医師を訴え、勝訴している。

だが、カーレンダー裁判の場合は、もっと複雑だ。なぜならショーナ自身の名でも、「誤って生まれさせられた」として、研究所と医師を訴えたのだから。「このように重い、短命に終わるに決まっている病気をもって生まれてくるぐらいなら、生まれないほうがずっとましだった」と、ショーナの弁護士は主張した。

それまでに他の州で起きた、同じような訴訟はすべて、裁判所によって却下されていた。「重病をもって生まれるより、まったく生まれないほうがよかったかどうかは、哲学的、神学的問題であり、裁判の場にはなじまない」と、その理由について、ニューヨーク州上訴裁判所は述べている。ニュージャージー州の最高裁判所も、「身体的障害があるにもかかわらず偉大な業績を残した人は、これまでにたくさんいる。ごく身近にも、そういった例はけっして少なくないはずだ。ねうちのある人生をおくるためには、子どもは必ずしも完璧である必要はない」と、それに同調している。

だがカリフォルニア州の最高裁判所は、ショーナの訴えは正当であるとの判断をくだした。「近年、医師たちがもつようになった知識に照らして考えれば、(裁判所の表現によれば)〈遺伝的災厄〉をもった子が生まれるのを避け、そうした子どもの世話をすることで医療機関に荷重な負担を強いるのを防ぐことが、十分にできたはずである」。その後、ニュージャージー州やワシントン州でも似たような訴訟が起き、「誤って生まれさせられた」と訴えた病児の側が勝訴している。

ショーナ・カーレンダー自身に訴訟を起こす権利があることは、きわめて明白だ。それがあまりにもあたりまえすぎたので、これまで同州の弁護士たちは、病児自身の名を原告側につらねることをしなかったのではないか、とカリフォルニア州最高裁判所は考えていた。両親が出生前診断を受けて中絶することをせず、その結果、重大な病気をもつ子が生まれた場合には、その子は両親に対しても、「誤って生まれさせられた」ことについて訴訟を起こすことができるというのが、同裁判所の判断だった。「医師が病気の危険性についてちゃんと伝えたのに、両親が自らの意思で妊娠を継続し、病児が誕生した場合、……両親がわが子に与えた苦痛や悲惨さの責任を問われないですむというような確たる社会通念は、存在しないと考えられる」と、同裁判所は述べている。

子どもが両親を、「自分を産んだ」ことを理由に訴えることもできるという考えは、カリフォルニア州議会をぞっとさせるに十分だった。そこですぐに、そのような訴訟を禁じる法律が可決された。同様の法律をつくった州は、そのほかに八つある。イリノイ州では、結婚していない女性を妊娠させ、その結果、自分を私生児にしたという理由で父親を訴えようとした子どもが、裁判所に訴えを却下された。こうした訴訟を認めれば、自分の肌の色や人種、健康状態などに不満を抱いている子どもたちからの訴えが殺到するだろうし、親の側も、「不当な非難を受けた」として反訴するだろうから、どうにも収拾がつかなくなるというのが、その理由だった。

「羊水穿刺検査はすんだの？」

ヴァージニア州フェアファックスにある「遺伝学・体外受精研究所」では、所長のジョーゼフ・シャルマンが、最新の遺伝学的検査法を患者に実施している。彼のスタッフである医師が、八つに細胞分裂した胚から一つだけ細胞を取り出し、残り七つを冷凍する。その取り出した細胞について遺伝学的検査を行い、ダウン症候群や嚢胞性肺繊維症など、遺伝性疾患の因子がないか調べる。そして正常と確認されたものについてのみ、胚の残りの部分を解凍して、母体に移植するのである。

米国議会がヒトゲノム計画への巨額の資金援助を決定するよりずっと前の一九七三年から一九八三年にかけて、国立衛生研究所の一員だったシャルマンは、同研究所が主導した遺伝子医療プログラムの初代リーダーをつとめた。批判者たちからさえ、「扱いにくい、野心的な天才」と呼ばれたシャルマンは、ルイーズ・ブラウン誕生の四年前、英国に渡って、体外受精のパイオニアであるロバート・エドワーズのもとで指導を受けた、最初のアメリカ人である。つまり、シャルマンが人間の胚を初めて顕微鏡で見たのは、一九七四年だったわけだ。当時、人間の生命の始まりをその目で見たことのある研究者は、世界で数えるほどしかいなかった。

米国に戻ったシャルマンは、国立衛生研究所内に、体外受精に関する計画を立ち上げようとした。しかしニクソン政権は、人間の胚を用いた研究への政府資金援助を、すべて禁じてしまった。妊娠中絶合法化に反対する勢力も、彼の計画に猛反対した。シャルマンは当初、資金援助の凍結は一時的なものだと聞いていた。だが実際には、現在にいたるまで国立衛生研究所では、体外受精に関する研究への援助を拒んだままである。

妊娠中絶に反対する陣営のせいで体外受精や遺伝子関連の研究がちっとも進まないことに苛立ったシャルマンは、個人的に研究所を設立することにした。一九八四年に彼が設立した「遺伝学・体外受精研究所」は、米国内でごく初期につくられた、公立ではない営利目的の不妊クリニックの一つである。現在、このクリニックでは、五十五歳までの女性を対象に年間数百回もの体外受精をほどこしている。また、一年に七千もの羊水サンプルを採取して、二百種類以上の遺伝性疾患について、出生前診断も行っている。

同研究所はオハイオ州とフロリダ州にも二百人を超える職員とフランチャイズ会員をかかえており、クリニックというよりはむしろ工場といったほうがいいものを経営している。ごく最近、その営業内容に加えられたのは、体外受精を通じて培《つちか》ったシャルマンの遺伝学的知識を駆使して行われる、胚の移植前遺伝子診断である。

胎児期の遺伝子診断は今や、最新流行の商品となった。スターバックス・チェーンのようなシャルマンのライバルも、つぎつぎに出現している。現代の親たちは、わが子の遺伝子構成について、これまでにないほど強力な決定力をもっている。そして、その決定力を行使することは、もはやあたりまえになっているのだ。

医師たちの中には、患者にだしぬけに電話をかけ、新たな技術を試してみないかと勧める人もいる。ジョーンズ研究所のゲアリー・ホッジェン博士も、ルネ・アブシャイアーと夫のデイヴィッドに、そのような電話をかけた一人だ。アブシャイアー夫妻は、テイ・サックス病で最初の子どもを亡くしていた。そこで医師は、二番目の子も同じ病気をかかえて生まれてくるのを防ぐため、胚の移植前遺伝子診断を受けたらどうかと勧めたのだ。

「テレビ・ドラマにさえも、おなかの大きな女性に向かって、スーパーで出会った見ず知らずの人が、『羊水穿刺検査は、もうすんだの？』とたずねる場面がしばしば登場する」と指摘するのは、身体障害者の権利を守る活動をしている、マーシャ・サクストンだ。米国議会の技術評価局さえもが最近、羊水穿刺を是《ぜ》とする発表を行った。さまざまな新しい遺伝学的検査について述べたあと、結論として、「一人一人の人間は、正常で十分な遺伝的資質をもって生まれる、至高の権利を有している」と述べたのだ。

米国人の多くは、技術評価局が示したのと同じ信念を、きわめて強く抱いている。そのことは、カリフォルニア州の女性ニュース・キャスターであるブレイ・ウォーカーの妊娠に対して人々が示した反応に、端的にあらわれているといっていい。ウォーカーには、手の指の骨が欠損しているという、ちょっとした遺伝性疾患がある。その彼女が、胎児にも自分と同じ疾患があるのを知りながら、その子を産む決心をした。するとラジオのトーク・ショー番組の男性司会者も、彼女のニュースの視聴者も、その決心は無責任でモラルに反すると、激しく非難したのである。

身体障害者の権利を守る運動をしているローラ・ハーシーは、こう語る。「出生前診断は一見、女性に今まで以上の力を与えるもののように思われます。でもほんとうは、子どもをつくることに関する自由な選択を通じて、社会的偏見に追随することを女性に強いるものでしかないのです」

米国で行われた調査によれば、妊娠中のカップルのうち一二パーセントは、胎児に肥満の遺伝子があれば中絶すると答えている。

10　サルジニア島の秘密

地中海貧血の遺伝子

イタリアのサルジニア島に初めて人間が住みついたのは、新石器時代のことだ。島で採れる黒曜石（アルチ山などの噴火の際に吹き出た溶岩からできた、ガラス質の黒い火山岩）は、石器をつくるのに、きわめて都合がよかった。通説によれば、紀元前三千年ごろ、地中海東部から、ヌラギ人が海をわたって島にやってきて、先住の人間たちとの混血が進んだのだという。やがてサルジニア島は、ギリシア、ローマ、フェニキアによって、つぎつぎに侵略され、占領された。のちには、ヴァンダル人やビザンティン帝国、アラブ人の略奪も受けている。中世になると、まずは海運で栄えたピサ共和国とジェノヴァ共和国が、ついでスペインが、サルジニア島を征服しようと試みた。その結果、同島は、多様に入り混じった建築様式や言語をもつようになったのである。

島のいちばん古い地域には、ローマ風の廃墟、ピサ風の物見《ものみ》の塔、錬鉄製のバルコニーのついたスペイン風の民家などが混在している。島内にある国立考古学博物館には、約二千五百年前のヌラギ人たちの暮らしぶりを示す、たくさんのブロンズの模型が展示されている。しかしヌラギ人が現在のサルジニア島に与えた影響は、こうした見事な模型から想像するよりも、じつはさらに大きい。なぜなら彼らは島に、幼少より発症する極度の貧血である、地中海貧血〔ベータ・サラセミア。クーリー貧血とも呼ばれる〕の遺伝子をもたらしたからである。

「ヌラギ人の骨の化石を調べると、この病気がとても古くからあったことがわかる。紀元前二千年ごろの頭骨の化石の中に、大脳皮質が異常に膨らんだため、骨に隙間《すきま》ができているものが、いくつもあるのだ」と指摘するのは、アントーニオ・カオー博士だ。私は、サルジニアで遺伝子による胎児の選別がどのように行われているのか知りたくて、カオー博士のクリニックである「インスティテュート・ディ・クリニカ・エ・ビオロージャ・デル・エ」を訪ねたのだ。今日、サルジニアの人々の八人に一人は、自分自身は発症していないものの、地中海貧血の遺伝子をもっているキャリアだ。もし、そのような人どうしが結婚して子どもをもつと、子どもは二五パーセントの確率で、地中海貧血を発症する。定期的に輸血を行い、余分な鉄分を体内から除去する治療を行わないと、命にかかわるのだ。

カオー博士は一九七八年から、人々が地中海貧血の遺伝子をもっているかどうかの診断を行ってきた。そして遺伝子をもつ人には、「出生前診断を受け、胎児の病気が確認されたら中絶しなさい」と勧めてきたのだ。米国でも今後、今以上にさまざまな病気について出生前診断が行われるようになることは、間違いない。そこで私は、二十年以上にわたってそうした実践をおこなってきたカオー博士に話を聞けば、いろいろと参考になると思ったのだ。

「私のやりかたがうまくいっているのは、サルジニア島民のほとんどが、身近に地中海貧血の人を見知っているからさ」と博士は言った。「島民の八人に一人は地中海貧血のキャリアなので、人口二千人から四千人の小さな村でも、必ず二人か三人は、発病している子がいるからね」

地中海貧血の子どもがどのような生活をおくることになるかをよく知っているので、人々の関心も当然高く、女性たちは、出生前診断を受けるかどうか、病気のある胎児を中絶するかどうか、自分の判断で決めやすいというのだ。だが、同時にそうした状況は、中絶を決めた女性の精神的苦痛を大きくもする。ある意味で彼女は、自分の知っているだれかの存在を否定したことになるのだから。

現在、米国でも似たようなことが、たとえば胎児が囊胞性肺繊維症だとわかって中絶する場合などに、起こることがある。だが、米国でこれから生じるであろう事態は、そのように特定の病気の遺伝子をもつ人にだけ、出生前診断を行うということではない。あらゆる人に、多様な遺伝性疾患についての出生前診断を行うということなのだ。つまり、胎児は三百種類以上もの疾患について診断を受け、母親は、自分がよく知らない病気にかかっている胎児を、中絶するかどうか決めることになるのである。そこで、その病気について医師がどのような説明をするかによって、母親の判断が大きく違ってくることにもなる。しかしながらじつは、必ずしも医師たちが、遺伝について熟知しているとはかぎらない。

一九九五年に行われた調査によれば、米国内の百二十八の医学部のうち六八パーセントは、遺伝学を必修科目に定めていなかった。しかもそのような学部の中には、遺伝学の〈コース〉がたった四時間で修了というところも、いくつかあったのである。いっぽう、新しい遺伝子のほうは毎月のように発見され、出生前診断の項目として、つぎつぎに登場している。だから医師は、最新情報に十分ついていくことができず、どんな場合にその診断を行ったらいいのか、結果をどう考えたらいいのかといったことについて、患者に適切なアドバイスをするのが難しい。直接、患者の診療にあたっている医師たち千人以上を対象にして、その遺伝学的知識の程度を調べるために行った調査では、正答率は、わずか七四パーセントだった。また別の調査では、医師の三分の一が、結腸・直腸癌に関する遺伝子診断の結果を、間違って解釈したという。

どのような遺伝子診断を患者に勧めるかや、その結果をどう解釈して患者に伝えるかは、その医師の個人的な考えによって、大きく違ってくる。「心身がどこか不自由な人生など、考えられない」という医師なら、ちょっとでも疾患の恐れが胎児にあれば、強く中絶を勧めるだろう。ある調査によれば、回答した医師の八〇パーセントが、自分自身の人生は「かなり満足できる」ものだと答えていた。だが、

「もし、あなたに四肢麻痺があったら、人生の満足度はかなり低いものになると思いますか?」という問いに、「はい」と答えた医師が、全体の八二パーセントにのぼった。しかし、実際に四肢麻痺のある人たちに人生の満足度についてきいてみると、やはり八〇パーセントの人が、「かなり満足できる」と答えたのである。

サルジニアでは、地中海貧血の少年を主人公にしたきれいな絵本が、中学生全員に配布される。カオー博士のクリニックの壁には、地中海貧血がどのようにして遺伝するか、罹患率の高い地域はどこか、といったことを記した、たくさんのポスターやコマ割りマンガが飾られている。これらは皆、そうした中学生たちが描いたものだ。どのポスターにも、〈賢い選択をして、地中海貧血を撲滅《ぼくめつ》しよう!〉というたイタリア語のスローガンが、華々しく踊っている。

しかし、そのサルジニアでさえ、遺伝の仕組みを人々に正しく理解させるのは難しい。たとえば、「私には多分、地中海貧血の遺伝子はないわ。だって髪がブロンドだもの」などと言って、遺伝子診断を受けない人たちもいるのだ。また今日でも、子どもが診断を受けて、発病はしていないものの一つだけは地中海貧血の遺伝子をもっているキャリアだということがわかると、自分自身は診断を受けていない両親がお互いを指さし合って、「あんたの家系のせいだ!」と言い合う光景も見られる。ただし、子どもが地中海貧血の遺伝子を二つもっていて、実際に発病した場合には、そうした罵り合いは起きない。なぜなら、両方の親から地中海貧血の遺伝子を受け継いだことは間違いないからだ。心理学者のマリア・ルイーザ・パロンバは言う。「地中海貧血の子の両親が離婚することは、ほとんどありません。相手も自分と同じように罪の意識を感じているという共感があるので、別れたいとは思わないのです」

当然ながら、すべての遺伝性疾患に関して、このことがあてはまるわけではない。ハンチントン病のような優性遺伝の病気は、片親にその遺伝子があるだけでも、子どもは発病することがある。また、精神発達遅滞を引き起こす脆弱《ぜいじゃく》X症候群のようにX染色体に関わる疾患は、両親とも発病していなくても、母親からは遺伝することがある。遺伝のしかたのこうした不均衡が原因で、かたほうの親だけが罪の意識を抱いたり、二人が離婚してしまうことがあるのは、米国の調査によってすでに確認されている。息子に脆弱X症候群の遺伝子を伝えてしまった母親は、ひどい罪悪感にさいなまれる。昔から変わらない女性のつとめだと思っていたこと（健康な男の子を産むこと）に失敗してしまったと、落ちこむからだ。また、優性遺伝する病気の遺伝子を自分がもっていることを知った人の中には、妻や夫に向かって、「離婚したければ、そうしてもいい」と告げる者も少なからずいる。

パロンバによれば、地中海貧血の出生前診断を受ける女性は、ある意味で、ダウン症候群の出生前診断を受ける女性より、精神的にきつい思いをするのだという。「ダウン症候群の場合には、一定の年齢以上の女性は全員、出生前診断を受けるように言われます。でも地中海貧血の場合には、その遺伝子をもっている人だけが、出生前診断を受けるのです。ですからそうした女性たちは、キャリアであることに罪悪感を感じ、自分が要注意人物の烙印《らくいん》を押されてしまったように思うわけです」

パロンバはサルジニアで、〈足入れ婚〉ならぬ〈足入れ妊娠〉とでも呼ぶべき現象を発見した（これとまったく同じことを、米国では、社会学者のバーバラ・カーツ・ロスマンが、発見している）。つまり、妻が妊娠しても、出生前診断で胎児に異常がないことがわかるまで、夫婦は妊娠のことを、親戚にも友人にも秘密にしておくことが多いのだ。おなかの子が地中海貧血だと判明したサルジニアの女性は、もし地中海貧血の子どもがすでに上にいる場合、その子に、「赤ちゃんを中絶してもいいかしら？」と許しを求めることも少なくないという。

「それはまるで、中絶する罪悪感を、だれかと分かち合いたいと思っているかのようです」とパロンバは指摘する。「胎児を中絶することは、象徴的な意味合いから言えば、上の子を抹殺することでもあるわけです。こうしたことはたいてい、上の子が十五歳以上になっている場合に起こります。でもなかには、わずか九歳の子に、そうたずねた母親もいました」

地中海貧血の兄弟姉妹をもつ人の心理的問題も見過ごせないと、パロンバは続ける。「兄弟姉妹に地中海貧血患者がいる女性は、子どもが地中海貧血の女性や一般の女性より、遺伝子診断をきちんと受ける傾向があります。というのも、兄弟に患者が一人でもいるとどんな問題が起きるか、よく知っているからです。その場合、健康な兄弟たちも、とてもつらい思いをするわけですね。両親もまわりの人も、病気の子のことばかり気にしますから、健康な子どもたちはどうしても、いつも放っておかれることになります。そういう経験をしてきているので、同じような家庭はつくりたくないわけです。ただし、病気の兄弟姉妹がすでに死亡している場合には、さほど大きな心の傷は残っていないのが普通です」

サルジニアはカトリックの島なので、胎児が健康な場合には、たとえ望まない妊娠であっても、中絶は許されていない。そういう土地柄から、病院のスタッフの言動のせいで、地中海貧血のために妊娠中絶を受ける女性がつらい思いをすることもあると、パロンバは指摘する。彼女は女性たちにアンケートを行っているが、その中には、「中絶手術の印象はどうでしたか?」という問いも含まれている。それに対する回答には、「お医者さんや看護婦さんの態度には、とても傷つきました」とか、「ひどい扱いをされました」といったものが多い。地中海貧血の子どもを中絶すると決めたことへの罰として、わざと点滴を交換してくれなかったり、ひどく出血しても放っておかれたりするというのだ。医師はとても権威のある存在だから、そういう扱いを受けても、女性の側は、抗議することなど思いもつかない。「そうしたことは通常、家族が付き添っていない夜間に行われます。証人になってくれる人がいませんから、医師に抗議するにも、とても難しいのです」とパロンバは説明する。

現代版〈緋文字〉

米国でも時には、中絶すると決めたことで、女性が非難を受ける場合もある（ことに、妊娠中絶合法化に反対するグループが産婦人科クリニックの前にピケをはって、胎児の姿を描いたプラカードをかかげ、悪意に満ちた言葉を投げつけてくるような場合には、中絶を受けようとする女性は、かなり厳しい思いをすることになるだろう）。しかしながら米国の場合にはサルジニアとは逆に、中絶すべきだという方向に圧力がかかることのほうが、ずっと多い。「疾患をもった子を産むことを〈自らの意思で選択〉すれば、おそらくその子には、集中的な医療が必要になるだろうから、社会（あるいは、同じ健康保険の加入者）に、それだけ経済的な負担をかけることになる」というので、女性に対して、産むなという圧力がかかるのである。ＨＭＯ〔ヘルス・メンテナンス・オーガニゼイション。会費を払って加入する、総合的な健康保険団体〕ではすでに、羊水穿刺費用の保険負担分を支出する際、胎児が嚢胞性肺繊維症だという結果が出ている女性に対しては、「もし、この子を産む場合には、出生後の子どもの医療費は保険の適用になりません」と通知している。つまり、遺伝性疾患がある子を産むと、健康保険がきかないのだ。

私の知人は産科医から、胎児はダウン症候群だと告げられた。医師は断固中絶するように言ったのだが、彼女は断った。障害児教育にたずさわっている彼女は、自分がさしたる障害だと思っていない病気を理由にわが子を中絶する気になど、とうていなれなかったのだ。別の女性も、医師から中絶を強要された。「あなたの赤ん坊は、人間というより、魚に近い状態で生まれてくるでしょう。知能も、せいぜいヒヒぐらいのものですよ」と言われたのである。

心理学者のテレーザ・マルトーによれば、出生前診断を受けなかった女性が遺伝性疾患の子を産むと、医師はそのことで、女性を責めがちだという。それだけでなく、出生前診断を断ると、その女性に対する医師の扱いがひどくぞんざいになるというのだから、ことは重大だ。その理由についてマルトーは、こう述べている。「胎児期の検査によって発見できたはずの病気や障害をもった子を産んだ女性は、避けようとすれば避けられた事態をみずから招いたのだとみなされるのでしょう」。医師は、「この病気は本人の責任だ」と思っている場合、その患者の治療にはあまり時間をかけたがらない、という調査結果もある。

医師であり、法律家でもあるマージェリー・ショーは、『ジャーナル・オヴ・リーガル・メディスン』誌に、「自分自身がテイ・サックス病などの遺伝子をもっており、その病気にかかっている胎児を産むと決めた女性は、（胎児虐待の罪で）起訴すべきである」と書いている。「疾患が遺伝する危険を両親が前もって知っていたのに、人工授精や体外受精という手段をとらなかったなら、妊娠した時点で、それは犯罪行為と考えられる」というのだ。「遺伝性疾患の遺伝子をもつ女性が子どもをもちたければ、必ず他人から提供された卵をもちいるべきだという法律を定める必要がある」とショーは主張する。そして、各種の遺伝子治療も可能になってきているから、それも必ず受けるように義務づけるべきだ、というのだ。だが人間はだれでも、少なくとも三つから五つぐらいは遺伝上の欠陥をもっているから、もしショーの言うようなことが実現すれば、各個人の性や妊娠にまつわる決定に政府機関が干渉する権利を認めてしまうことになる。

私は以前、アトランタのエモリー・ロー・スクールで講演を行ったことがある。講演がすむと、法律を学ぶ学生たちが私のまわりに集まってきて、口々に、「今ではさまざまな遺伝子診断が手軽に利用できるのだから、女性はやはり、障害のある子を産むべきではない。そんなことをすれば、皆の健康保険料が上がってしまうのだから」と言った。

ノーベル賞を受賞したライナス・ポーリングはかつて、劣性遺伝する遺伝性疾患〔片親からだけ遺伝子を受け継いだ場合には発病しない〕

が、〔両親からそれを受け継ぐと発病する病気のこと〕のキャリアには額にしるしをつけて、そうした人どうしが子どもをつくるのを避けたほうがいいと主張した。「しるしがついていれば、一目でそれとわかるから、キャリアは自分から、同病のキャリアとは恋に落ちないように気をつけるだろう」と、『UCLAロー・レヴュー』誌に、ポーリングは書いている。「さらには、結婚前には全員に遺伝子診断を義務づけ、どのような遺伝的欠陥があるのかを明記した、公的または準公的な証明書を発行してもらわねばならないという法律も、定めたほうがいい」

　ハンチントン病のキャリアである心理学者のナンシー・ウェクスラーは、ポーリングのこうした、現代版〈緋文字〔昔、不倫が発覚した人が胸につけさせられた赤いしるし〕〉とでもいうべきアイディアに猛反発し、そのような法律を定めたとしても、そもそもどうやってそれを強制執行できるのかと述べている。「法をおかした人には、経済制裁を加えるのか？　それとも、医学的殺し屋集団とでもいうべきものを雇って産科病棟を見回らせ、違反した両親を見つけしだい、不妊手術をしてしまうのか？　それに、数ある遺伝性疾患のうちどれとどれを重大なものとして、妊娠を禁じるというのだろうか？　軟骨形成不全症は？　多発性ポリープ症は？　精神分裂病はどうなのか？　生と死の問題を法律で定めることほど、微妙な問題はない」

　出生前診断を全員に義務づけ、障害の見つかった胎児は必ず中絶させるという形で、法の強制執行が行われるのではないかと考えている人たちもいる。マージェリー・ショーは、〈障害のある胎児〉にかぎっての妊娠中絶であれば、カトリック教会も納得するのではないかとさえ考えていた。病人を無理に延命せず、生命維持装置をはずすのと同じで、容認できる処置だとみなされるだろうというのだ。

　身体障害者の権利を守る活動をしている、カリフォルニア大学バークレー校講師のマーシャ・サクストンにとっては、それは自分個人に関わる問題だ。というのも彼女は、生まれつき脊椎被裂だからである。「保健福祉省のお偉方との会合で私は、自分と同じ病気の胎児が全員中絶されれば州は保健予算をいくら削れるかを示すスライドを見せられるんですよ。そのたびに心の中で、『みんなはべつに、この私を殺そうとしてるわけじゃないのよ！』と、自分に言い聞かせなくちゃならないんです」

そのことを話すと、サルジニア島のカオー博士はすかさず、「私たちは、だれも殺したりはしていません。その証拠に、病児の治療のほうも、ちゃんとやっているんですよ」と強調した。確かにこのクリニックでは、出生前診断や、病気の胎児の中絶も行っているが、その同じ建物の中で、地中海貧血の病気をもって生まれた子どもたちに、輸血や骨髄移植、新しく開発された経口キレート剤の投与などの治療もしているのである。また、地中海貧血の原因となる遺伝子情報を組み換えるための研究も、ここで進められている。そればかりか、「地中海貧血の子をもつ親の会」の事務所さえ、この建物におかれているのである。その「親の会」では、地中海貧血の一般的な治療や遺伝子治療には補助金を出すが、出生前診断や中絶には、〈個人的な寄付を除けば〉お金を出していない。これとは対照的に米国では、テイ・サックス病について出生前診断と中絶が可能になると、医師たちは、その治療法を見つけることにはすっかり興味を失ってしまった。本来は社会全体の問題であるはずのことが、妊娠中絶によってそれを解決するよう女性に求めることで、すっかり〈個人の問題〉にされてしまったのである。

遺伝子学者のアンガス・クラークは、出生前診断と病気の胎児の中絶を勧める医師たちのうち、実際にその病気の治療にもあたっている医師はほとんどいないという点を指摘している。「個人的にどう考えているかは別として、そのような現状からは、こうした遺伝性疾患の治療は、出生前診断やその結果に基づく中絶より、重要だとは考えられていないと受け取られてもしかたがない」

遺伝子診断が進歩したことによって、どこまでを〈障害がある〉として中絶するかの範囲自体も、大きく変わってきている。生命倫理学者のポール・ラムジーも指摘しているとおり、診断法のほうはどんどん進歩して、ごくささいな病気についても出生前診断が可能になっているのに、どこまでの範囲を、生きるに足る〈正常な状態〉と言うかについての基準は、羊水穿刺法が初めて紹介された当時と、ほとんど変わっていないのだ。つまり診断の結果、少しでも異常が認められれば、産まないほうがいいと判断されてしまうのである。最近では、他の人たちから見たらなんでもないような、ささいなことを理由に中絶を決める親も少なくない。たとえば、XYYという染色体はかつて、〈犯罪因子〉であるとされていた。現在ではその仮説は否定されているのに、それでもこの染色体をもつ胎児を中絶する親が、今でも存在する。また、低身長症の人たちは、胎児にその疑いがあるというだけで中絶してしまう親たちに、心から腹を立てている（実際、低身長症の人は、おなかの子も同じ状態であることを確認するためだけに出生前診断を受け、そのまま子どもを産むことも珍しくない）。最新の遺伝学的情報に照らして中絶を決めてしまう女性はどんどん増えており、実質的な〈正常〉の範囲は、狭まるいっぽうだ。脊椎破裂の胎児を中絶したスコットランドの女性の比率は、一九七六年の二一パーセントから、一九八五年には七四パーセントにはねあがっている。

新しい遺伝子技術がつぎつぎに開発されるにつれて、その気になりさえすれば、〈正常〉と考えられていることからのほんのわずかなずれも、避けることが可能になっている。障害者の権利を守る活動をしているマーシャ・サクストンが〈この世への入会資格審査〉と呼んだ、胚移植前の遺伝子診断について考えてみるといい。あるカップルが体外受精を受け、その結果、いくつもの胚ができる。そしてそのすべてについて、遺伝子診断が行われる。たとえばシャーレの中に十個の胚があったとしたら、そのうちどれを母体内に移植してもらうかを決める時のカップルの基準はおそらく、子宮の中で妊娠五ヵ月まで育った、たった一人の胎児を中絶するかどうかを決める時の基準とは、違ったものになるのではなかろうか？　五ヵ月の胎児についてなら、男か女かといったことや、劣性遺伝する病気があるといったことだけでは、中絶したくないと思うに違いない。だが、たくさんの胚を前にして、そのうちのごく一部しか体内に移植できないとなれば、遺伝子に異常のない胚、特定の性の胚を選ぶことになるだろう。たとえ胚が十個あっても、母体と、生まれてくる子の安全を考えれば、全部を移植してもらうわけにはいかない。その際、無作為に胚を選ぶのではなく、遺伝学的に優れていると考えられる胚を選んだとしても、両親は、特定の胎児を中絶する時ほどの罪の意識を感じないことが多い。〈最良の〉胚を選ぶことは、おなかの中で育っている胎児について中絶の決定をくだすのとは違うと感じられるのには、いくつかの理由がある。第一に、まだ実際に胎内に子どもを宿しているわけではないから、その子への特別の愛着は育っていない。胎動を感じて、子どもとの絆を確認することもない。加えて、特定の個人（育ちつつある胎児）を抹殺するための選択というよりは、何人かの集団（移植する数個の胚）を選びとるための選択という印象が強いのだ。

カオー博士のクリニックの内部を案内してくれたのは、女医であるマリア・アントニエッタ・メリス博士だった。訪問最終日にメリス医師は私を、自宅での食事に招待してくれた。彼女のマンションはとても素敵で、広いテラスには、オリーブやブドウ、ライム、タンジェリン・オレンジ、ローズマリーなどが育っていた。いろいろなハーブもあって、彼女はそれを、サラダやパスタに入れて振る舞ってくれた。食事がすむと彼女は、ちょっとばつが悪そうに、「タバコを吸ってもいいかしら？」とたずねた。

「アメリカに行くと私はいつも、自分が喫煙者だってことで、とっても肩身の狭い思いをするの。だからあっちでは、タバコを吸わないようにしているのよ」と彼女は言葉を続けた。「でも、考えてみればちょっと変よね。だって、戦争中に大量のタバコをイタリアに持ちこんだのは、アメリカ人でしょ？つまり、イタリア人に喫煙を教えたのは、アメリカ人ってことよ。アメリカ人はなぜ、ちょっと前まで自分たちがしていたことを、今、他人がやると、あんなに目くじらを立てて非難するのかしら？たとえば、たくさんお肉を食べたり、お酒を飲んだりする人のこと、すごく悪く言うでしょう？」

私は彼女に、米国ではエイズやダウン症候群の子どもは養子に出されることも珍しくないと説明し、サルジニアでもたくさんの地中海貧血の子どもたちが養子に出されるのかと質問した。「そんなことはないわ」というのが、彼女の返事だった。サルジニアでは病児を家族が受け入れるので、養子に出されることはほとんどないのだという。彼女の知るかぎり、この二十年で二人しか、そうした例はなかったそうだ。

自分自身、地中海貧血にかかっており、一、二年前に四十五歳でなくなった女医さんについて、彼女は話してくれた。私が、「その人、あまり長生きできないだろうということを理由に、医学部から入学を断られるようなことはなかったの？ アメリカでは、ハンチントン病の恐れのある人は、医学部に入学できないことが多いのよ」とたずねると、彼女はほんとうにびっくりした顔をした。「そんなこと、想像もできないわ。そんなの、ひどすぎる……」

そして、私に問い返してきた。「アメリカ人はどうしてそんなに……あの、なんて言ったらいいかしら……つまり……〈不寛容〉なの？」

帰国する飛行機の中で私は、彼女のその質問に対する答えをさがしていた。おそらくイタリア人は、自分が遺伝性疾患のキャリアであることを知っていても、アメリカ人ほどそのことを気にせずに生きられるのだろう。それに、アメリカ人にくらべて素直に自分の運命を受け入れることができるから、障害をもって生まれた人たちのために税金を余分に払わなければならなくても、さして気にならないのだろう。アメリカ人は、すべてのことを自分がコントロールしないと気がすまない。そしてこれまで、そうできることに慣れきってしまっている。自分の人生を、世界全体を、コントロールすることがあたりまえになってしまっているのだ。だが、戦争で負けたことのある国の人たちは、自分に対してそのような全能感は抱いていない。その証拠にイタリアでは、タクシー事情でさえ、米国のように客の思いどおりにはならない。タクシーを呼んだら、それがやってきた時、メーターにどんな数字が出ていても、黙ってその金額を支払わねばならないのだから。

11　遺伝子をさがせ

ハンチントン病患者を訪ねる

エヴァ（仮名）の髪は、黒くてとても短い。目はびっくりしたように大きく見開かれていて、異様なまでにきらきらと輝いている。首は左に傾き、手足は妙な角度にこわばったままだ。力をふりしぼって歩くその姿は、バランスをくずした操《あやつ》り人形のように見える。

「あの人たち、最初はエヴァの目を見て、病気に気づいたんだそうだ。この近所のおばあちゃんたちのことだけどね。『この子は病気にもってかれちゃったよ』って、皆で言い合ったそうだ」私にそう説明してくれたのは、ジャック・ペニー博士だ。

今年もまだ、なんとか歩くことのできたエヴァの姿を見て、米国から来た医師や研究者たちのあいだからは、歓声があがった。彼らは毎年、エヴァとその一族に会うために、ベネズエラにやってくるのだ。ペニー医師が小声で教えてくれたところによれば、エヴァは若年発症型のハンチントン病だということだった。若年発症型ハンチントン病のいちばんの特徴は、四肢が固くこわばって、伸ばせなくなることである。いっぽう三十代から四十代にかけて発症する通常のハンチントン病の場合には、四肢や顔、肩などに、まるで踊っているような不随意運動が見られるが、医師がその手足を伸ばそうとすれば、ごく短い時間なら、なんとかそれが可能だ。

ペニー医師は、エヴァの神経科検査を始めた。ハンチントン病について調べるためにベネズエラを訪れる調査団に同行してまだ二日目だった私にも、その検査の手順はすっかりのみこめていた。まず最初に、医師が患者の目の前で指をまわしてみせ、それを視線で追うように言う。ハンチントン病患者がその指示を理解するまでには、かなりの時間がかかる。そして実際に指示に従えるのは、さらにずっと時間がたってからだ。つぎに患者は、自分の鼻（ナリース）を指さし、ついで指（デドー）を顔から離すように言われる。医師の、「ナリース、デドー、ナリース、デドー……」という掛け声に合わせて、何度もそれを繰り返すのだ。そのあとで普通に前後に歩かされ、それから、片足をもういっぽうの足のまっすぐ前に出すようにして、もう一度、前後に歩かされる。目をつぶって、二十から逆に数をかぞえるという検査もある。また、三十秒のあいだ、できるだけきつく目をつぶるというのもあった。「もっときつく！　もっと！　もっと！　もっと！（ドゥーロ！　ドゥーロ！　ドゥーロ！）」と、ペニー医師は叫んだ。そして突然、指示は「舌を出して（サーカ・ラ・レンガ）」に変わる。超人的な努力の末、エヴァはついに、その指示に従うことができた（「よっぽど意志が強くないと、あれは難しいんだよ」と、あとでペニー医師が教えてくれた）。患者を立たせて医師がその肩を押し、倒れないようにがまんさせるという検査もあった。だがこれは、エヴァには難しすぎた。ほんのちょっと押されただけでも転びそうになって、支えてもらわねばならなかったのだ。

そのあと二日ほどのあいだに私は、十人を越えるハンチントン病患者に会った。その中には、エヴァのように一家の中心的存在として大切にされている人もいれば、完全に隔離されてしまっている人もいた。ある患者は、たった一部屋しかない家に一人で閉じこめられ、玄関に鍵をかけられていた。唯一外に出られる中庭には、大きなコンゴウインコが飼われている。隣に住んでいるその患者の息子は、自分も最近、感情の起伏が激しくなり、手足が急に痙攣《けいれん》したりするのを気にしながらも、「これは絶対に、ハンチントン病の始まりなんかじゃない！」と、必死に思いこもうとしていた。

だがそこで会った人たちは皆、私がこれまで知っていたような意味での〈患者〉とは違っていた。だれも病院に入院してはいなかったのである。だがそれも道理で、私たちの訪れた場所にはそもそも、病院などほとんどなかったのだ。私たち一行のやることだけが、その地域の人たちにとって、唯一の医療行為だったのである。私たちは、足の傷が膿んでしまった中学生の女の子に抗生物質を渡し、下痢の治療をし、椎間板ヘルニアの診断をくだし、妊娠している十代の女性にビタミン剤を与えた。

ある立ち寄り場所で私は、何か普通でないことが起きているのに気づいた。三人の神経科医が集まって、一人の男性患者を診察していたのだ。あとになってナンシー・ウェクスラーは、「私、建物の外にいたあの人を窓からちょっと見ただけで、ハンチントン病の初期症状が出ているのに気づいたわ」と言っていた。だが私には、そんなことはちっともわからなかった。私にはただ、黄色いシャツを着た普通の痩せた男性にしか見えず、「もしあんなにびっくりしたような顔をしていなければ、きっとハンサムなのに」と思っただけだったのだ。記録を残すために、私はポラロイドカメラで彼の写真をとったのだが、まだ彼の心の準備ができていないうちに急にシャッターを押してしまったので、その表情はいっそうびっくりしたようになって、ほとんど泣きださんばかりに写ってしまった。そこで私はあわててその写真をはずし、もう一枚とりなおした。

「新しいハンチントン病患者が見つかると、『今日はラッキーだ』って思っちゃう僕は、やっぱり変だよな」と、ペニー医師がつぶやいていた。

病気の原因遺伝子を求めて

毎年三月になると、コロンビア大学の心理学者であるナンシー・ウェクスラーは、ベネズエラに向けて飛び立つ。だが、このエネルギッシュで魅力的なブロンド女性の目的地は、普通の観光客が好んで訪れる、ショッピングの楽しめる街中でも、海岸でもない。ラテン情緒あふれる、カラカスやマルガリータ島の夕陽も素通りだ。彼女はただひたすら、泥だらけの床材の上にブリキの小屋が立ち並ぶ、蚊だらけの村を目指すのだ。そこの村人の中には、お互いに血のつながった、およそ九千人の一族がいる。その大部分は四十歳前で、全員が、一八〇〇年代末にその土地で暮らしていた、マリア・コンセプシオンという女性の子孫なのだ。

ナンシーとそうした村人たちのあいだには、一つの共通点があった。彼女も村人たちと同様に、ハンチントン病発症の危険をかかえる身だったのだ。ナンシーがラドクリフ大学を卒業した翌年の一九六八年、彼女の母親が病気の兆候に悩まされはじめ、二年後に自殺を図った。ナンシーの伯父と祖父も若死にしていたが、当時の彼女は、その原因がハンチントン病だとは、気づいていなかった。

ハンチントン病は、両親のどちらかから遺伝子を受け継いでいれば必ず発病する、優性遺伝の病気だ。もし片親がその病気であれば、子どもも五〇パーセントの確率で、遺伝子を受け継ぐことになる。おおむね三十歳代から四十歳代に発症し、しだいに脳神経がおかされるため、運動機能が損なわれ、痴呆症状、怒りっぽさ、精神障害などがあらわれて、やがては死に至る。米国には現在、約三万人のハンチントン病患者がおり、その他に、五〇パーセントの確率で発症の危険のある人が、約十五万人いる。

母親の発病をきっかけにナンシーは心理学を学び、遺伝性疾患発病のリスクをかかえて生きる自分の心のありかたを題材に、論文を書きはじめた。ナンシーの父親も、「遺伝性疾患基金」を設立して、ハンチントン病に関する科学的研究への助成金を出すようになった。当初、その対象は主として神経学的研究だったが、一九七〇年代の末ごろになると、ナンシーの興味はしだいに、最新技術を使って、遺伝子のどの部分がハンチントン病に関係しているのかをつきとめることへと移っていった。制限酵素のことを読んだ彼女は、それを用いてハンチントン病の遺伝子を見つけ出そうと決心したのである。制限酵素というのは、いわば化学的なハサミのようなもので、人間のDNAの長い連なりを、特定の位置で切断できる物質だ。正常な遺伝子をもつ人の場合には、特定の位置でDNAを切断した場合、切断後の長さが、全員同じになる。だが、切断すべき場所に突然変異があると、その位置では切断が行われず先送りされるため、その人だけ、切断後の長さが長くなるのである。

こう書くと簡単そうだが、実際の作業は、気が遠くなりそうに細かいものだ。仮に人間のゲノム(二十三本の染色体に入っているDNA全体)の長さが地球の円周ぐらいだとすると(実際には、全長約一メートル)、一つの遺伝子の長さは約八十メートルであり、その遺伝子上の一つの突然変異の長さは、わずか一ミリちょっとなのだから。

「当然のことだけど、何人もの有名な科学者たちから、『そんな行き当たりばったりの、偶然に頼ったやりかたでは、問題の部分が見つかるはずがない』と言われたわ」と、ナンシーは振り返る。「目的を達成するまでには、早くても五十年はかかるだろうってね。私たちがやろうとしていたことはまるで、目印が何も記されていない地図を頼りに、米国内のどこかに潜んでいる、たった一人の殺人者を見つけようとするようなものだったんですもの。州の名も、都市の名も、川や山も、そしてもちろん住所や郵便番号も何も書かれていないその地図には、当然ながら、どこで区切って殺人者を捜索すればいいのかという境界線も、まったくなかったわ」

一九七九年当時はまだ、制限酵素を用いて病気の原因をさぐるという試みはほとんど前例がなく、ナンシーの言葉を借りれば、「異端とまではいえないにしても、かなりとっぴな」ものだった。しかも、役に立ちそうな制限酵素としては、たった一つが見つかっているだけだった。他の生き物についてなら、たくさんの制限酵素が発見されていたのだが、こと人間に関しては、そのような〈化学的ハサミ〉の研究は、まだ始まったばかりだったのである。

国際神経学会の会合で、弱冠三十四歳のナンシーが、これから自分のやろうとしていることを説明した時、出席した研究者たちは皆、まるで道に迷った子どもを相手にする大人のようなゆっくりとした大きな声で、彼女をさとそうとした。「あなたには、自分が何を言ってるのか、よくわかっていないんじゃないかな、お嬢さん？」

　しかしナンシーは、そんなことではひるまなかった。一九八一年の三月に、彼女は国立衛生研究所の助成金を得て、ベネズエラへの最初の大規模な調査旅行にでかけた。彼女がめざしたのは、マラカイボ湖の水面上に支柱を立てて築かれた村、プウェブラ・デ・アグアである。そこは一世紀前、マリア・コンセプシオンが暮らしていたところだ。ナンシーはその女性の子孫たちに、ハンチントン病患者の遺伝子は健康人のそれとは違うかどうかを確かめるための、生検用の血液や皮膚のサンプルを提供してほしいと頼みに行ったのだ。

だが、ボランティアになってもいいと申し出た人は、一人もいなかった。

　そこで彼女は、こう説得を始めた。「じつは私も、ハンチントン病の家系なんです。母も、祖父も、伯父も、ハンチントン病で死にました。だから私自身も生検のために、血液と皮膚のサンプルを提供しています。でも私の一家だけでは、研究材料として不十分です。米国の患者も、研究材料としては、あなたがたほど適当ではありません。ですからどうしても、皆さんに協力していただきたいのです」

「あんたの言うことなんか、信じられるもんか！」村人の一人が言った。富と権力を誇る米国の国民の中にも自分たちと同じ病気に苦しんでいる人がいるなどということは、彼らにはとうてい想像できなかったのだ。

　そこで調査団の看護婦の一人がナンシーの腕をつかんで、生検用サンプルを採った傷痕を指さしながら、皆にぐるりと見せてまわった。

「もしその傷痕がなかったら、最後まで信じてもらえなかったかもしれないわ」とナンシーは語る。「傷痕を見たとたんに、みんなの態度が変わったの。ラテンアメリカでは、家族はとても大切なものだと考えられているでしょう？　みんなは、私も家族の一員だっていう気持ちになってくれたのね。だからそれ以降は、もしかしたら、やっていること自体は途方もない、ばかげたことだと思われていたかもしれないけど、私たちがほんとうに真剣だってことは、だれからも疑われなかったわ」

採取したサンプルをナンシーは、マサチューセッツ総合病院に送った。病院では、若い研究者のジェイムズ・グゼラが、その分析を行った。グゼラのような若造がこの研究に参加するチャンスを得たのは、問題の遺伝子が見つかるまでには何年も、見通しの立たない日々が続くかもしれないと考えられたからだ。つまり研究者にとってこの研究を手がけるのは、いちかばちかの賭けだったのである。

ところが一九八三年のこと、わずか三回目の試みで、グゼラは大当たりを引き当てた。切断されたハンチントン病患者のＤＮＡが、健康な親戚のＤＮＡとは違う長さになったのである。ということはつまり、今回の切断部分は、ハンチントン病遺伝子のごく近くだということだ。研究チームは活気づき、それが四番染色体上にあることまではつきとめた。

これで研究チームは、問題の遺伝子の位置に、ぐっと近づいたわけだ。全部で三十億もあった可能性の中から、今では、四番染色体上にある、四百万の塩基配列のどこかだというところまで、絞りこめたのだから。「私たちはほんとうに、信じられないほどラッキーだったのよ」とナンシーは言う。「まるで、米国の詳しい地図もなしで、あてずっぽうに殺人者の居場所を探していて、たまたまモンタナ州のレッドロッジに潜んでいた彼の、近所の人に出くわしたっていうようなものなんだから」

しかしながら、その殺人者（すなわち、ハンチントン病の原因となる遺伝子）の正確な居場所がわかるまでには、さらに十年の歳月が必要だった。その間《かん》、ナンシーは毎年、三月と四月のうち六週間をべネズエラですごした。ボランティアで調査に協力してくれる人たちも、米国から交替でやってきて、一、二週間滞在しては引き上げていった。だれがいつ来られるかのリストがきちんと作成されており、現地で必要な品ができた場合、ナンシーは、つぎに米国から来てくれる予定の人のところに電話をかけ、それをもってきてくれるように頼めばよかった。

やがて、この病気の原因となる突然変異は、ゲノム中の繰り返しだということがわかってきた。遺伝子のどこかで、あるDNA塩基配列の異常な繰り返しが生じているのだ。通常はそこに一つしかない配列が、何十回も繰り返して登場するのである。ハンチントン病の場合には、特定の塩基配列（シトシン（C）、アデニン（A）、グアニン（G））が、そこで四十回から百二十五回も繰り返す。「CAG、CAG、CAG……」というめまいのするような繰り返しによって、その人は現在ハンチントン病を発症しているか、将来、発症することになるのである。そしてその繰り返しのせいで、制限酵素によって切断した時、DNAが通常より長くなるわけだ。

（かつて専門家たちが鼻で笑って問題にもしなかった、まさにその手法によって）ナンシーの研究チームがハンチントン病の遺伝子のありかを見事にさぐりあてた時にも、彼女は、当然与えられて然るべき賞賛を寄せられることはなかった。それどころか、ある著名な遺伝学者などは、彼女をこう侮辱したそうだ。「ふーん。あんたたちみたいな素人がねえ……」

治療法を求めて

問題の遺伝子が見つかった一九九三年以降も、ベネズエラへの旅は終わりになるどころか、むしろ、それまでよりいっそうの緊急性を帯びるようになった。ナンシーとその仲間たちは、ハンチントン病の原因となる遺伝子を見つけるだけでは、到底満足できなかった。さらに重要なこと、すなわち治療法を模索しはじめたのだ。米国のハンチントン病患者の平均寿命である五十歳に近づきつつあるナンシーにとって、治療法の確立はまさしく、自分自身に関わる問題だった。

一九九五年三月、ベネズエラにでかけるナンシーに同行する準備をしている私のところには、行く先で私を待ち受けている危険について知らせる、一通のメモが届いた。「マラカイボ湖や問題の村は、コロンビアとの国境にごく近いところにあります。ベネズエラには、コロンビアほど麻薬のはびこっている地域はありませんが、麻薬取引のため、コロンビアの売人たちが国境を越えてベネズエラ側に入りこんでくることは、珍しくありません。マラカイボ湖周辺も、そうした危険のある地域です。これまでにも、『デイリー・メール』紙の記者たちが、強盗にあったりレイプされたりする事件が起きています。しかも私たちの活動する村のあたりは、マラカイボ湖全域の中でも最も危険な場所の一つだと考えられています。**どうぞ、くれぐれもご注意ください!**」

これまでの調査旅行では、船が転覆し、あやうく溺れかけたこともあった。突然の政権交代があり、ホテルに缶詰めにされたこともある（そのことを知らせるホテル側からのメモが、各人の客室のドアの下の隙間から差しこまれていたが、そのメモには、こう書かれていた。「厳戒令が発令され、外出禁止となりましたが、当ホテルの〈イタリアン・フェスタ・ナイト〉の催しは、予定どおり実施いたします」）。

調査団の一行には、さまざまな職業の人がいた。いちばん多いのは、無償で米国からやってきた、ボランティアの医師たちだ。なかには、ナンシーがこの計画に着手した時以来、ずっと一緒に来ている人たちもいた。そういう人は、たくさんの村人たちと固い絆で結ばれていたから、その村人たちがついに発病したと知ると、ほんとうにがっかりし、悲しんだ。

調査旅行が始まる前に、ナンシーは私たち一行を集めて、計画について説明してくれた。今回の調査の目的の一つは、CAGという塩基配列の繰り返しの回数と、発病年齢とのあいだに、なんらかの相関関係があるかを調べることだ。また、繰り返しの回数が、世代を経るにつれて多くなったり少なくなったりするのではないかということも、確認したいことの一つだった。何世代かのあいだ、まるで病気の遺伝子が消えてしまったかに見えるのに、じつはそれは繰り返しの回数が少なくなっているだけで、そのうちにまた回数が増え、発病する世代が出てくるように思われたからだ。今回の調査では、(血液だけでなく) 精液も採取する予定だった。村人たちは敬虔なカトリック教徒だから、それはかなり神経を使う仕事になるだろう。だが、もし一人の男性の精液の中に繰り返し回数の異なる精子が混じり合っているとすれば、適切な精子を選んで卵を受精させることで、病気を〈予防する〉ことができるはずだ。

ナンシーはまた、肥満とハンチントン病とのあいだに何か関係があるのではないかということも調べていた。太った人の場合、ハンチントン病の症状が軽いように思われたからだ。調査団の科学的な仕事には私はまったく役に立たなかったものの、どうやら通じるスペイン語をしゃべることだけはできた。そこで村人たちにできるだけ丁寧なスペイン語で、「体重と身長をはからせていただけますか?」と頼み、その測定を行うのが、調査旅行中の私の仕事になった。

さらに、米国への帰途につく私に、もう一つ別の任務が託された。村人たちの血液や精液がいっぱい入った液体窒素容器を持ち帰って、税関を通すことだ。週末に病院に届いたのでは、それをどう処理すればいいかわかる人がいないので、その日の午後のうちに、ぜひとも病院で待つグゼラのもとへ届ける必要があったからだ。

私は、「この容器を開けないように」とマイアミ空港の税関係官に要請する内容の、米国保健福祉省とベネズエラ厚生大臣の署名のある依頼書をたずさえていた。だが、いざ税関を通る段になってみると、係官はそれでは納得しなかった。私が乗ったマイアミ行きの飛行機は、麻薬のはびこるコロンビア発だ。

それなのに、持ってきた荷物を開けるなというのだから、彼が信じようとしなかったのも無理はない。「開けないでください」と頼む私に、「はい、はい、わかりましたよ」と答えながら、彼はさっと手をのばして、すかさず容器を開けようとした。私は必死で、彼と容器のあいだに割って入った。

もう一度、依頼書を見せる。

「でも、これはコピーじゃありませんか。それに、あなたの名前だって、書いてありませんよ」

そこで私はしかたなく、ナンシーたちのハンチントン病調査計画について、一から説明を始めた。

「で、あなたはその研究の、何なんです?」

「あの……その……研究者です」

係官は、容器のほうにもう一度疑わしげな視線を向けたあと、やっと私を通してくれた。

ベネズエラでのそれまでの一週間は、私にとって、ひどく暑く、心痛むことの多い日々だった。ベネズエラ到着の翌朝六時に、私たち一行は二台のワゴン車に分乗して出発し、二時間半かけて、ようやく目的の村に着いた。家々から道路に通じる排水溝には蓋がなく、中の糞尿が溢れんばかりにのぞいていた。私たちは車を停めると、用具の入ったカバン類を手に、泥だらけの小道を、ある家へと急いだ。その家の寝たきりのハンチントン病患者が、二日ほど前から、ひどい下痢をしているというのだ。〈家〉とはいっても、それは二部屋しかない、狭いブリキ小屋だった。戸外の気温は三十六度ほどだったが、私たちがすし詰めになった家の中は、おそらく四十度を超えていただろう。壁の長さがそれぞれ二・四メートルと一・二メートルほどの小部屋に、私たちと十五人もの子ども、そして患者の奥さんがひしめいていたのだから。患者が寝ているもう一つの部屋は、それよりさらに狭かった。

ナンシーはそちらの部屋のほうに、私を招き入れた。一本の洗濯ロープを張って、家族全員の衣類を掛けてある。ビニール・シートが一枚、申しわけ程度にその上にかけられていたが、十分なほこりよけになるとは、とうてい思えなかった。「この人たちがどんな暮らしをしているのか、見ておいてほしいのよ」と、ナンシーは言った。

壁には、ハンモックを吊るすためのフックが、いくつもついている。全部で十七人もの家族が、三、四人ずつで一つのハンモックを使い、皆、この部屋で眠るのだ。

それから何時間もかけて、医師たちは採血をし、神経科検査を進めていった。去年の調査のあとで新たに発病した村人はいないか、調べているのだ。患者の身長と体重の測定をすませた私は、息が苦しくなるような室内の暑さにも、太陽の照りつける屋外の暑さにも耐えかねて、何度も家から出たり入ったりしていた。

外に集まっている子どもたちは、しきりに私に話しかけてきた。だが私には、その言葉のすべてが聞きとれるわけではなかった。どうやら、ノースリーブの服からむきだしになっている私の腕の予防注射の跡が、いたく子どもたちのお気に召したらしい。その子どもたちの中に、ポリオの後遺症のある女の子が一人いた。片足が、ねじれたように曲がっている。私は帰国後二週間の自分のスケジュールを思い浮かべ、「いつなら息子のクリストファーを、ポリオの追加接種に連れていけるかしら?」と考えていた。

どの子とどの子の家族にハンチントン病患者がいるのかとたずねると、一人の女の子が、いちいち指さして教えてくれた。茶色の長い髪、大きな目のその女の子は、ゴーガンの絵の女たちのように、上半身の褐色の肌には何も身につけておらず、派手な紫色のスカートだけをはいている。最初に指さされたのは、髪を短く切りそろえた、小さな男の子だ。そのあとも女の子は、つぎからつぎへと指さしていく。結局、半数の子どもが指さされた。

行く先々に、おなかがふくれ、手足はやせこけた、栄養失調の子どもたちが大勢いた。学校にも行っていないそうした子どもたちは、十三歳ぐらいになると、つぎつぎにまた、子どもを産みはじめる。彼らが遺伝学的研究の対象として最適なのは、そのためだ。実験室のマウスと同じで、研究材料となる個体が、とても多いのである。だがそのせいでまた、彼らのうち二十歳まで生きられるのは半数のみ、という事態も生じることになる。「たとえこの調査でハンチントン病の治療法が見つかったとしても、この人たちには、その治療費を払うことなんかできないんじゃないかしら？」と私は思った。こうした国々では、ごく普通の下痢にかかっても、その薬を買えないために、多くの人が命を落とすのだから。

　私たち一行は毎日、村の家々を車でまわった。ある日の、正午近くのことだ。一台目のワゴン車から降りたナンシーは、道行く人に、マリア・コンセプシオンの血を引く村人を他に知らないか、たずねていた。後続の車には、マーシャルとシェリーと私が乗っている。「そろそろ車内でお昼にしましょうか」という話になった。ふわふわで甘い、挽き割りトウモロコシのパンケーキに、チーズを巻いて食べるのだ。と突然、わずか一軒先の家の向かいにパトカーが停まった。散弾銃を手にした警官が一人、降りてくる。あとからもう一人、散弾銃の引き金に指をかけたままの警官が飛び出してきた。二人はそろそろと、問題の家に向かって進みはじめる。だがナンシーは、平気で村人と話を続けていた。一台目のワゴン車は私たちの車のすぐ前に停めてあり、この〈スワット・チーム〉の進路を、ちょうどふさぐ格好になっている。そのワゴン車がゆっくりとバックを始め、私たちの車の横を通りすぎて、半ブロック後退したところに再び停車するのが、シェリーと私の目に入った。

　ナンシーはそうした騒ぎにも、まったく動じていない。ハンチントン病の遺伝子のキャリアかもしれない男性を一人見つけ出してきて、シェリーや私が乗っているワゴン車の後部座席に招き入れ、採血している。「大丈夫、何も心配いらないのよ。ほら、ブロンドの美女《ルビアス》が二人もいるでしょ？」と、ナンシーは彼を安心させた（〈ブロンドの美女〉というのはもちろん、シェリーと私のことだ）。男は少し酔っぱらっており、競馬にお金を賭けている様子だった。競馬の模様は、すぐ近くの酒場のラジオから、大音量で聞こえていた。警察の急襲にはまったく似つかわしくないその音に、私はまるで、テレビであるチャンネルを見ながら、別のチャンネルの音声を聞いているような気分になった。と突然、両者が一つになった感じがした。競馬放送から聞こえる甲高い叫び声が、警察の手入れの騒ぎに聞こえたのだ。

その日も一日じゅう、前を行くワゴン車について、Uターンを繰り返しながらすごした。「もうちょっと行けば、マリア・コンセプシオンの血を引く人がいますよ」という村人の言葉を頼りに、あちこち走りまわったのだ。教えられた道順は往々にして、まるで迷路のようにこみいっていた。

ある停車場所で、調査団の一人がそっと私に話しかけてきた。二日前の出来事が、気にかかってしょうがないというのだ。採血を受けていた人に、こうきかれたというのである。「あんたたちはいつも、この村に来て、血液を採っていく。でも一度だって、診断結果を教えてくれたためしはない。いったいどうしたら、自分の診断結果を知ることができるのかね?」

彼は困って、ナンシーを呼んできた。「どんなことについて、結果が知りたいの?」ナンシーがたずねる。

「将来、発病するかどうかだよ」

そこでナンシーはその村人に、「調査団も村の人たちも、それぞれの個人の遺伝上の情報は、知ることができないのよ。もしそれを知ってしまうと、患者の状態を客観的に見ることができなくなって、研究が成立しなくなってしまうの」と説明した。

だが調査団の彼は、どう考えてもそれは、村人をいたわるようでいながら、じつは見下した態度をとっているように思えてしかたがないのだという。患者側に情報を知らせないのは、不当な気がするというのだ。米国での調査であれば、検査を受けた本人が結果を知りたければそれがかなうようにしておくことが、必ず義務づけられている。ナンシーの調査団が、ベネズエラ人たちに対して共感と敬意をもって接していることは、間違いなかった。だが確かにいくつかの点で、問題がないわけではない。たとえば、わずか八歳の子どもは、自分が署名したインフォームド・コンセントの書類の内容を、ほんとうに理解しているのだろうか？　もし同様の調査を米国内でやる場合には、こうした情報非開示の原則を変えて実施するのか？

ナンシーが長年、ベネズエラで行ってきた調査のおかげで、ハンチントン病の遺伝子があるかどうかを調べる診断法は完成している。米国やカナダではすでにそれが実施されており、他の国でももちろん、実施可能だ。だがその診断は、ベネズエラ人に対しては行われていないのである。「だって個人の診断結果だけ伝えて、あとは一年間ほったらかしというんじゃ、まるで轢き逃げするみたいなものじゃないの」というのが、ナンシーの考えだった。「それに、ベネズエラでは妊娠中絶が認められていないから、出生前診断というやりかたも不可能なのよ」

ある晩、一行は、ナンシーの名を冠した小学校を訪ねた。生徒たちは、「ハンチントン病の人がたくさんいる地域の人たちにあげてください」というので、お金や食べ物を持ち寄っていた。（ハンチントン病のキャリアはほとんどいない）そのクラスの生徒たちは前もって、「もしハンチントン病の遺伝子診断を受けて陽性だったら、どんな気がするか？」という題で、作文を書いてあった。

「もしそうなったら、私はきっと、学校の先生にはなれないでしょう」と、ある生徒は書いていた。

このたった一行の文に、遺伝子診断のマイナス面のすべてが凝縮しているように、私には思われる。遺伝性疾患で早死にするかもしれないと知った人は、みずからの人生をあきらめ、自分で自分の可能性を最初から否定して、うしろ向きの生きかたをするようになってしまうかもしれないのだ。たった八歳で、「どうせ長くは生きられないから」と、憧れの仕事につくこともあきらめるようなことがあっていいものだろうか？　それまでには治療法が見つかるかもしれないのに……。

人間の危険を知らせる炭鉱のカナリアと同じで、ベネズエラの人たちが現在おかれている状況は、今後、病気の原因となる遺伝子が新たに発見されるたびに米国人が陥るはずの状況を、端的に示すものだ。ベネズエラの村人たちは、都市部では職につけないことが多い。「マラカイボ湖周辺の出身者は奇妙な病気になる危険がある」ということが、今では人々に知れ渡っているからだ。自分が健康な人たちは、「ハンチントン病の遺伝子をもつ人とは結婚したくない」と言う。

遺伝子診断告知の意味

米国、カナダ、英国などで行われている遺伝子診断も、やはり問題を引き起こしている。「今や、自殺するかどうかではなく、いつ自殺しようかということばかり、ずっと考えています」とカウンセラーに書き送ったのは、自分にハンチントン病の遺伝子があることを知った女性だ。ハンチントン病のキャリアの自殺率は、一般の人の四倍にものぼる。「診断の結果はきっと陽性だろう」と覚悟していた人でも、いざそのとおりの結果が出ると、大きなショックを受ける。ハンチントン病の遺伝子診断を受けたある女性は、「きっと私は陽性よ」と検査前から言っていたのに、結果がそのとおりだと知ると、こう言ってつらがった。「まるで、だれかが死んでしまったような気持ちです。私の中の一部分が、死んでしまったんですね。それも、希望に満ちた部分がです」

最初のうちハンチントン病の研究者たちは、「遺伝子診断で陰性と出た人は、この病気にかかる心配がなくなったのだから、大喜びするだろう」と考えていた。だがナンシーはじきに、たとえ結果が陰性でも、心理的ダメージを受ける人がいるのを発見した。ナンシーはそれを、〈生き残りのひけめ〉と呼んでいる。「家族の中にはこの病気を受け継いでしまった人がいるのに、どうして私はそれを免れたのだろう?」と、後ろめたさを感じるのである。

ハンチントン病の遺伝子診断を受けて陰性だった人のうち一〇パーセントが、その後に深刻な心理的ダメージを受ける。ハンチントン病患者を片親にもつ人の大半は、これまで、「きっと自分にも、病気が遺伝しているのだろう」と思って生きてきた。「五十歳すぎには、おそらく死んでしまうだろう」と思いながら、生活してきたわけだ。そこへ突然、自分がキャリアではないことを知らされると、自己イメージが一挙にひっくり返ってしまい、混乱を起こすのである。ある女性がいみじくも言ったように、「私がキャリアでないとすると……この私はいったい、何なんでしょうか?」ということになってしまうのだ。

ある男性は、片親がハンチントン病だったので、五〇パーセントの確率で自分もキャリアのはずだった。そこでずっと、早死にすることを前提に生きかたを決めてきた。スカイダイビングのような、危険と隣り合わせの趣味をいろいろと楽しみ、お金は貯めるより使い、巨額のローンを組んで、クレジットカードも使いまくったのである。ガールフレンドもしょっちゅう取り替えて、一人の女性に深入りしないようにしていた。結婚して、子どもにハンチントン病の遺伝子を伝えるのは嫌だったからだ。

だがやがて、彼は遺伝子診断を受け、自分がキャリアでなかったことを知る。彼はごく普通の健康人であり、「太く短く生きて、美しい遺体を残す」ことではなく、どう借金を返済していくかを考えねばならない身だったのだ。やがて彼は、借金の穴埋めのために会社のお金を遣いこみ、ぬきさしならない羽目になってしまった。

こうしたことはなにも、ハンチントン病の遺伝子診断だけにかぎったことではない。乳癌、大腸癌、アルツハイマー型痴呆、同性愛、攻撃性などといったものについても、遺伝子診断が広く行われるようになれば、そのたびに、こうしたトラブルに悩まされる人たちが出てくるのだ。結婚生活を平和に営んでおり、自分は異性愛者だと信じていた男性が、検査の結果、じつは同性愛に関係した遺伝子が体内にあることを知ったら、どうなるだろう？　あるいはまた、自分の中に攻撃的な遺伝子があることを知らされた人は？

胎児に対する遺伝子診断の結果も、その両親の心の安定や自己イメージに、大きな影響を与える。検査の結果、片親に起因するような重大な遺伝性疾患を胎児がもっていることがわかれば、それはつまり、両親のどちらかもその病気だということだ。中年になるまで発症することの少ないハンチントン病などの場合、その検査で初めてそうした事実を知った親が、ひどく動揺することも十分に考えられる。

片親がハンチントン病で、自身も五〇パーセントの確率でキャリアである人たちの大部分は、遺伝子診断を受けようとしない。診断を受けるのは、そうした人たちのわずか一五パーセントにすぎないのだ。治療法が見つかっていない以上、診断結果を知ったところで得るものはない、と考えているのである。だが、自分は診断を受けないけれど胎児の診断だけは受ける、という人もいる。その点について、ナンシーはこう述べている。「検査の結果、胎児が陽性の場合には、二つの大切なものが同時に失われてしまうの。そのような場合、夫婦はたいてい、胎児を中絶するわ。しかも親のほうも、胎児の診断結果によって、自分もキャリアであることを初めて確実に知るわけだから、言ってみれば、わが子の弔いの鐘と自分の弔いの鐘を、同時に聞くことになるわけよ」

体外受精でできた胚を子宮内に移植する前に、その胚の遺伝子診断を行うという移植前遺伝子診断法は、そうした遺伝子キャリアたちに、新しい選択肢を開いたともいえる。胚を調べて、ハンチントン病の遺伝子をもつものは捨て、そうでないものだけを移植すればいいからだ。医師がそのすべてを行えば、親は自分がキャリアかどうか知らないですむ。

かつて私が関わっていたある病院の倫理委員会では、このやりかたの是非が討論された。それは一見、公正で思いやりに満ちた、実際的なやりかたのように思われる。

だが、検査の結果、すべての胚が陰性で、母親にはハンチントン病の遺伝子がないことが判明した時には、いったいどうするのか？「つぎのお子さんは、自然妊娠でかまいませんよ。わざわざ体外受精を受けて心身に負担をかけた上、一万六千ドルも余分に使う必要はありません」と告げるのが、医師としての倫理的義務なのか？

「もし私がその立場だったら、ぜひそのことを知らせてほしいね」と言ったのは、米国生殖医学会の前会長だったエド・ウォラックだ。だがおそらく彼は、移植前遺伝子診断を受けたカップルのうち半数だけが、つぎは自然妊娠でかまわないと告げられたなら、残り半数は自分がキャリアだと気づいてしまうということを、うっかり忘れていたにちがいない。自分は診断を受けず、わざわざ煩雑な移植前遺伝子診断を受けたのに、結局その努力が無駄になってしまうのである。

遺伝子診断を受け、ある程度年齢がいってから発病する遺伝性疾患のキャリアであることが判明すると、ちょうどマラカイボ湖周辺の出身者のように、職を失ったり、保険の適用を受けられなくなったりする人もいる。場合によっては、直接診断を受けていないその家族までもが差別を受ける。家庭内に遺伝性疾患の人がいる場合、その家族の三一パーセントが、それを理由に健康保険の適用からはずされている。精神発達遅滞を引き起こす脆弱《ぜいじゃく》X症候群の遺伝子診断がコロラド州の各学校で実施されるようになった際には、陽性だった子の親の中に、その子だけでなく、自分たちや他の子供たちの分も健康保険資格を失った人が出た。また、遺伝子研究に協力しただけで、保険資格を失った人もいる。たとえば大腸癌の遺伝子研究にサンプルを提供しただけで、そういう目にあった男性も存在するのである。

遺伝性疾患のキャリアへの差別は、その他にもたくさんある。個人の遺伝子診断の結果を知りたがる組織が、他にも存在するのだ。たとえば大学の医学部では通常、ハンチントン病のキャリアの入学を認めていない。どうせ早死にしてしまうのだから、医師としてのトレーニングを施す甲斐がないというのだ。また一九九七年には、APOE4という遺伝子異常をもつボクサーには試合に出ることを許可すべきでないという申し入れが、研究者たちによってなされた。これは、その遺伝子のキャリアが頭部に外傷を受けるとアルツハイマー型痴呆の発症率が上がるという、まだはっきりとは確かめられていない仮説に基づいた申し入れだった。

裁判所でも最近では、個人の遺伝子に関する情報に基づいて判断をくだすという例が、出はじめている。離婚した夫の求めにより、南カリフォルニアの裁判所では、元妻のハンチントン病遺伝子診断を命ずる決定を出した。将来、親権をめぐる争いが起きた時、その時点でどちらの親が子どもと親密な関係を築いているかではなく、どちらが長く生きられそうかということを基準に判断が下せるようにというのがその目的だった。だが、治療法のない重病の危険が自分にあるかどうかを確かめる診断を受けるのを嫌って、元妻は結局、行方をくらましてしまった。そんなことをすれば、二度と子供たちに会えなくなるのに、それでもそうした道を選んだのだ。

こうした問題がつぎつぎに出てきたことから、ナンシー・ウェクスラーは米国議会で証言し、ハンチントン病をはじめとする遺伝性疾患の診断を受けるかどうかはあくまで任意とすべきであり、キャリアに対する差別を防止する手だても講じるべきだと、強く主張した。「遺伝子診断を受けるかどうかという問題は、単に、人体組織の一部とか、DNAの小片のことではすまないのです。その人の人格全体に関わる、その人の生活すべてに影響を与えることがらであることを、忘れないでください」と述べたのである。

遺伝上の情報は絶対に本人にしか明かすべきではないというのが、彼女の持論だった。遺伝子の水晶玉をのぞくことには、メリットもあるが危険もたくさんある。ペンシルヴェニア大学の生命倫理学者であるアーサー・カプランもその意見に賛成し、画期的な解決法を提唱している。プライバシー保護法が確立されるまで、いっさいの遺伝子診断を禁止すればいいというのだ。

テレビ番組の「シックスティ・ミニッツ」が、ハンチントン病遺伝子探究についてのドキュメンタリーを制作した時、ディアン・ソーヤーがナンシーに向かって、こうたずねた。「この研究を始めた時、もし原因となる遺伝子が見つかったら、ご自身も遺伝子診断を受けるつもりでしたか?」

「もちろんです」とナンシーは答え、こう続けた。「当時は絶対に、そうするつもりでした。でも今は、どうしようか迷っているんです……」

12　ヒトゲノム計画

ゲノムの特許をめぐる騒動

一九九〇年に米国議会がヒトゲノム計画《プロジェクト》の開始を決めた時、その初代リーダーであったジェイムズ・ワトソンは、自分たちが巨大な社会的実験にのりだしたことを、十分に承知していた。三十億ドルの予算をつぎこんだこの計画は、人間の細胞の一つ一つに含まれている五万個から十万個の遺伝子すべての位置を決定し、その構成要素を解析しようというものだ。そしてその最終目的は、全部で四千近い遺伝性疾患について、その遺伝子診断や遺伝子治療を容易にすることだった。だがワトソンはそこで、これまでのそうした計画では例のなかったことをやった。計画に振りあてられた予算のうち三パーセントから五パーセントをさいて、そのような遺伝子研究がもたらす倫理上、法律上、社会上の意味を分析する研究も、同時に進めることにしたのである。

その頭文字をとってＥＬＳＩ（エルシー）計画と呼ばれるその研究は、ヒトゲノム計画が密室にとじこもり、人々の利益に反する方向に進むことがないよう見張る、番犬として設置されたのだ。ＥＬＳＩ運営委員会は、国立衛生研究所以外で、遺伝子研究に関わるさまざまな分野の研究を行っている研究者たちに、資金提供を行うことになった（たとえばこの私も、遺伝子診断が及ぼす心理的、社会的、法的意味についての研究に対して、研究資金の提供を受けた）。また、国立衛生研究所やエネルギー省、米国議会、大統領、国民などに対して、遺伝子工学の弊害を防ぐための提言も行っていく予定だった。

ワトソンが、科学研究に投じられた予算の一部を、科学研究を監視するために使ったことは、科学界の多くの人を激怒させた。だがワトソンは、それは避けて通れないことだと、人々を説得した。「いつまでも、猫を袋に閉じこめて、これは豚だと人々を欺いておくわけにはいかない。猫を袋から出してみんなによく見せ、遺伝子研究がおおやけの利益に反しないことを、広く認めてもらわねばならないんだ」「なるほど」と、国立衛生研究所のある研究員は言った。「だがなんでまた、その猫をわざわざ大きく膨らまして、目立たせなければいけないんだ？　なんで、猫をテレビに出すようなことをするのかね？」

三年もたたないうちにワトソンは、国立衛生研究所内部に、もう一つ別のヒトゲノム計画を立ち上げた。といっても別に、新たに実験室をつくったのではない。何百万ドルもの予算を確保して、国じゅうの在野の遺伝子研究者たちに、資格審査を行った上で研究資金を提供したのである。そうした研究者たち（そしてもちろん、国立衛生研究所内部の研究者たちも）が研究を進める中で、たくさんの倫理的問題が浮上してきた。たとえば国立癌研究所のディーン・ヘイマーは、〈ゲイの遺伝子〉なるものを発見した。その遺伝子をもっている男性には、同性愛性向があるというのだ。では、両親は胎児に、その遺伝子診断を受けさせるべきなのか？　あるいはまた、軍隊はゲイの兵士を解雇することができるが、そのいっぽうで国防総省は兵士に対して、「たずねない、言わない」という、プライバシー保持の原則も認めている。だが今や軍隊は、たずねる必要はなくなった。ただ、ちらっとのぞけばいいのである。軍隊では必ず血液検査をするから、そのサンプルを分析しさえすればいいわけだ。では軍隊は、ゲイの遺伝子をもっていることを理由に、兵士を解雇できるのだろうか？

国立衛生研究所に付属している「国立神経学疾患・脳卒中研究所」の研究員であるJ・クレイグ・ベンターが起こした論争の激しさに至っては、かつて例を見ないほどのものだった。ヒトゲノム計画のスタート時点では、まるまる一つの遺伝子のヌクレオチド（遺伝的文字）配列を決定するのは、しばしばそれが一万ないしそれ以上にも及ぶことから、煩雑すぎてまだ難しかった。たとえば乳癌に関わる複数の遺伝子のうち一つは、十万文字にも及ぶ。というわけで、一つの遺伝子すべての文字配列を決定するスピードの遅さに苛立ったベンターは、新しい遺伝子をつきとめたら、そうした文字配列の一部だけを決めて位置づければ、それでいいことにしようという考えに到達した。そして、手作業でDNAの文字配列を決める代わりに、コンピュータによる高速の自動配列分析機を使いはじめたのだ。

当時はまだ、遺伝子の部分配列だけでほんとうに役に立つのか、確信のもてる人はいなかった。しかし一九九〇年代は〈遺伝子研究のゴールドラッシュ〉とでもいうべき時代であったから、ベンターの上司である国立衛生研究所長官のバーナダイン・ヒーリーは、そうした手法で決定された文字配列に関する所有権がベンターと国立衛生研究所にあることを、明確にしておきたいと考えた。ひと昔前までの生命科学者たちは、賞をとったり地位を得たりということや、科学的な知識を得ることへの純粋な喜びから、研究にいそしんできた。しかし共和党時代の米国議会が新たな法律を可決し、「公共の資金を得て研究を行った場合でも、その発見について特許をとることができ、バイオテクノロジー関係の会社の経営陣にも加われる」と定めてからは、すっかり事情が違ってしまったのだ。消費者団体は、ヒーリーらの考えかたには納得できないと噛みついた。というのも、そのようなことが許されれば、つまりはお金を二重取りされることになるからだ。国立衛生研究所の研究には、国民の税金が使われている。それなのにその成果である遺伝子に特許権が設定されてしまえば、遺伝子診断や遺伝子治療を行う組織は、特許権使用料を支払わなければならなくなる。そしてそれはかならず、消費者が支払う治療費にはね返ってくるのだ。

まさにそうしたことが、エイズ治療薬であるAZT（アジドチミジン）に関して起きている。国立癌研究所からの公的資金を使って開発され、テストされて完成したこの薬の特許権は、バローズ・ウェルカム製薬会社に与えられてしまった。これは、「マーチ・オヴ・ダイムズ」〔一九三八年に発足したポリオ救済募金運動〕の理念とは、まったく正反対のケースだ。同運動では、ポリオ・ワクチン開発の研究においては、その成果について特許をとったり権利使用料を受け取ったりしてはならないと定めているのである。「それではワクチンの使用に歯止めがきかなくなるのではないか？　だれがそれを見張るんだ？」と問われたジョーナス・ソークは、「〈人々がみんなで見張る〉とでも言いましょうか。なにしろ特許権はないんですから。だって、だれも太陽については、特許をとることはできないでしょう？」と答えている。

私は、人間の遺伝子についても同じように、特許権を設定することはできないと思う。特許法が定めているのは〈発明品〉に関する権利であり、〈自然物〉（すなわち、木や岩や鷲など）については、特許権は認められないと明記されている。また、アインシュタインの発見した$E=mc^2$のような科学上の公式も、特許の対象とはならない。人間の遺伝子はまさしく、自然物であり、科学上の公式ではないのか？

一九九一年七月に米国議会で行われた、ヒトゲノム計画についての要点説明のおりに、ベンターはついに、爆弾発言をした。人間の細胞から自分が新たに取り出した遺伝子の部分配列を一括して、国立衛生研究所が特許権の申請を行ったことを明かしたのだ。それに関わる特許権の売り買いは、膨大なものになると予想された。ベンターの開発した、コンピュータを駆使した手法によって、一ヵ月に二千もの遺伝子について、その部分配列を解析することが可能になっていたからだ。アル・ゴア上院議員は、国立衛生研究所による特許権独占に反対して、こう指摘している。「そんなことをすれば、他の政府機関や民間の研究者たちも、こぞって特許をとるようになってしまうだろう。というのも、国立衛生研究所の申請は、人間の遺伝情報を買い占める企てだと見なされるからだ」

この、遺伝子の部分配列について特許をとるという考えをジェイムズ・ワトソンは、「正気の沙汰とは思えない」と斥けた。自動配列分析機を使えば、ベンターの研究チームがやっていることは「サルだってできる」というのがその理由だった。特許法の基本原則は、新規で、役に立つ、〈発明品〉について、これを認めるというものである。だが〈遺伝子の部分配列〉は、そのどれにもあてはまらない。「大事なのは、その配列の意味を解釈することであり、配列自体が重要なわけではない」と、ワトソンは力説している。

ワトソンや他の人たちを最も苛立たせたのは、まだよく解明もされていないのに、その遺伝子のごく一部の文字配列を自動配列分析機で読みとっただけの者が、その遺伝子全体に関する権利を主張するような事態も起きかねない、という点だった。これでは、遺伝子にコード化されたタンパク質の働きも含めて解明するという、本当に大切な仕事をした研究者が、先の特許に阻まれて自分の権利を十分に主張できないだろうし、さらなる研究意欲をそぐ結果にもなるだろう。

遺伝子の部分配列について特許をとるというヒーリーの計画にワトソンが反対していることは、しだいに皆の知るところとなっていった。そしてついに、一九九二年四月十日、二人は大喧嘩をし、ワトソンはヒトゲノム計画から手を引いてしまった。

だが、ワトソンの後釜として国立衛生研究所内の「ヒトゲノム研究センター」のリーダーをつとめる人物は、すぐに決まった。ミシガン大学の研究者、フランシス・コリンズだ。その立派な業績証明書の中には、ハンチントン病遺伝子を発見した研究チームの一員であったことも記されていた。一九八九年には、嚢胞性肺繊維症の遺伝子の共同発見者にもなっている——そして彼はすぐに、その遺伝子の特許をとったのだった。

一九九三年四月、コリンズは国立衛生研究所に移ってきた。その条件としてコリンズは、自分自身の研究室を国立衛生研究所内につくることを要求していた。これは、ワトソンがけっしてやらなかったことだ。コリンズはミシガン大学で、同大学の研究者たちに何百万ドルをももたらすことになりそうな研究を手がけている最中だった。だが、そちらの監督役もつとめながら、国立衛生研究所内で、それと競合するような独自の研究を続ければ、大学側の情報を自分の研究に利用して、むしろ有利に立つことができるとふんだのだろう。

熱心なキリスト教徒であるコリンズは、米国議会の保守的なリーダーたちが催す祈禱朝食会に出席し、たちまち彼らの心をつかんでしまった。そして自分のやることについて、神の許可をとりつけることまでした。ヒトゲノムの地図をつくるという壮大な計画を正当化するために、彼は一九九七年に、「イエスは町や村を残らず回って、会堂で教え、天の国の福音を説き、あらゆる病気や患《わずら》いを治した」という、聖書の言葉を引用したのだ。その上で彼は、こう述べた。「医学上の最新情報を用いてキリストと同じような癒しを行おうとすることは、キリスト者であるわれわれに与えられた権限の一つである」

コリンズは、自分の仕事に有利だとなると、こうしてキリスト教にすり寄った。だが聖職者たちが、「遺伝子について特許をとろうとするのは、神の創造物（すなわち生命）について特許をとろうとすることだ」と反対の声を上げた時には、厳しくそれを批判した。

「キリスト教徒である私にとって、今日は暗黒の日です。わが敬愛するキリスト教会が、科学界では一笑に付されるような、（遺伝子を含めた生物形態についての特許権設定に反対する）意見への支持を表明したのですから」とコリンズは書き、宗教界は特許権の申請に対してもっと合理的な判断をすべきだと強調した。「理性と愛をもって語るかぎり、それは神を言祝《ことほ》ぐ行為です。でも理性と愛を失えば、そうはいきません」

しかしながら遺伝子を商品化することによって、科学のいちばん根幹にあるものが変質を迫られたことは疑う余地がない。一九九六年にタフツ大学のシェルダン・クリムスキー教授が行った調査によれば、マサチューセッツ州内の各大学の科学者たちが発表した、全部で七百八十九の生物医学の論文のうち三四パーセントのものは、執筆者のうち少なくとも一人が、その研究の結果を金儲けにつなげようとしていた。つまり、それについて特許をとったり、その研究に関連したバイオテク会社の社員や顧問になったりしていたわけだ。いっぽう、「この論文の内容については、だれでも無料で利用していい」と明記してあるものは、一つもなかった。

特許をとろうとすることで、研究内容を途中公開したりデータを共有したりすることが減り、論文の発表が遅れ、短期間で商品化できる研究テーマばかりを選ぶ傾向が増すことが、各種の調査によって裏づけられている。場合によっては、特定の研究を奨励する会社が、自社にとって不都合な研究の発表を妨害するといったことも起きている。また、会社があまりに自分の都合ばかり押しつけてくるので、喧嘩別れしてしまう研究者もいる。

例の遺伝子解読者、J・クレイグ・ベンターは、一九九二年に国立衛生研究所を辞め、ヒューマン・ゲノム・サイエンス社というベンチャー企業に移った。同社は「ゲノム研究所」という非営利の研究機関をつくり、ベンターをその長として迎えた。そしてその翌年、巨大製薬会社のスミス・クライン・ビーチャム社に、ベンターが解読した遺伝子を商品化する権利を、一億二千五百万ドルで売ったのである。その意味するところを、遺伝子学者のデイヴィッド・キングは、こう表現している。「文字どおり〈人類の遺産〉ともいうべきヒトゲノムの多くの部分を、一つの会社が独占的に取り扱おうとしている」

しかしベンターは結局、商売上の理由から自分の科学研究が制約を受けるのが嫌になり、ヒューマン・ゲノム・サイエンス社とは袂《たもと》を分かつことになった。最新の研究結果をもとにベンターは、人間の遺伝子の数は六万個程度だとする論文を発表したのだが、ヒューマン・ゲノム・サイエンス社のベンチャー投資家は、それを激しく非難したのである。「人間の遺伝子はたった六万個しかないと発表するなんて、いったいどういうつもりなんだ！　私はスミス・クライン社に、十万個ぶんの権利を売ったんだぞ！」。それを聞いてベンターは、すっかり嫌気がさしてしまった。

トラブルは、あちらこちらで発生していた。子どもに嚢胞性肺繊維症の遺伝子診断を行っていた英国の医師たちは、米国のフランシス・コリンズ（あるいは、彼が特許権をだれかに売り渡した場合には、その相手）に特許権使用料を支払わねばならなくなったと知って、二の足を踏んだ。英国の『インディペンデント』紙は、そうした状況について、こう書いている。「あなたはたぶん、自分のからだは自分のものだと思っているだろう。しかしこの記事を読んでいる人のうち、少なくとも二十人に一人は、北アメリカの研究者チームが彼らのものだと主張している遺伝子を、体内にもっているのだ」

イェール大学医学部長だったレオン・ローゼンバーグも、こう評している。「医学におけるバイオテクノロジー革命は、われわれを、大学から証券取引所へ、『ニューイングランド・ジャーナル』誌から『ウォールストリート・ジャーナル』誌へと、移行させることになった」

私は職業柄、そうした商業主義偏重の風潮を、直接、見聞きすることが多い。スタンフォードで行われたヒトゲノム計画の会議にも出席したのだが、スミス・クライン・ビーチャム社の科学部長であるジョージ・ポストがスピーチを行った時には、会議室に大勢の科学者たちが詰めかけた。同社のおかげで億万長者になったゲノム学者が、何人もいるからだ。ゲノム研究を行うことのメリットについて、ポストは熱弁を奮った。

だが、そのつぎにナンシー・ウェクスラーが演壇に上がり、ヒトゲノム計画によって引き起こされる倫理上、社会上の問題点にふれる段になると、科学者たちの波は、どっと室外に流れ出てしまった。私も急いで返事をしなければならないメッセージが携帯電話に入っていたので、いったん廊下に出た。周囲を見回すと、ナンシーのスピーチをいちばん聞かねばならないはずの科学者たちが、廊下のソファでくつろいでいる。ダイヤル・ボタンを押している私の耳に、その会話が聞こえてきた。（三十代半ばに見える）年長の一人が、後輩にこうアドバイスしていた。「君の業績に対してバイオテク会社が支払ってくれる報酬が、途中で引き下げられることも多い。でもそんな時も、短気を起こして喧嘩したりしちゃいけないよ」

摘出された脾臓はだれのもの？

ヘアリー細胞白血病患者であるジョン・ムーアは、カリフォルニア大学ロサンジェルス校の医学部付属病院で、脾臓摘出手術を受けた。その際に彼が体験したことは、商業主義偏重の風潮が臨床場面でどういう形をとってあらわれるかを、端的に示すものといえるだろう。主治医は、ムーアの血液中の、ある化学物質について、患者本人にことわることなく特許をとり、三百万ドルの報酬と引き換えに、ボストンの会社にそれを売った。そして、スイスの製薬会社であるサンドズ社は、その物質を商品化する権利を得るために、推定千五百万ドルを支払った。

病院の癌専門医たちに、七年間にもわたって血液や骨髄、皮膚や精子のサンプルを採られ続けたムーアはしだいに、自分の組織が自分自身の治療のためだけでなく、もっと他の目的でも利用されているのではないかと疑いはじめた。そして一九八四年に、自分が特許番号４４３８０３２として登録されていることを知るや、医師たちを背任行為と所有権侵害で訴えた。それに対して病院側は、「摘出した臓器は病院が処分してよいという項目のある通常の手術同意書にサインした時点で、患者は、その臓器をもとに利益を得る権利を放棄したことになる」と主張した。しかしムーアは、一個の人間としての自分が損なわれ、自分のからだが勝手に利用され、自分の組織が商品化された気がしてとても不愉快だと述べた。「医師たちが言うとおりだとすると、私の人間性、私の遺伝的本質が、彼らの発明品であり、所有物だということになってしまいます。私は、生物学的物質を産出する鉱脈だと思われているんです。彼らは私を、畑の作物のように収穫しているんですよ」

予審判事は、「からだの一部は、所有権を主張できる財産とは言えない」として、ムーアの訴えを斥けた。だが上訴裁判所のほうはもっとムーアに好意的で、過去の判例をいろいろと調べてくれた。その中には、自分の肖像権を守るため、他人はその写真を売買してはならないという判決を勝ち取った映画俳優、ベラ・ルゴシのような有名人の例もあった。「容貌について所有権を認めた判例があるのに、名前や顔よりずっと、その人の人間としての本質に深く関わっている遺伝物質について、所有権を主張できないなどということが、あっていいものだろうか?」と、その判決文には述べられていた。「それに、臓器提供に関する法律には、死後、自分の臓器をどのように扱われたいかを、患者本人が決めることができるとある。であれば当然、まだ死ぬ前に自分の臓器がどう扱われるかを、本人が決めていいはずだ」

ムーアの主治医と大学当局は、この判決を不服として控訴した。「ピープルズ・メディカル・ソサエティ」という、患者のからだが医師によって私物化されることを防ごうとする団体から頼まれて、バークレー大学法学部教授のマージェリー・シュルツと私が、その裁判の告訴状の一部を執筆した。「医師は、これから自分のやろうとしていることについて、必ず患者本人に説明すべきである。なぜなら、医師が商業上の目的で患者のからだを利用しようとする場合、そのことが自分自身の利益に反しないかチェックする権利が、患者にはあるからだ」と私たちは書いた。

カリフォルニア州最高裁判所は私たちの主張をいれ、医師は、患者の組織を研究や商業上の目的で使う場合には、手術に先立って、そのことを患者本人に知らせなくてはならないという判断を示した。しかしそれと同時に、細胞株《セル・ライン》(細胞系)も本人の物であるという、ムーア側の主張は斥けられた。本人ではなく医師やバイオテク会社が、ムーア固有の細胞株から利益を得ることを認めたのである。そのほうがバイオテクノロジーの研究が進むというのが、裁判所のあげた理由だった。身体組織についてムーアに所有権を認めてしまうと、バイオテク会社の研究意欲がそがれてしまうのを心配したわけだ。

しかし担当判事の一人であるアラン・ブルサードは、つぎのような痛烈な少数意見を、判決につけ加えている。「判決の趣旨に照らせば、こうした生体組織についての権利は本来、市場での売買にはそぐわないものであると考えられる。しかしながら現状では、細胞の本来の持ち主である患者には、その細胞のもたらす金銭的利益がまったく与えられず、いっぽう、適切とはいえない方法でその細胞を手に入れた医師側のみが、通常の取り引きの常識を越える、不当な金銭的利益を得る結果となっている」

この裁判の中で大学当局は、じつに不穏な見解を主張していた。「たとえ生体組織に関する所有権がムーアにあったとしても、当大学は政府機関であるから、〈収用権〔政府が所有者の承諾なしに、私有財産を公益のために収用する権利〕〉を行使すれば、本人の意思に反してその組織を手に入れることができるはずだ」と述べたのである。

ムーア裁判が結審したのは、一九九〇年のことだ。だがそれから一九九八年までのあいだにベンチャー投資家たち自身も、人間の遺伝子に特許権を認めることを疑問視するようになりはじめた。遺伝子診断のための検査法や、遺伝子治療の方法といった、ほんとうに役に立つ研究をした人が、先に特許をとったその遺伝子の〈所有者〉に特許権使用料を払わねばならないという事態が続出したからだ。

『サイエンス』誌の一九九八年五月号にも、生物医学上の研究の進歩を特許制度がいかに妨げているかを扱った記事が載った。「知的所有権があちらでもこちらでも主張されるようになるにつれて、人の生命を救うような研究や商品開発の進歩は、大きく阻害されるようになってきている」と、ミシガン大学の法学部教授であるマイクル・A・ヘラーとレベッカ・アイゼンバーグは、その記事に書いている。

二人はそうした遺伝子研究の現状を、社会主義崩壊後の経済にたとえる。東ヨーロッパではかつて、経済が自由化されれば商品が店に山積みになるだろうと考えられていた。だが実際には、店はあいかわらず空っぽだ。そしてそのいっぽうで、道には物売りの人々が溢れている。理由はこうだ――個人で新しく店を開こうとすれば、同業者団体や権利代行業者、地域や国の行政団体などに、たくさんのお金を払って出店権を買わねばならないのである。現在の遺伝子研究もそれと同じだと、ヘラーとアイゼンバーグは言う。「これまでの発見についての権利を、あまりにもたくさんの所有者が分割してもっているので、新しい研究をしようにも身動きがとれないのである」。たとえばアドレナリン受容体に関係するものだけでも百以上の特許権が設定されているので、もしそれに関する研究を新たにやりたいと思ったら、研究者はひどく煩雑な交渉をすませないかぎり、研究にとりかかれないのだ。

本人に秘密で行われた検査

このような、人間の遺伝子に関する権利の売買や、遺伝子診断の結果を理由にした健康保険適用上の差別など、ヒトゲノム計画にまつわる社会的問題を考えるために設立されたのが、先に述べたＥＬＳＩ運営委員会だ。その初代議長は、ナンシー・ウェクスラーだった。その五年の任期が一九九五年に切れると、今度は私が議長に選出された。

同運営委員会のリーダーが心理学者から法律家へとバトンタッチされるのは、かなり理にかなったことだと思われた。それまでの五年間の社会学的研究によって、遺伝子研究がもたらすさまざまな問題点が浮き彫りになった。そこで今度はそうした問題について、法律を整備していこうというわけだ。しかしながら、国立衛生研究所内の「ヒトゲノム研究センター」の内部に設置され、そこから運営資金を得ている監視団体が、国立衛生研究所の研究者たちのやることに、ほんとうに自由な評価をくだせるだろうか？

私たちの運営委員会が遺伝子診断の心理学的・社会学的意味をとやかく言うことを、面白くないと思っている研究者は多かった。もしかしたら委員会の略称も、あまり良くなかったのかもしれない。ほとんど男性ばかりで構成されている、国際ヒト・ゲノム解析機構は、その頭文字をとって、HUGO（ヒューゴ）という男名前で呼ばれていた。いっぽう、二代続いて議長を女性がつとめるわが運営委員会のほうは、先に述べたとおり、その頭文字から、ELSI（エルシー）という女名前で呼ばれていたのだ。「議長就任前に忠告しとくけど、「ヒトゲノム研究センター」のやつらから、あなたのスタッフの活動資金を、きちんと分捕らなきゃ駄目よ」というのが、先任のナンシーから私へのアドバイスだった。

しかし私は、「ヒトゲノム研究センター」の人たちともきっとうまく協力しあえると、たかをくくっていた。ELSI運営委員会の事務処理を「ヒトゲノム研究センター」のスタッフが行うことも、べつに問題だとは思っていなかった。なんといってもセンターのリーダーであるフランシス・コリンズは、遺伝子診断による差別が起こることを、とても気にしているのだ。彼は私に、こう言っていたのである。「乳癌の遺伝子をさがす研究をしている私も、夜、眠れないで考えることがあるよ。『いずれ、あなたは病気になりますよ』って知らせるのが、ほんとうにいいことかどうかってね。遺伝子診断の結果のせいで、その人が健康保険の適用を受けられなくなるのも心配だ」

そのフランシス・コリンズと力を合わせて、遺伝子研究についての基本原則を定めていくことができると喜んでいた私は、重要な点を忘れていた。コリンズは、投票権のある委員の一人として、現委員たちによる推薦も投票もなしに、一人の遺伝子学者をELSI運営委員会内に送りこみ、その自治権をおびやかしはじめていたのだ。だが、そんなわけで油断していた私は、本来は議題を委員会が自由に決められるはずなのに、私の議長就任後最初の会合のテーマをコリンズが勝手に決めて押しつけてきた時も、あえてそれに異議をとなえようとはしなかった。

しかし時がたつにつれて、目をつぶることのできない困った問題が浮上してきた。先に述べたように、ＥＬＳＩ運営委員会には独自の予算は組まれていなかった。したがってコリンズやそのスタッフにお伺いを立てて、お金を出してもらわなければならなかったのだ。そうした場合、今よりたくさんの人が遺伝子診断を受けたり、遺伝学的研究に協力したりする方向につながりそうな活動（遺伝子に関する情報についてのプライバシーを守るための活動など）には、すぐに予算がおりた。ところが遺伝子診断の普及を邪魔しそうな活動（遺伝子診断の結果をもとに、その人の知能や犯罪傾向、ある種の精神障害などについてまで予測することの問題点をさぐる活動など）だと、たいてい、「お金が足りないので予算は組めません」と言われてしまうのだった。

そうこうしているうちに、やがて、『正規分布曲線《ザ・ベル・カーブ》』という書物が出版された。これは、アフリカ系米国人は遺伝的に、白人より知的な面で劣っているという内容の本だ。それを受けて、ある慈善団体の機関誌に、黒人の子どもたちに寄付金で教育を受けさせて、その人生を変えてやろうとしても、それは無駄な投資ではないのかという記事が載った。なぜなら、「遺伝的に決まっている知能の程度によって、どのぐらいの収入を得られるようになるかも、犯罪者や未婚の母になる確率も、ほとんど決まってしまうらしいから」というのである。

ＥＬＳＩ運営委員会では、事態をそのまま傍観し、この本の四十万人の読者が「黒人は白人より遺伝的に劣っている」と誤解したままにしておくのは、適当でないと判断した。そこで科学的なデータを示して、人はただ遺伝子の設計図どおりに生きるわけではなく、環境も大きな影響を与えることを説明しようということになった。「遺伝子によって、すべてが決まるわけではありません。ですから、社会のさまざまな構成員の能力を上げるための計画の是非を、遺伝子から得られる情報だけをもとに決定するのは望ましいとはいえないのです。そうした決定は、モラルや社会状況、政策方針などに基づいて行われるべきです」というのが、私たちの作成した声明の結論だった。

私たちは、その声明を各種の科学雑誌の編集部に郵送してくれるよう、「ヒトゲノム研究センター」の女性スタッフに頼んだ。ところが何ヵ月たっても、彼女はそれをやってくれない。（彼女はELSI運営委員会関連の仕事だけを担当しているはずなのに）何度頼んでも、「今は忙しいから……」と言い訳を繰り返すばかりなのだ。「こんなものを送っても、編集部は関心をもたないと思うわ」とも言っていた。

そうこうしているうちに声明の内容は、どんどん時期はずれになりそうだった。問題の本が出版されてから、長い時間がたちすぎてしまうからだ。そこでついに強引に出て、ようやく彼女に声明を送ってもらった。するとたちまち、『サイエンス』誌がそれを掲載し、『ネイチャー』誌もその内容に言及してくれた。

ヒトゲノム計画をめぐっては、さまざまな社会的問題が生じていた。行きすぎた商業主義もそうだったし、遺伝子診断の悪影響が女性や少数民族に集中するという点も、未解決だった。しかしそうした問題は、十分に人々の関心をひいているとはいえなかった。というのも、「ヒトゲノム研究センター」がELSI運営委員会に認める予算の大半が、当時、フランシス・コリンズが手がけていた二つの遺伝子（嚢胞性肺繊維症の遺伝子と、乳癌の遺伝子）の検査法を研究している、在野の研究者たちに流れてしまったからだ。ある時など、ELSI運営委員会の会合で配られた資料を見ると、その二つのテーマ以外の研究は、たった一つしか資金提供を認められていなかったほどである。

ELSI運営委員会が最初に設置された際に国立衛生研究所のある研究員が心配したように「猫をテレビに出す」どころか、議長としての私の仕事はむしろ、猫をマスコミに出さないよう、隠しておくことのように感じられた。議長になってまもないころ、私は『ニューヨーク・タイムズ』紙からの電話で、乳癌の遺伝子診断についてのコメントを求められた。だが私は、それには答えなかった。乳癌遺伝子の研究者であるコリンズの気分を害したくはなかったし、「委員会議長としては、個人の意見を前面に出しすぎではないか?」と思われるのも嫌だったからだ。

一九九五年の九月に、フランシス・コリンズは国立衛生研究所で大規模な記者会見を開き、彼自身と、国立衛生研究所、ヘブライ大学、カリフォルニア大学サンディエゴ校の同僚たちからなる研究チームが、「乳癌の遺伝子は、ドイツ・ポーランド・ロシア系ユダヤ人に特に頻繁に見られることを発見した」という発表を行った。だが実際には、彼らの研究でその遺伝子をもっていることが確認されたドイツ・ポーランド・ロシア系ユダヤ人は、わずか八人だけだったのだ。しかし大規模な記者会見を行ったせいで、『ロサンジェルス・タイムズ』と『ワシントン・ポスト』の二紙が、そのニュースを一面に載せた。何日もたたないうちに、各地の医師のところには、自分も乳癌の遺伝子診断を受けたいという電話が殺到した。なかには、乳癌についての出生前診断を行うクリニックさえあらわれた。ユダヤ人の女性が、ずっとのちになってから乳癌になるかもしれない胎児をあらかじめ中絶できるように、というのがその目的だった。

記者会見が開かれた時点ではまだ、その遺伝子をもっている女性がどのぐらいの頻度で発病するかを調べる研究は、完成していなかった。当初、女性にその遺伝子診断を勧める医師たちは、発症率は約八六パーセントだと説明していた。なかには、「そんなに危険が大きいのなら」ということで、あらかじめ両方の乳房を切除してしまう女性もいた。しかし、のちになって正確な値《あたい》が出てみると、発症率は五〇パーセントにすぎないことがわかった。つまり、必要もないのに乳房の切除を受けてしまった女性もいたことになるわけだ。

コリンズがこの研究に使用した血液サンプルは、子どもを産むかどうかを決めるためにテイ・サックス病や嚢胞性肺繊維症の遺伝子診断を受けることにしたドイツ・ポーランド・ロシア系ユダヤ人のカップルたちが、医師に採血してもらったものだ。つまり彼らはけっして、乳癌の遺伝子診断のために採血を受けたわけではなかったのである。

コリンズとその研究チームは被験者の名を匿名にしていたから、産科関連の検査が終わったあと、そのサンプルを研究材料として使っても、べつに法律に違反する行為とはいえない。しかしこの私と同じように、「本人の承諾を得ることなく、その血液を研究に使うのは、倫理に反するのではないか?」と感じる人も、少なくはないはずだ。ドイツ・ポーランド・ロシア系ユダヤ人の女性すべてが、そのような研究に協力したいと思うとはかぎらない。ことに、その研究結果をもとに、健康保険会社が彼女たちの保険料を上げたり、「ユダヤ人は遺伝的に劣っている」という、あのいまわしい優生学的発想がまた頭をもたげてきたりするかもしれないのだから、なおさらのことだ。

同じく一九九五年の九月に、やはりELSI運営委員会がそれまで何度も勧告を行ってきたもう一つ別の政府機関が、倫理上の問題を引き起こした。その政府機関とは、エネルギー省だ。その月に、エネルギー省の管轄下にあるカリフォルニア大学ローレンス・バークレー研究室のアフリカ系米国人スタッフたちが、本人の同意なしに自分たちの遺伝子診断を行ったとして、研究室を訴えたのである。ELSI運営委員会ではそれまで五年間にわたって、遺伝子診断に関する倫理上の問題について、エネルギー省に勧告を行ってきた。何よりも任意性を重んじなければいけないと、繰り返し説いてきたのだ。それなのに今、そのエネルギー省の職員が、本人の知らないうちに検査されたと訴えているのである。

訴状によれば、ローレンス・バークレー研究室では毎年、職員の健康診断を行うことになっていたが、その際に採血された血液を使って、アフリカ系米国人については、本人の知らないうちに鎌状赤血球貧血の遺伝子診断が行われていたのだという。女性スタッフたちには、無断で妊娠検査も行われていた。

また、健康診断を受けた人全員に、こっそり梅毒検査も行っていた。そうした検査の結果は雇用主のファイルに保管され、本人たちに知らされることはなかった。

ヴァーティス・エリスは同研究室の、四十六歳になるアフリカ系米国人の管理助手だ。二十九年間、この研究室に勤めてきた彼女は、それまでに六回、健康診断を受けた。そしてそのたびに、自分の知らないあいだに鎌状赤血球貧血と梅毒、そして妊娠の検査を受けさせられてきたのだ。やはり管理助手をしているマーク・コヴィントンは、自分はこっそり受けさせられた鎌状赤血球貧血の遺伝子診断で陽性だったが、研究室はその結果を教えてはくれなかったと述べた。

しかし私がエネルギー省のお偉方たちにただしてみると、遺伝子診断は確かに行ったが、その結果をもとに差別したという証拠は何もないから、職員の遺伝子についてこそこそかぎまわったとしても、別に悪いことをしたわけではない、という見解だった。

目隠しとしての倫理委員会

このように、直接アドバイスを行ってきた機関にさえ、主張をいれてもらえないのだとしたら、ELSI運営委員会の存在価値は、いったいどこにあるというのだろう?

関係省庁を問い詰めた結果、彼らはみな、ELSI運営委員会にとやかく言われるのを喜んでいないことが、しだいに明らかになってきた。(コリンズの記者会見、およびエネルギー省の訴訟騒ぎから一ヵ月たった)一九九五年の十月にELSI運営委員会は、これ以上、自分たちが軽んじられるのは我慢できないと声を上げた。「ヒトゲノム研究センター」から、予算が足りないので、今後予定されている三回の会合のうち二回は中止せざるを得ないし、すでに許可がおりていたはずの、裁判所や学校などの公共機関で遺伝子診断がどのように実施されているかを調査するための費用である二万ドルの支給も取り消すと、告げられたからだ。ＥＬＳＩ運営委員会の副議長である、バークレー大学の社会学者、トロイ・ダスターは、かんかんに怒った。彼はＥＬＳＩ運営委員会のメンバーであると同時に、ゲノム研究者たちへの研究資金の提供を検討する国立衛生研究所の委員会（ヒトゲノム研究諮問委員会）の委員でもあった。そこで、「いっぽうで、ヒトゲノム研究諮問委員会のメンバーの友人たちの研究室には、あそこに千二百万ドル、こちらに八百万ドルという大金をばらまきながら、ＥＬＳＩ運営委員会の活動についてはわずか二万ドルの予算も削るというのは、どうにも納得できない」と憤慨したのだ。「分子生物学者たちに対しては、まだ確立されていない、リスクの大きい、推測の域を出ない手法、それまでさしたる成果をあげていない手法の研究に対しても、平気で大金を出す。それなのに、社会的、法的、倫理的研究に関しては、その価値を軽んじて、全体のわずか五パーセントの予算を出し惜しむのか？」と意見を述べたダスターは、ＥＬＳＩ運営委員会には定例会の開催費用さえも十分出せないという「ヒトゲノム研究センター」の言い分が、何より気にさわったようだった。

あとになってから、「ヒトゲノム研究センター」のスタッフが作成した、その会合の議事録が、私のところに届いた。その内容を見ると、事実とは異なることが書かれている。ＥＬＳＩ運営委員会が悪玉に、センター側が善玉に見えるよう、書き換えられていたのだ。私はそれを作成したスタッフに、「議事録を訂正したいので、録音テープを送ってほしい」と頼んだ。「すぐに郵送します」という返事だったが、何週間たっても届かない。もう一度、電話すると、「十二月にこちらにいらした時、お渡しします」という答えだ。ところが十二月に出かけていってテープをくれと言うと、「もう郵送しました」という言葉が返ってきた（そしてそのテープは現在もまだ、私の手もとに届いていない）。

そこで私はしかたなく、その足でフランシス・コリンズのオフィスに行き、次回の会議の議題について相談することにした。ＥＬＳＩ運営委員会では以前から、何人かの心理学者に研究資金を提供し、中年すぎに発病する病気の遺伝子が自分にあると知らされた人は、どのような心理的影響を受けるかを調べてもらっていた。そこで、「次回は、そのような心理学者に研究発表をしてもらったらどうでしょうか?」と、私はコリンズに提案した。

「そういう研究は情緒的すぎて、客観的なものとはいえないね」と彼は言う。

「それでは遺伝子について特許をとる問題について、話し合いましょう」

「いや、その問題はHUGOでちゃんと検討しているから、こちらがやる必要はない」コリンズはそう答えたが、特許をとることで利益を得ている遺伝子研究者たちの国際組織であるHUGOが、社会全体の利益を考えて偏見のない判断をくだす適任者だとは、到底思えない。

米国科学アカデミーの医学学士院はかねてから、ELSI運営委員会は国立衛生研究所から独立した機関であるべきだと警告していた。さもないと、「キツネがニワトリ小屋の番をしているという印象を与えてしまう」というわけである。国立衛生研究所自身もかつて米国議会に対して、ELSI運営委員会の自治権を認めると約束している。当時、国立衛生研究所長官だったバーナダイン・ヒーリーが議会で述べたところによれば、「ELSI運営委員会は、いかなるイデオロギーにも与《くみ》せずに、ヒトゲノム計画が法律や社会に与える意味を調査するための、独立した機関である。したがって、どこにも属さず、完全な自治権をもつべきだ」というのである。

そこで一九九五年十二月にワシントンに出向いた際、私はフランシス・コリンズに、われわれの〈自治権〉が有名無実になっていると苦情を申し立てた。だが彼は、「これから、ある議員と一緒に、祈禱朝食会に出なきゃならないんで」と言って、そのまま私との話を打ち切ってしまった。

翌一九九六年の二月、私はELSI運営委員会議長を辞任した。

そのいきさつについてレポーターたちに質問されても、私は沈黙を守りとおした。言いたい放題の悪ロをコリンズがマスコミにぶちまけた時も、じっと我慢した。一つには、強大な権力と百三十六億ドルの年間予算をもつ国立衛生研究所と喧嘩をするのが恐かったからだ。法律家としての仕事を通じて私は、批判者に対して国立衛生研究所がいかに冷たい仕打ちをするか、わかりすぎるほどわかっていたのである。

だが、私のもとに寄せられた、たくさんの激励のEメールには、ほんとうに感動した。その中には、ゲノム研究者たちからのものもあった。「監視団体は、目の上のたんこぶとして、大いにうとましがられます。でもおそらく、そういう存在でなければ、責務を正しく果たすことはできないでしょう」と、その一人は書いてきた。「フランシスは、そのことを思い知る必要があります。だれもがあなたに賛成する必要はないし、あなたもいつも、人と対立している必要はありません。でも監視団体は、然るべき懸念はしっかりと表明し、重要な問題点はちゃんと問いただして、議論しなくてはなりません。そして、広く行われる技術に関しては、その発展と適用について、社会全体が監視し問いただす道を確保しなければならないのです」

私はELSI運営委員会のメンバーたちとともに、もう何ヵ月も前からコリンズに対して、自分の不満を訴えてきたはずだ。それなのに彼は、今になってわざわざ電話をかけてきて、「君の辞任の話を聞いて、ほんとうにびっくりしたよ」としらじらしく言った。そして、「できれば五月まで、辞めるのを待ってもらえないか？　もうすぐ議会で、ヒトゲノム計画に対する予算獲得のための聴聞会があるだろう？　今、辞められると、何かと都合が悪いんだよ」と言ったのである。

私はますます嫌気がさして、それを断った。

そのあとコリンズは、私の批判の言葉から世間の目をそらすためか、私の辞任について調査する委員会を新たに組織した。それにしても、ELSI運営委員会に対しては、今後十ヵ月のあいだに一度しか会議を開けないほど予算が不足していると言ったのに、今また新たに委員会を組織して、何回も会合を開く予算をつけるとは、いったいどういうことなのだろう？　しかもその委員会の目的は、遺伝子研究にまつわる問題を解決することではなく、単に、ＥＬＳＩ運営委員会と国立衛生研究所とのいざこざをほじくり返すことだったのだから。

マスコミが最も関心を払いそうにない一九九六年十二月に、コリンズはその調査委員会の報告書を発表した。報告書の内容は、私の主張が根拠のあるものだと認め、「ヒトゲノム研究センター」の傘下にあることで、ＥＬＳＩ運営委員会の自治権が損なわれていると指摘するものだった。「ＥＬＳＩ運営委員会が独自の財源と自治権を欠いていることにより、重大な問題が生じている」し、「情報が、国立衛生研究所側に筒抜けになっている」と、その報告書は述べていたのだ。

その上で調査委員会は、新たな運営委員会をつくったほうがいいと提言していた。しかもその事務処理スタッフは、「ヒトゲノム研究センター」内部からではなく、保健福祉省長官のドナ・シャララのところから出して、利害の対立が起こらないようにするべきだというのである。

そこで新生ＥＬＳＩ運営委員会設立のために、旧メンバーは全員辞職した。ところがシャララ長官はいっこうに新たな委員会を設立しようとしなかったので、コリンズはだれにも邪魔されることなく、勝手なことを続けていた。彼の支配する「ヒトゲノム研究センター」は、国立衛生研究所内の巨大勢力になり、その予算も発言力も、強まるいっぽうだったのだ。

だがやがて、一九九八年五月になるとクレイグ・ベンターが、超高速自動配列分析機をつくっているパーキン・エルマー社との共同研究を開始した。パーキン・エルマー社の分析機を二百三十台、同時に使って、今後三年以内にヒトゲノムの文字配列の解読を終わらせると発表したのだ。つまり、国が研究資金を出しているヒトゲノム計画より、安くて早くてうまい解読が可能だというわけである。ベンターの発表を受けて議会では、民間企業に政府の機先を制されるのであれば、国家計画にこれ以上出資する意味はないのではないかという議論が起きた。しかも、政府がこれまで出資してきた六ヶ所のヒトゲノム解読センターのうち、二年前に出した進行予定表どおりに作業が進んでいるところは、一つもないのだ。そのせいで、政府関係のゲノム解読者たちは、科学雑誌の中で、〈嘘つきクラブ〉と揶揄されるありさまだった。

ベンターの発表によっていちばん痛手を受けそうなのが、フランシス・コリンズだった。もしベンターの計画がこのまま進めば、コリンズの予算は、大幅に削られることになるはずだからだ。そこでコリンズは、彼の「ヒトゲノム研究センター」に今後も政府予算を割り当てることの必要性について、議会や一般の人たちに強く訴えかけはじめた(『ニューヨーカー』誌に掲載された十ページ広告も、その一つだ。その広告には、オートバイにまたがったコリンズの写真が載っており、文章は、コリンズとその研究グループが嚢胞性肺繊維症の遺伝子《ジーン》を発見した時、ジーンという名の幼い女の子がとても喜んだという話から始まっていた)。一九九八年六月十七日に議会で行った証言の中でコリンズは、国立衛生研究所のほうがベンターよりうまくゲノムの文字配列の解読を行うことができ、研究者たちの「特許権申請への熱意をそぐ」ことができるだろうと述べた。

だがクレイグ・ベンターも、自分の発言の順番がまわってくると、こう力説した。「近年マスコミは、ヒトゲノムの全容が解明されたら知的所有権の問題はどうなるのだろうと、しきりに大騒ぎしています。しかしその全容が解明されれば、それに対する知的所有権を単独の組織が独占することなど、本質的に不可能です」

自分の研究によって「特許権申請への熱意をそぐ」ことができるだろうというコリンズの曖昧《あいまい》な(したがって、あまり説得力のない)言葉とは対照的に、ベンターは大胆に請け合った。「つまり、ヒトゲノムの全容を解明するというわれわれの研究によって、ヒトゲノムはかえって、特許の対象にはならなくなるわけです」

コリンズは、自分自身も遺伝子について特許をとっており、米国議会と国立衛生研究所の規約に従って、その特許から年に十五万ドルもの収入を得ていることは明かさなかった。しかも、議会でのこの聴聞会の二週間後にも彼と二人の同僚は、国立衛生研究所の資金を使って発見した毛細血管性拡張運動失調症の遺伝子について、特許を認められている。その遺伝子があるとある種の癌になりやすいから、これは大いに金儲けにつながりそうな発見だった。

気づいている人はほとんどいないかもしれないが、ヒトゲノム計画のリーダーとしてコリンズがこれまで推進してきた、各人が自由に企業を起こせるこのような体制は、将来コリンズが国立衛生研究所を離れた時にも、彼自身にとても有利に働くものだ。その証拠に、エネルギー省でコリンズと同じ立場にあったデイヴィッド・ガラースは、すでに政府機関から離れ、バイオテク会社であるカイロサイエンス・R・アンド・D社の社長として、大金を稼いでいる。

仮にベンターが言うとおり、ヒトゲノムの全容が解明されることでそれが本質的に特許の対象とならなくなったとしても、遺伝子研究にまつわるそれ以外の倫理的、法的、社会的問題は、やはり残ることになる。遺伝子診断法の商品化、人間に対する遺伝子操作の妥当性、個人の遺伝学的情報を組織が利用すること、遺伝子診断による人間の行動の予測など、考えなければならないことは山ほどあるのだ。それなのに、それを検討すべき、独立した新しいELSI運営委員会は、いまだに組織されていない。

国立衛生研究所を外部から監視することは、ぜひとも必要だ。さまざまな遺伝学的検査法に不可欠な過程である、微量DNAを増やす手法（PCR法）を開発し、一九九三年にノーベル化学賞を受賞したケアリー・マリスも、こう言っている。「国立衛生研究所の大勢のスポークスマンのうちの一人が何か発表を行った時、その信頼性をだれがチェックするのだろうか？　科学技術に詳しくない一般人が、科学に関する機関をチェックし、うまくバランスをとるのはとても難しい」

国立衛生研究所に関しては、マスコミさえもが、十分なチェック機能を果たしているとは言いがたい。『ニューヨーク・タイムズ・マガジン』誌のリーザ・ベルキンも、フランシス・コリンズをだしぬこうとするベンターの新しい試みについて報じた際、記事の中で、コリンズが取得している特許のことには触れていなかった（ベンターについては、「ヒトゲノムを商品化する可能性がある」と指摘していたのに、である）。しかも、比較的中立の立場をとっている研究者として彼女があげたエリック・ランダーは、ヒトゲノム計画への国家予算から一千万ドルものお金をもらっているのに、そのことも指摘されていない。

私は米国議会の求めに応じて、遺伝子研究の問題点について、何度か議員たちに説明したことがある。その経験から見て、彼らもあまり役に立つ監視役とはいえないと思う。一九八〇年代半ばにも不妊治療や遺伝子治療のことについて議会で証言したことのある私は、それから十年たって、今度は遺伝子診断にまつわる差別について、再び証言を行うことになったわけだ。そして、この十年のあいだに議会の雰囲気がすっかり変わってしまったことに、ほんとうに驚いた。

今回、私は、中年すぎに発症する遺伝性疾患の遺伝子をもっていることが検査でわかったために仕事や健康保険資格を失った人が実際にいることを、たくさんの実例をあげて説明した。

すると、ある下院議員の秘書が、こう言ったのだ。「だれか有名な人に来てもらって話してもらわないと、われわれとしても関心がもてませんよ」

そうこうするうちに私は、遺伝子研究に関する政策を論じる、ある会議に出席する機会があった。そしてその場で、ジェイムズ・ワトソンがＥＬＳＩ運営委員会つくった真意を、聞かされることになったのである。ワトソンはべつに、倫理上の基準をつくるためにＥＬＳＩ運営委員会を設立したわけではなかった。科学が批判を受けることなく好きな道を歩めるように、いわば国民への目隠しとして、それを置いたのだ。

「私は、討論ばかりしていて実際には何も行動を起こさない監視団を望んでいた」とワトソンは言った。

「もし何か行動を起こす時には、それが失敗してくれればいいと思っていたのさ。だからその議長には、何かと目立つ女を据えたんだ」

13 入れ墨よりも簡単に

検査をめぐる双子の葛藤

一卵性双生児の兄弟がいる。二人とも、航空管制官だ。兄はハンチントン病の遺伝子診断を受けたいと思い、弟は受けたくないと思っている。「お前には結果を知らせないようにするから」と兄は言う。だがほんとうに、そんなことが可能だろうか？

自分がハンチントン病のキャリアでないとわかったら、兄は当然、弟にもその知らせを伝えたくはならないだろうか？　また、もし結果を知らされなければ、その事実から弟は、二人ともキャリアだと悟らないだろうか？　兄の診療記録にハンチントン病のキャリアであることが記されたら、診断を受けなかった双子の弟のほうも、同じ遺伝子をもっていることを理由に、健康保険や生命保険の加入資格を失うのではないか？　あるいはまた、二人そろって航空管制官の職を失うことはないのか？

ある大学付属病院に視察に行った時、私は集まった人たちに、そうした話をした。視察を終えたあと、病院の医師や弁護士が、私を昼食に誘ってくれた。食事中に、遺伝専門医のポケットベルが鳴る。彼は電話をかけるために中座した。

テーブルに戻ってきた彼は、私に言った。「あなたのお得意の医療倫理の問題が、僕にももちあがったよ。ある男が電話してきて、『彼女の下着が手もとにあるんだけど、これにくっついてる精液が僕のものか検査してほしい』と言うんだ」

「彼、下着をつかんでいないほうの手には、自動小銃を握ってるって言わなかった?」と私はちゃかし、ちょっと間《ま》をおいてからたずねた。「もしその精液が彼のものじゃなかったら、いったいどういうことになるの?」

「それは僕の知ったことじゃないよ。僕はただ、検査をするだけだからね」

彼のところには、子ども連れの男たちがしょっちゅうやってきて、「この子がほんとうに私の子かどうか調べてくれ」と言うのだそうだ。「千ドルで受けられるそうした検査と今度のことと、いったいどこが違うっていうんだい?」と彼は言った。

そんな具合だと病院の近所では夫婦喧嘩がどっと増えてしまうのではないかと、私は心配になった。だが当の医師の気がかりは、もっと別のところにあるらしい。彼女の〈所有物〉である下着を勝手に扱ったというので自分が訴えられることはないのか、気になるというのだ。

すると、私の隣に坐っていた女医も、心配そうな顔になって病院の弁護士にたずねた。「私も、彼と同じ医療事故保険に入ってるのよね? だったら彼が賠償金を支払うことになれば、私の保険料も上がっちゃうんじゃない?」

中絶された胎児の卵を使う

今の時代はどこを向いても、新しい不妊治療や遺伝子工学の技術が溢れている。そのいっぽうで、そうした新技術がどんな影響を人々に与えるかといったことや、そもそも、その技術を用いるのが妥当かどうかといったことについては、十分に考えられているとはいいがたい。「米国内で一年間に家畜の人工授精が何回行われたかという統計は、ちゃんとあります。それなのに人間については、人工授精や〈選択的減数〉が何例行われたか、まったく把握されていません」と述べるのは、ウィスコンシン大学の法学教授であるR・アルタ・シャローだ。「人間以外の動物の場合には詳しい統計をとるのに、人間についていては、とてもずさんなんです」

ウィチトーにあるカンザス医科大学の産婦人科教授であり、研究副部長でもあるブルックス・A・キールも、こう語っている。「女性が体外受精を受けたいと思ったら、小うるさいことなど聞かれずに、どこでも簡単にそれをやってもらえる。むしろ、おしゃれのために入れ墨を入れてもらう時のほうが、安全のためにいろいろ聞かれて、大変なぐらいだ」

私のところには毎日のように、マスコミ関係者や裁判官、行政担当者などから、最新の生殖技術について意見を求める電話がかかってくる。GIFT、ZIFT、ICSIなどといった略称で呼ばれるそうした新手法の数は、日に日に増えるいっぽうだ。「日本の研究者チームがこれを試した」、「韓国であれが行われた」といった具合なのである。私にはまるで、だれが限界点を越えられるかという競争に、世界中が巻きこまれてしまっているように思える。

オフィスの留守電をチェックするたびに、私は、ティーンエイジャーのいたずら電話を聞いているような気分になってくる。私がよその留守電に入れるメッセージも、やはり、かなり妙な内容だ。なにしろ、「人間の精子をマウスに注入した」とか、「男性を妊娠させるには?」などといった話なのだから。私が臨時に雇ったオフィスの受け付け係の女性は、留守電に入っていたたくさんのメッセージのうち、半分ほどを消去してしまった。冗談だとばかり思ったからだ。

これまで仕事を続けてくる中で、私はいくつかのやりくちを知るようになった。「一種類の動物実験でうまくいったら、人間の女性に試してかまわない」、「その技術を使って赤ん坊が生まれたら、必ず赤ん坊の写真をクリニックの壁に貼る」、「ただし、その子がその後どういう生活をしているか、母親の暮らしぶりはどうかという追跡調査は、絶対に行わない」といったことが、そのやりくちの内容だ。

私は時々、これまでに体外受精で生まれた三十万人の子どものことを考えて、空恐ろしい気持ちになることがある。彼らの中にはまだ、自分の子どもをもった者はいないが、卵胞ホルモン作用をもつジエチルスチルベストロール（合成エトロゲン）を妊娠中に投与された女性の子どもは、自分が妊娠する際、トラブルがとても多いことがわかっている。もし体外受精児にもそれと同じような問題が起きたら、いったいどうするのだろう？　不妊治療の問題に関わってきた私にも、その責任の一端があるのだろうか？

　不妊に悩む女性たち自身にとっても、状況はけっして最善とはいえない。彼女たちは、際限もなく妊娠への努力を続けなければならない羽目に陥っているからだ。「そろそろあきらめて、子どもなしの人生をおくるか、養子を迎えることにしようかしら」と思うたびに、医師は新しい治療法を勧めてくる。クリニックの壁に貼られた体外受精ベビーたちの写真は、こう囁《ささや》いているかのようだ。「弱虫ね……あきらめたら負けよ」。そこで彼女はまた、新しい治療に突き進むことになる。

　私がこの仕事を始めた当時、体外受精は、卵管が完全にダメージを受けていて、そのままでは絶対に妊娠できない女性に対してだけ行われていた。「夫だけに不妊の原因がある場合、妻のほうには自力で妊娠する能力がある。ホルモン剤を投与したり、卵を採取したりすることには当然、それなりの危険が伴うから、健康な妻にそのようなリスクを負わせるのは、倫理的とはいえない」というのが、当時の医師たちに共通した考えだったのだ。そこでそのようなケースでは、ドナーの精子を妻に注入する、人工授精が行われていた。それなら広く受け入れられている安全な方法であり、費用の点でも、体外受精の十分の一以下ですんだからだ。妊娠成功率も体外受精より高く、本来は不必要なリスクに女性をさらす心配も、比較的少なかった。

　しかし、そういったモラル上の歯止めは、長く続かなかった。一九九三年になると、夫の精子数が少ないカップルに対して、ＩＣＳＩ（卵細胞質内精子注入法）が用いられるようになった。これは妻の体から卵を取り出して、その細胞質内に夫の精子を直接注入するという方法である。つまり妻のほうに不妊原因がない場合でも、痛みや危険の伴う体外受精を行わなくてはならなくなったわけだ。それまでは、一度に射精される精液の中に十分な数の精子がないと妊娠は不可能だったが、この方法を用いれば、たった一個の精子さえあれば、それが可能になったのである。

研究室の医師たちにとっては、この手法それ自体が、とてもスリリングなものだった。なにしろ、細い細い針を卵に刺して、精子を注入するのである。それはまさに、顕微鏡下でのセックスともいえるものだ。

べつに卵に精子を直接注入しなくても、通常の体外受精で十分に妊娠が可能な程度の精子数がある場合にもＩＣＳＩが用いられるようになった背景には、やはり、受精を完全な支配下におくことへの快感が潜んでいたのではなかろうか？　いずれにしても、それから四年もたたないうちに、全体外受精のうち三分の一以上が、ＩＣＳＩによって行われるようになった。そして現在までに、この手法によって一万人の子どもが生まれている。

ベルギーやオーストラリアでは米国と違って、生殖技術を利用して誕生した子どものうちどのぐらいが遺伝上の問題点をもっていたかを、政府が追跡調査している。この二ヵ国の研究者たちが一九九八年に発表したところによると、ＩＣＳＩによって生まれた子どもは自然出産の子どもより、染色体の異常が、（深刻な影響を及ぼすものだけをとってみても）二倍も多かったという。また、一歳児で比較してみた場合にも、ＩＣＳＩ児は自然出産や通常の体外受精の子どもより、問題解決能力、記憶力、言語能力において、発達の遅れが見られた。

遺伝性の不妊理由のある男性がＩＣＳＩによって子どもをもった場合、その息子も不妊になり、ＩＣ

ＳＩのお世話になることが多いはずだ。したがって不妊クリニックにとっては、親子代々利用してくれる、上得意となるわけである。

　安全性などを十分に検討しないまま、臨床の場にもちこまれた技術は、ＩＣＳＩ以外にもたくさんある。不妊治療や遺伝子操作の技術についてはきちんとした法律が整備されていないから、医師は、まだ開発されたばかりで動物実験さえ十分に行われていない手法を、すぐに患者に試すことができる。

　冷凍精子や冷凍胚を用いて子どもをつくることは、早い時期からたくさん行われていたが、卵をうまく冷凍する方法は、なかなか見つからなかった。一九八六年にオーストラリアの医師が冷凍卵からの出産を成功させたのが、世界で最初だと考えられている。その翌年にはドイツの医師団も、冷凍卵による妊娠を成し遂げた。だが米国では当時はまだ、冷凍卵による出産も妊娠も、例がなかった。

　そこで一九九四年に、ダンウッディ郊外のアトランタにある生殖生物学協会で、ドナーの卵による冷凍卵実験計画が開始された。そして、二年近く試行錯誤を繰り返して改良を加えたのち、協会の医師たちは、体外受精を受けていた三十九歳の患者に、「ドナーの冷凍卵を、お宅のご主人の精子で授精したいのだが」ともちかけた。噂では、経済的にあまり豊かでなく、体外受精の費用を払うのが大変だったその女性に、もし冷凍卵実験計画に協力してくれれば体外受精の費用はいらないと言って、承知させたのだという。

　やがて、二十九歳のドナーから提供された、二十三個の卵が解凍された。解凍後も生き残った十六個の卵が、その女性の夫の精子で授精される。その際には、ＩＣＳＩの手法が用いられた。その結果、七個の胚ができ、そのうちの四個が、その女性に移植された。一九九七年八月に、彼女は双子の男の子を産み、米国で最初の、冷凍卵によって生まれた赤ん坊の母親となった。

　しかし一九九七年十一月には、韓国の研究者たちが『ファーティリティ・アンド・ステリリティ』誌に、「発達のごく初期に卵を凍らせ、そのあとで解凍すると、冷凍しない卵にくらべて、染色体異常が起こることが多い」という内容の論文を発表した。凍らせることで、卵内部のDNAがダメージを受けるというのである。これを知って、生殖生物学協会の会長であるジョー・B・マッシーも、「冷凍卵から胚をつくることについて、もう一度検討しなおす必要があるかもしれない」と認めた。しかしそれにもかかわらず、翌一九九八年の五月に同協会は、「今後五年以内に、患者の求めに応じて、いつでも冷凍卵を利用できる態勢をつくりたい」と発表している。いっぽう東ヴァージニア医科大学のジョーンズ生殖医学研究所も一九九八年九月に、冷凍胚の技術について特許権を申請したと発表した。

一九九八年に、「ジョーゼフ・シュールマン遺伝学・体外受精研究所」の不妊クリニックで、二十歳の癌患者であるステイシー・マクベインの体から、健康な卵巣が摘出された。その費用は一万一千ドルだった。マクベインが癌治療のために化学療法を受けて妊娠能力を失ってもその卵巣から卵を採れるように、卵巣には冷凍処置が施された。「お医者さんたちは、この方法を羊で実験して、うまくいったって言ってました」と、マクベインは、『ワシントン・ポスト』紙の記者であるリック・ヴァイスに語った。

「しかし彼女は、この方法で妊娠した羊がわずか一頭だけだということは、知らされていなかった」と、ヴァイスは書いている。クリニックのパンフレットには、「羊での実験では、すばらしい成果をあげた」と書かれていた。もっとも、患者がサインする手術同意書のほうには、「当クリニックでは、この方法が必ずうまくいくとは保証できません」という一文があった。

ペンシルヴェニア獣医科大学のラルフ・ブリンスターは、精子をつくれない男性に対しては、その人の精巣から未成熟の細胞を採って、豚か牛の精巣の中で成熟させたらどうかと提案している。そうすれば、ちゃんと人間の精子ができるだろうというのだ。また、さらに実用化の見こみの大きそうな、人工子宮の使用を提唱している研究者もいる。人間の胎児を、利用しやすい動物（たとえば牛など）の子宮内で育てればいいというのだ。

こうした点について、生命倫理学者のアーサー・カプランは、つぎのように述べている。「自分がいったい何者なのか、自分にどのような価値があるのか、といったことをどう考えるかは、その人の出生の事情にも左右される。もし自分が人間以外の動物の生殖器官の中で育ったことを知れば、人間としての自己イメージに傷がつくかもしれない」

不妊の原因が夫の精子にではなく妻の卵にある場合には、他の女性から卵の提供を受けることになる。だが卵ドナーの数は少ないので、その価格は現在、卵一個につき五千ドルもする。そこで、通常の卵ドナー以外から卵を手に入れようとする試みも、始まっている。

研究者たちが注目したのは、女性の体内の卵は、まだ生まれる前の胎児期に、すべてつくられるという生物学的事実だった。母親の子宮内にいる妊娠二十二週目の女児は、その生涯でいちばん多い卵（およそ七百万個）を、体内にもっている。思春期までにはその数が減って、約三十万個が残る。そして、閉経までにだいたい四百個が排卵されるのである。

毎年、じつにたくさんの胎児が中絶されるところから、科学者たちの中に、とてつもないことを考える人たちが出てきた。中絶された女の胎児の体内の卵を、不妊女性に提供すればいいというのだ。

中絶された胎児から、まだ未成熟の卵を取り出して、研究室で成熟させる。そうすればその卵を、通常の体外受精に利用できるわけだ。あるいは中絶胎児の卵巣を、卵巣がない女性や、うまく卵巣が働かない女性に移植するという方法もある。英国の科学者であるロジャー・ゴスデン博士が一九九四年に、「マウスでの実験には、すでに成功した。三年以内にはこの方法を人間に行えるようになるだろう」と発表した時には、世界中が騒然となった。

胎児の卵巣を移植された女性にはおそらく、拒絶反応が起こる危険性があるだろう。組織を移植したり輸血をしたりする場合には、拒絶反応がつきものなのだ。また胎児の組織は、少なくとも三ヵ月は冷凍保存した上で、エイズ検査を行ってから、使用しなければならない。そうでないと、体外受精や移植を受けた女性が、エイズに感染してしまうかもしれないからだ。さらに、卵巣から卵を直接取り出すと、(健康な卵は排卵され、そうでない卵は変性して、卵巣内に吸収されてしまうという)自然選択の過程を経ないから、生まれてくる子に異常がある確率が高まる。ICSIの例でもわかるように、自然選択の過程を省略すると、まずい結果になる場合が多いのである。

というわけで、不妊治療医の中には、「胎児の卵を使って何が悪い」と考える人もいるようだが、一般の感覚では、そうはいかない。英国議会で、ストレンジ男爵夫人は、つぎのように述べている。「そんなことは、とても信じられません。まるで端切れで人形をつくるみたいに、処分された人間の断片から赤ちゃんをつくるなんて……」。ライダー男爵夫人もそれに同調して、「そのような医師たちは、人間の生殖を、〈工業製品をつくるプロセス〉にしてしまったのです」と非難した。

生まれてくる子どもへの心理的影響にも、心配な点がある。ある程度大きくなったら、「自分の祖母が自分の母親を殺した」ということを、知るかもしれないのだから。その時、子どもはどんな気持ちになるだろうか? 中絶されて死んだ胎児が遺伝上の母親だということを知るのと、実際によく知っている大好きな母親が死ぬのとでは、受ける感じもだいぶ違うだろうが、それでも子どもは、その母の死を悲しむかもしれない。中絶に同意したことや、胎児の卵を提供するのと引き換えに金銭を受け取ったことで、遺伝上の祖母を恨むこともあり得る。彼女のせいで、その子の母親は、生まれることができなかったのだから。

「確かに最初はショックを受けるかもしれない。だが理性のある子どもなら、『そのままでは、自分はまったく生まれられなかったはずなのだから、生まれられただけでも幸せだ』と気づくはずだ」と反論する人もいる。『ブリティッシュ・メディカル・ジャーナル』誌にも以前、「十歳の子どもにとってみれば、自分が胎児の卵を利用して生まれたということを知るのは、両親がセックスして自分ができたと知るより、特におぞましい体験とはいえない」という内容の記事が載った。しかし、ものごとがモラルに反していないか考える場合、私たちは通常、十歳の子どもの見かたを基準にはしない。それに、たいていの子どもは成長するにつれて、セックスによって自分が生まれたことを、厭わしく思わなくなる。いっぽう、胎児の卵巣を移植することに対しては、大勢の大人が「おぞましい」と感じることから見て、子どもは成長後もやはり、自分のそうした出生には、嫌悪の情を感じたままなのではなかろうか?

男性の妊娠の是非

こうしたやりかたの延長上にはいずれ、つぎのようなケースが起こってくることも考えられる。卵をつくれない女性の場合にも、クローンはつくれる。そこで、クローン技術でできた胎児を何ヵ月かおなかの中で育てたのち、中絶して、その卵巣を摘出する。体外受精医がそこから取り出した卵は、当然ながら、その女性自身の卵巣が機能していればできたはずの卵と、遺伝的にまったく同一のものだ。そこで医師は、中絶した胎児から取り出した卵を、その女性の夫の精子で体外受精させる。そうすれば、女性と夫の子どもをつくれるからだ。

しかしこうしたやりかたは、胎児というものをどう考えるかという点で、複雑な問題を孕《はら》んでいる。法律家のエイドリアン・デイヴィスによれば、この方法は、胎児を細胞の集合体としてではなく、〈母親である女性の分身〉としてとらえるものだ。まだ何もわからない胎児を、〈子どもを産むかどうかという〉生殖に関する自己決定ができる、成人した母親の分身として扱っているのである。つまり、このような方法で胎児の卵を取り出して利用するのは、胎児を母親のからだの一部分のスペアだと考えて、〈飼育〉することにほかならない。

英国議会の議員たちはこの方法を、「墓場荒らしの泥棒行為」とか、「オーウェルばりの不気味なやりかた」などと呼んで、嫌悪感をあらわにした。そして一九九四年には、胎児の卵や卵巣組織を不妊治療に利用するのは違法だという法律を定めている。米国には今のところそのような法律はないが、不妊治療医たちもまだ、この方法をやろうと提案はしていない。やはり、どこかにためらう気持ちがあるのだろう。しかし実行に移されるのも、時間の問題かもしれない。というのも、母親自身の卵を使うより中絶胎児の卵を使ったほうが、生まれてくる子どもにとっては安全だと主張している人たちが、現にいるからだ。『性、遺伝子、などなど――生命の新事実』という著書の中でアントニー・スミスは、「中絶胎児の卵のほうが、母親の卵より安全だ。なぜなら中絶胎児の卵のほうが、自然界の放射線、病気、熱、薬品、そして時おりの過剰なアルコールといった、環境要因や化学物質の刺激にさらされていないからである」と書いている。また、「年配の女性に若いドナーの卵を使うように勧めることは、しょっちゅうある。中絶胎児の卵を使うよう勧めるのも、それとたいした違いはない」と考える研究者たちもいる。

社会通念を大きく変えそうなもう一つのことがらが、男性の妊娠だ。まずは男性に女性ホルモンを注射して、受け入れ準備を整える。それからその腹腔内に、体外受精でできた胚を挿入するのだ。すると胎盤ができ、運がよければ、腹膜の一部である大網《たいもう》に付着する。大網というのは、腸の前面に垂れ下がった、脂肪と血液に富んだ組織だ。そして九ヵ月後には、帝王切開に似た手術を行って、無事に赤ん坊を取り出すことができるはずなのである。

匿名のドナーのものだと偽って患者に自分の精子を使った、例のセシル・ジェイコブソンは、ジョージ・ワシントン大学時代、ヒヒの胚をオスに移植し、五ヵ月間、妊娠させておくことができたと報告している。人間の女性の場合にも、一万件に一件の割合で、子宮外妊娠が起こる。その場合、たいてい胎児は生き続けることができず、母親の命までおびやかされることも少なくない。卵管など、狭い場所に卵が着床してしまうことが多いからだ。しかしごく稀には、胎児が腹腔内でそのまま発育し、手術によって無事に生まれる例もある。たとえばある女性は、子宮摘出手術を受けたのち妊娠したが、腹腔内で栄養を得て胎児は育ち、体重二千三百グラムの女の子が誕生した。

オックスフォード大学のデイヴィッド・カービーは、オスのマウスの精巣に胚を移植して、妊娠を成立させる実験をしていた。十二日間のあいだ精巣内で完全な発達をとげた卵が一つだけあったが、それでも、マウスの正常な妊娠期間の半分にすぎない。精巣は小さすぎて、胎児を最後まで育てきれないのだ。

男性の妊娠が可能になれば、「夫が不妊なので体外受精を受ける妻」という図式の逆も、成立することになる。夫が不妊でも他人の精子を使えば、妻は人工授精を受けるだけで妊娠できる。だが第三者の精子を使いたくないために、妻はわざわざホルモン剤の投与を受け、その後も卵の採取など、リスクを伴うさまざまな処置を受けることになるのだ。もし男性の妊娠が実現すれば、妻に妊娠できない原因がある場合にも、代理母を使うことなく、夫が胎児をお腹の中で育てることができるようになるわけである。

「人は人種や宗教、性別などによって差別されることなく、すべて平等でなければならないという大原則にのっとって考えるなら、まさにそうしたことが、実際に行われるべきでしょう」と、ある医師は私に書いてきた。最新の生殖技術は女性にだけでなく、男性にもぜひ、施されるべきだというのだ。

しかし、これには反対意見もある。「少なくとも現時点においては、まともな男性、倫理的な医師であれば、男性の妊娠を実行したり、それを勧めたりすることはあり得ないと考えられる」と、プリンストン大学の生物学者であるリー・シルヴァーは、その著書である『複製されるヒト』〔邦訳は翔泳社〕に書いている。しかしながら、ＩＣＳＩや、胚の遺伝子操作、さらには、現時点では女性にも子どもにもリスクの大きいクローン技術の利用までも含めた、あらゆる最新技術を推奨している人物が言うこととしては、これは少々、納得できない気もする。

研究者や医師の大部分が男性だという事実は、どのような生殖技術が開発されるかを、明らかに左右している。男性のほうは、不妊治療薬の投与を受ける必要さえないのに、女性（と子ども）ばかりが、大半の生殖技術のリスクを背負わなければならないのだから。

ボストン大学の保健法教授であるジョージ・エイナスは、彼言うところの「境界線を越える実験的試み」を監視するための、新たな機関を設立すべきだと主張している。人間のクローン作成、遺伝子操作、動物から人間への臓器移植、人工心臓などについては、絶対に監視が必要だというのだ。ちょうど連邦航空局が航空機産業を監視し調整しているように、その新しい機関が生殖技術や遺伝子技術を、一般市民の利益に反しないように見張るのである。

英国では人類発生受精局に、新技術に対して国の認可を与える部署が設置されている。その認可がなければ、新技術を試すことはできないのだ。米国でもそのような監視機関を設けることは、これまでにも何度か検討された。だがそのたびに生殖技術の研究者たちが、医学の各分野の中で自分たちだけがそうした規制を受けるのはおかしいと反論して、話がつぶれてきた。しかしながら、他の分野には存在する制約が生殖技術にだけはないことを、忘れてはならない。

通常の新薬や新しい医療機器は、米国食品医薬品局の許可がなければ、使用を認められない。だが新たな生殖技術の場合には、どこからもそうした監視を受けることはないのだ。生殖技術はまた、健康保険がほとんどきかないという点でも、他の医療技術と違っている。不妊治療にも健康保険を適用することを法律で定めている州は、わずか十二しかない。したがって他の医療技術についてなら、保険会社が医療費を病院に支払う前に、その有効性について詳しく調査して評価をくだすのに、生殖技術についてはそれも行われないのだ。

一般の医療分野においては医療ミス訴訟も、医療の質を保つ役割を果たしている。だが生殖技術の分野では、それもあまりうまく機能を果たさない。各種の生殖技術の成功率自体がとても低いので（たとえば体外受精の場合には、成功率は二五パーセントである）、失敗の原因が医師にあったことを証明するのが、とても難しいのだ。また、生まれてくる子どもにどのようなリスクがあるかということは、何年もたってみないとわからない。わかったころにはもう、裁判を起こせる期限が切れてしまうことも多いのである。裁判を起こせた場合でも、生殖技術によって生まれ、障害があることがわかった子どものケースでは、裁判所も、病院や研究所にその責任を帰することには消極的だ。なにしろその技術が施されなければ、その子はそもそも誕生していなかったのだから。というわけで、そういった理由での訴訟を認めている州は、わずか三つしかない。こうした事情が重なっているせいで、米国内の三百以上のハイテク不妊クリニックでは現在、他の医療技術の場合には当然行われる動物実験や無作為臨床試験、綿密なデータ収集などがまだ十分に行われない段階で、最新技術がたちまち患者に試されている。生殖医療の現場はまさしくなんでもありの、医学における〈開拓時代の西部〉なのだ。

しかしながら、次世代をつくるためにどの新技術を使うべきかの判断は、一人一人の医師に任せられるべきものだろうか？　生殖医療以外の分野では、そんなことはない。大学や病院といった研究機関で行われる一般の医学研究の大半はまず、国立衛生研究所を通じて、国の研究助成金を申請するところから始まる。助成金の交付に際してはもちろん、その研究の内容がチェックされる。また、研究の成果を人間に試す場合には、前もってその研究機関の中立的な審査機関である検討委員会の審査を受けなければばならないことが、法律によって定められている。しかし生殖技術は妊娠中絶の合法化に反対する勢力から目の敵にされているため、国の助成金の対象とはなっていない。それぞれの大学や病院の審査機関に研究計画を申請することも、あまり行われていない。実際、体外受精専門医のマーク・ソーも、生殖技術に関してそうした審査機関への申請が行われるのは、「きわめて稀」だと語っている。しかも、たとえそうした申請が行われたとしても、審査にあたっては、その研究が与える社会的な影響は、考慮されない。そのような審査機関について定めた国の法律に、研究のもつ社会的な影響は、審査基準に加える必要がないということが明記されているからだ。その法律は言う。「大学や病院などといった研究機関内の審査機関は、その研究から得られた知識が与える長期的影響（たとえば、政策や社会通念に与える影響など）は、その研究の責任の範囲内であると考える必要がない」。モラルや公益に反する技術は認可できないというヨーロッパの特許法の精神とは、なんと違うことだろう！

ジョーゼフ・シュールマンの場合には、患者の卵巣組織を冷凍する実験について、イノーヴァ・フェアファックス病院の審査機関に申請を行った。しかし審査機関の議長であるピーター・パガナッシーは周囲に、「私たちがどう判断しようと、シュールマンの研究所のマイクル・オプサール博士はそれを実施するつもりにちがいない」ともらしていた。その理由についてパガナッシーは、『ワシントン・ポスト』紙にこう述べている。「なぜならあの研究所はその時すでに、患者の卵巣の冷凍を行うという広告を、何度も本紙に出していたのだから。われわれにできたのはせいぜい、その研究を承認することで、彼らのやることをある程度監視し、その技術の安全性や有効性について、できるだけ正確なデータを集めることぐらいだったわけだ」

生殖技術の未整備な法規制

生殖技術を法律で規制するのは、原子力技術を法律で規制するより難しい。生殖技術に必要な道具類のほうが、安価で広く手に入るからだ。「生殖関係のクリニックは、ごく小規模な施設や設備があれば、世界中どこででも開業することができる」と、プリンストン大学の生物学者であるリー・シルヴァーも書いている。マレーシア、パキスタン、タイ、エジプトなどを含め、現在、少なくとも三十八ヵ国に体外受精クリニックがある。

米国内では生殖関連産業が急成長し、年間二十億ドルを稼ぎ出すようになっている。子どもを産む年齢の不妊カップルのうち六組に一組が、その世話になっていると考えられる。米国だけでも一年に、ドナーの精子による人工授精で生まれる子どもが六万人、体外受精が一万五千人、代理母出産による子が少なくとも千人はいる。そのいっぽうで、養子としてもらわれていく健康な子どもは、約三万人しかいない。驚くべきことに、養子縁組に関しては細かな法的規制をすべての州がしいているのに、患者への生殖技術の適用について総合的な法的規制を行っているのは、フロリダ州、ヴァージニア州、ニューハンプシャー州の三つだけである。しかも、最新のハイテク生殖技術をつぎつぎに臨床の場にもちこんでいるのは、これとは別の州なのだ！

アーサー・カプランは言う。「生殖技術についての法律を定める気になるために、これ以上、何が必要だというのか？　現在でもすでに、数えきれないほどの女性が選択的減数処置を受け、生活保護を受けている四十五歳の女性が多胎児を産み、独身の男性が代理母と契約して子どもを産んでもらったあげく、その赤ん坊を殺害している。これでも法制化を急げないというのなら、いったい何が起きれば動きだすというのだ？」

ハーヴァード大学の法学教授であるエリザベス・バートレットも、「生殖技術がこのように広く利用されているのに、その社会的・倫理的影響について社会全体で考えていこうとしていない国は、米国だけである」と述べている。特に、英国のようにある種の生殖技術を禁止することには、わが国はひどく及び腰だ。

「今日、人類は、どうやって次世代を誕生させるかということだけでなく、誕生させるのをどの時点でやめるかという問題にも、直面している」と語ったのは、英国の元首席ラビ〔英国ユダヤ人社会の、宗教上の長〕であるエマニュエル・ジャコボヴィッツだ。中絶胎児の卵を使う可能性も出てきたことを知った彼は、その言葉に続けてこう述べている。「われわれは、神がこの世を創造した時のことを思い出すために、安息日を祝う。だがそれは、神が六日間この世をつくり続けたことを祝っているわけではない。どこでそれをやめるかをご存じだったことを祝っているのだ」

14 スペルミネーター
——精子を抹殺せよ

昏睡状態の男から精子をとる

二年ほど前、中西部のある有名な大学付属病院から私のところに、ちょっと変わった問い合わせの電話がかかってきた。「意識のない六人の男性患者について、その奥さんや恋人や両親が、精子を採取してほしいと言っているのですが、どうすればいいでしょう?」

その病院に向かう飛行機の中で私は、ジョン・アーヴィングの小説『ガープの世界』を思い出していた。看護婦と、昏睡状態の患者とのあいだに生まれた人物を主人公にした物語だからだ。その看護婦の場合には、完全に自分の意思でことを行った。だが今回の中西部の病院のケースでは、六人の女性が(一人一人、別々に)愛する男性の精子が欲しいという結論にたどりついたかどうか、はなはだ怪しく思われた。詳しく調べればその陰に、医学雑誌に論文を発表したくてうずうずしている男性不妊専門医の存在が見えてくるにちがいない、という気がしていたのだ。

病院に到着してみると、予想どおり、この計画がスタートしたら学会で説明するためのスライドまで用意した男性不妊専門医が私を待ちかまえていた。

昏睡状態の患者から精子を採取するには、両下肢が麻痺した患者に用いるのと同じ、〈電気射精法〉と呼ばれる方法を使うのだと、彼は説明してくれた。牛を追う時に使う、電流が通《かよ》った棒のような道具を患者の直腸に挿入し、電気ショックを与えることで不随意の射精を引き起こすのだ。

ついでその医師は、彼の〈患者たち〉について、説明を始めた。一人目は、自動車事故で昏睡状態に陥り、意識を回復する見こみのほとんどない、二十五歳の男性だった。事故の前、その男性が子どもを欲しがっていたことから、妻はその精子を手に入れたいと考えていた。

二人目は、やはり交通事故で頭部に大けがを負った、四十歳の男性だ。先妻とのあいだに子どもが一人いたが、二十代半ばの今の妻とのあいだには子どもがない。彼はつねづね友人たちに、もう子どもをつくる気はないと話していた。「ところが事故の直前になって突然、彼の気持ちが変わったんです」と妻は主張していた。

昏睡状態の男性の精子を用いての妊娠は、最新の生殖技術によって初めて可能になったが、夫が死んでから、その精子で妻が妊娠した例なら、私はかなり前から知っている。『愛とは《ラヴ・イズ》』という一こまマンガの作者であるキム・キャサリーに、私は一九八三年にインタビューをした。彼女の夫のロバートは、癌の治療のために化学療法を受けなくてはならなくなった時、自分の精子を冷凍してもらった。もし回復できたらまた父親になれるように、そして、もし死んでしまった時にも、今いる子どもの弟か妹を妻がつくれるようにと考えて、そうした選択をしたのである。ロバートの死後、キムはその精子を使って子どもを産んだ。その出産通知には、両親の名前として、「キムとロバート（故人）」と記されていた。

一九九一年にはイェール大学卒の法律家であるウィリアム・ケインが、恋人のデボラ・ヘクトのために、自分の精液の入った容器を十五個、冷凍した。自分が自殺したあと、それを使って人工授精ができるようにしたかったのだ。二人は赤ん坊の名前もワイアットと決め、ウィリアムはその子に宛てて、つぎのような手紙も書いた。「お前に会うことはけっしてないけれど、お父さんはいつも、夢の中でお前のことを、ほんとうに愛していたよ」。それから彼は、恋人に精子を遺《のこ》すという遺言をしたため、これから企てようとしている自殺について、こう記した。「私は、これまでの生きかたに矛盾しないようなやりかたで、死を迎えたいのです。つまり、まだ人生が自分のコントロール下にあるうちに、いつ、どこで死を迎えるかを、誇りをもって自分で決めたいということです。私にとって死は、生の対極にあるものではありません。生を終わりにする、句点のようなものなのです」。このようにして、自分の精子に関する「あらゆる権利」をデボラに託し、ぜひともそれを使って妊娠してくれと言い残して、一九九一年十月に、ウィリアムは命を絶った。

ウィリアムが先妻とのあいだにもうけた二人の子供はすでに成人していたが、自分たちに弟か妹ができるかもしれないと聞いて、けっして嬉しくは思わなかった。「私も生まれてくる子どもも、ウィリアムの遺産に対しては、権利を申し立てません」という相続放棄の書類にデボラはサインしていたのだが、二人の遺児はそれだけでは満足せず、（自分たちの母親であり弁護士である）ウィリアムの先妻を代理人に立てて、問題の精子を廃棄すべきだという訴訟を起こした。二十五年前に両親が離婚したこの二人の遺児は、自分の死後に子どもをつくりたいという父親の希望のことを、「自分勝手で無責任な行為だ」と批判した。そして、精子を廃棄することで、「父親の死後に生まれる子どもによって、すでに存在している家族が崩壊するのを防ぎ」、「その家族が心理的、経済的危機に直面するのを予防できる」と主張したのだ。

二人のこの主張は、私の目には、いささか行き過ぎに映る。もしこの主張がいれられるのであれば、私のような第一子はだれでも、下の子が生まれたら、自分に与えられる愛情や金品（そして、将来の遺産相続分）が減ってしまうということを理由に、両親を訴えることができるということになってしまうからだ。

しかし予審判事は、二人の主張を認めた。おそらく、このような新しい形の家族というものを、その判事が受け入れられなかったせいだろう。「ケインが、このように奇妙きわまる方法で赤ん坊をつくることを望んだこと自体、彼が正気ではなかったことを示す証拠といえよう」と述べたその判事は、精子を廃棄するよう命じたのである。

デボラ・ヘクトは控訴し、逆転勝利した。上訴裁判所は予審判事の短絡的な判断を批判して、「法に反しない範囲であれば、自分の精子をどうするかについて、所有者であるケインは、自由に決めることができる」と述べたのだ。

その上で上訴裁判所は、この訴訟を予審法廷に差し戻し、再審理を命じた。そして再審理の結果、「デボラには二〇パーセントの財産を相続する権利があるから、精液の容器についても、全体の二〇パーセント（すなわち三個）を受け取ることができる」という判断が示された。

デボラはそれを用いて人工授精を行ったが、赤ん坊は授からなかった。そこでもう一度訴訟を起こし、四十二歳になった一九九七年に、残りの精液も手に入れた。そして一九九八年に再度、人工授精に挑んだ。その間《かん》、ウィリアムの二人の遺児のほうも、今度は精神的苦痛を受けたことを理由に、デボラを訴えている。

だが、このヘクト裁判はある意味で、比較的単純なケースだといえる。ウィリアム・ケインが自分の死後、デボラ・ヘクトがやろうとしていたまさにその方法で、自分の精子を使ってほしいと考えていたことがはっきりしているからだ。

それにくらべるとフランスで起きた裁判のほうは、事情がいっそう複雑だ。コリーヌ・パルパレという女性が義理の両親とともに、亡夫アレンが癌の治療を受ける前に冷凍した精子を返してほしいと精子バンクを訴えた。「その精子は夫の所有物の一部であるから、自分に相続権がある」とコリーヌは主張した。しかし精子バンクのほうは、「精子は、手足や臓器と同じように、体から切り離すことのできない一部分と考えられる。したがって本人の明白な指示がないかぎり、相続することはできない」と反論した。

それに対してフランスの裁判所は、精子は所有物でも、個人の体の一部分でもなく、「生命のもとであり、……子どもをもつかもたないかをみずから決定できるという基本的人権と、不可分に結びついている」と述べ、コリーヌが子どもを産むことをアレンが「明らかに」望んでいたかどうかを、いちばん問題にした。そして、さまざまな証拠から見て、彼は妻が「自分とのあいだに生まれた子の母親となることを強く希望していた」と結論づけたのである。

だが、私が訪れた中西部の病院のケースでは、昏睡状態の男性たちには、「電気射精法によって子どもを得たい」などと明記した遺言状はない。そうしたことが起きる可能性について、元気なころ友達に話したということも、ありそうにない。

一人目の患者について、医師は私に、「二十五歳という年齢から考えても、この患者と奥さんが、交通事故の前に子どもをつくろうとしていたことは、間違いないでしょう」と自信たっぷりに言った。だが、生前、自分が実際に育てることになる子どもを欲しがっていたからといって、絶対に会うことも触れることも気持ちを通わせ合うこともない子どもを、自分の死後につくることにも同意したことになるとは必ずしもいえないのではないかと、私には思えてしかたがなかった。二人目の患者の場合には、現在の妻とのあいだには子どもをつくりたくないと、かねがね友人たちに語っていたのだから、問題外だ。

妻が妊娠中絶を望む場合、夫は子どもを産むよう強制できないということは、法律によって、はっきり定められている。であれば当然、妻のほうも、子どもをつくらせてくれるよう、夫に強制はできないわけだ。今、昏睡状態にある男性たちも、もしかしたらそのうちに、意識を取り戻すかもしれない。その時、昏睡中にいつのまにか父親になっていたことを知ったら、いったいどう思うだろうか？

医師は私に向かって、「死んだ人から精子を採取することなら、ずっと昔から行われてきました」と、しきりに力説していた。一九七八年というごく早い時期にそれを行ったのは、キャピー・ロスマン博士だ。家系を途絶えさせたくないという両親の頼みをいれて、未婚の十九歳の男性の遺体から、精子を採取したのである。

一九九七年に行われた調査によれば、十一の州の十四のクリニックが、「遺体から精子を採取するよう求められ、それに応じたことがある」と答えている。死んだ人の精子を欲しがったのは、妻や恋人、両親などだ。死んだ男性の年齢は十五歳から六十歳までと幅広く、死因も、自動車やオートバイの事故、落雷、建設作業中や農作業中の事故、落下事故など、多岐にわたっている。遺体からの精子採取はかなり広く行われているため、米国生殖医学会でもそれについて、〈父親の死後の生殖〉というガイドラインを定めているほどだ。もっとも、不妊治療医たちがこのように二十年も前から、死んだ男性の精子を採取し、保存してきたにもかかわらず、実際にその精子を使って子どもを産む女性は、なかなかあらわれなかった。夫が死んだあとで採取された精子を使って妊娠する女性が初めて登場したのは、一九九八年の五月になってからだ。いっぽう、生前に冷凍してあった精子を用いて夫の死後に妊娠した女性の例は、もっとずっと数が多い。

キャピー・ロスマンがいるせいでカリフォルニア州は、死んだ男性からの精子採取のメッカのように言われている。だがそれはロスマンにとっては、あくまでも副業にすぎない。泌尿器科医であり、男性不妊専門医でもあるロスマンは、営利組織である「カリフォルニア低温精子バンク」の三人の共同経営者のうちの一人である。同バンクでは、毎月二千のドナー精液を用いて、不妊男性の妻を妊娠させる努力をしている。一九九七年の一年間だけでも、ロスマンのバンクのドナーの精液が、四十五ヵ国の女性に使用されているのである。

ロスマンのホームページであるwww. cryobank. com を見れば、宗教、人種、身長、体重、その人の精子ですでに妊娠した人がいるかどうか、目の色、髪の色、髪の質、血液型、職業、学歴といったことを手がかりに、精子ドナーを選ぶことができる。一人のドナーにつき二十五ドルを余分に払えば、録音されたドナーの声を聞くことも可能だ。

ロスマンはまた、精子の模様を青緑色で描いたTシャツも売り出している。そのTシャツには（英語か日本語で）、「未来の人間」という文句がプリントされている。フェミニストたちは、この文句にかみついた。まるで、「男が、ごく小さな人間のもとを女の体内に託すことによって、妊娠が起こる」と考えていた、アリストテレスの時代に戻ったようだというのだ。つまり女は、種《たね》を育てる植木鉢としての役割しか果たさないと、アリストテレスは考えていたわけである。

一九九七年十月にロスマンと私は、ニューヨーク州議会の公聴会で意見を述べた。その時、問題になっていたのは、生前の本人の同意なしで、死んだ人の精子を使うことの是非だった。ロスマンは、死んだ人の精子が保存されれば、妻や家族の悲しみもいくぶんかは薄らぐと主張し、つぎのように述べた。「ピストルで射殺された男性の精子を採取したことがあります。その時には、家族全員が精子バンクまでついてきて、顕微鏡で精子を見たがりました。元気に動いている精子を見て、皆の気持ちは、ずいぶんと慰められたようです。悲しみの絶頂にいる家族をそのように慰めるのも、治療者としての私の仕事の一部だと思っています」

しかしながら、どのように悲しみを感じるかは、それぞれの家族によって違う。ケインのケースのように、墓場にいる父親が新たに子どもをもつことのほうを、悲しく思う家族もいるのだ。しかもそうした問題を引き起こすのは、精子ばかりではない。カリフォルニア州のとても裕福な夫妻であるマリオ・リオスと妻のエルサは、飛行機事故でなくなった。あとには、オーストラリアの体外受精クリニックに冷凍された二つの胚と、莫大な遺産が残された。この場合、胚は遺産を引き継ぐのだろうか？　それとも、遺産の一部でしかないのだろうか？　その答えによって、状況は大きく変わってくる。もし胚が遺産の一部でしかないのなら、現に生きているリオス夫妻の遺児たちは、自分たちの相続分を減らさないように、その胚をだれにも移植しないままにしておくことができるのだから。

しかし、もし胚にも相続資格があるのなら、胚の代理母になりたいと志願する女性が、オーストラリアのそのクリニックの前に列をなすだろう。この問題についてオーストラリアの諮問委員会は、両親の死後にどう扱うべきかを前もって指示されていないかぎり、そうした胚は、（リオス夫妻のものも含めて）すべて廃棄すべきだと勧告した。しかし、中絶合法化に反対する人たちが、リオス夫妻の胚を〈殺す〉ことに反対の声をあげたため、廃棄は延期されることになった。オーストラリアのヴィクトリア州議会は、移植に備えてリオス夫妻の胚を保存しておくよう定めた法律を可決した。しかしながらリオス夫妻の住んでいたカリフォルニア州の裁判所が、胚には相続権がないという判断を示したため、結局、代理母になろうという女性はあらわれなかった。

キャピー・ロスマンは、そのようなもめごとを避ける手だては、何も講じていない。もし、妻は死んだ夫の精子を使いたくないが、夫の両親は使いたいと思い、「彼女が嫌なら、代理母を雇って子どもを産んでもらう」と言ったとしたら、ロマンスはどうするのだろう？

「精子についての優先権がだれにあるのかという問題は、私の関知するところではありません」というのが、その問いに対するロスマンの答えだった。

しかも彼は、生命倫理学者がその問題について判断するのも適当でない、と述べた。「倫理学者にはいったいどんな権利があって、自分以外の人たちがどうするべきか、どうするべきでないか、決められるのでしょう？」というのである。

現行の法律も、こうした問題については、はっきりとした答えを用意していない。（臓器提供について、各州が共通して定めた）臓器提供法によれば、妻や親戚は、死んだ人の器官や組織を提供することができ、提供する相手も決めることができるとなっている。ということはつまり、解釈しだいでは、妻は夫の死後、その精子を自分自身に提供することもできそうだ。

　だがほんとうに、それをしてもいいのだろうか？　臓器提供法には、その臓器を移植する場合の定めもある。しかしながら精子を使って子どもをつくることは、そこに述べられている移植の定義からは、かなりはずれているように思われる。しかもこの法律では、夫が生前、臓器の提供を望んでいなかった場合には、妻の一存で臓器を提供することはできないことになっている。臓器提供法は本来、夫の意思を受け継ぐ形で妻が臓器を提供することを許した法律だ。だから、生前の夫の意思に反して妻が臓器提供を行うことがないよう、提供の見返りとして謝礼金を受け取ることも、禁止されているのである。

　しかし、夫が生前、子どもを望んでいなかったのに、妻だけが、死んだ夫の子どもを欲しがっているという場合、現行の法律だけでは、それをくい止める力を十分にもっているとはいえない。ちなみに、中絶胎児の組織を移植することに関しては、これに類することを禁じる定めが、すでに設けられている。政府の諮問委員会が、「胎児を中絶した女性は、その胎児の組織を移植する相手を決めることはできない。臓器移植法に照らせば、胎児の近親者としてそれができそうに思われるが、この場合、それはあてはまらないのである」という判断を、はっきり示しているからだ。これはつまり、たとえばアルツハイマー型痴呆の親戚の治療を助ける目的だけのために女性が妊娠し、そのあと中絶して、胎児の組織を提供することを防ぐためのものだ。妻が夫の精子を自分に提供するのも、それと同じように禁じるべきだろうか？　また、（臓器提供法では、妻に次いでその権利を有している）死んだ男性の両親が、その男性の生殖能力を意のままに利用するのは、はたして妥当なのか？　家系を途絶えさせないということはけっして、だれもがもつ〈基本的人権〉として認められているわけではない。もし息子が元気なら、両親は彼に、子どもをつくることを強要はできないのだから。

というわけで、妻には夫の代理人として、電気射精法による精子採取を命ずる権利がないのだとすれば、夫の精子が妻の所有物（あるいは少なくとも、夫との共有物）だと主張するのは、さらに無謀なことだろう。一九五四年にイリノイ州の裁判所は、ドナーの精子による人工授精を、姦通であるとして禁じる判決を出した。その判決の底流に流れているのは、配偶者は互いに相手の生殖能力について、所有権を主張できるという考えかただ。

しかし最近では、夫の精子を妻の所有物と考えることに、裁判所は消極的になっている。ただし、妻は夫の角膜について所有権をもつと認めた判例なら、一つだけある。〈ブラザートン対クリーヴランド裁判〉と呼ばれるその事件では、夫が生前、臓器提供を嫌がっていたことを理由に、その臓器や組織の提供を妻が拒んだ。それなのに検死官は、ブラザートンの角膜を摘出し、他人に提供してしまった。そこで妻は訴え、勝訴したのである。だがこの場合、裁判所が角膜に対する妻の所有権を認めたのは、夫の生前の希望を実現するための処置だ。それにひきかえ昏睡状態の男性患者たちの場合には、現在のような状況になった時に本人がどうしたいと思っていたか、確認する手だてはない。

それに、精子があらかじめ冷凍されてあったフランスのケースと違って、昏睡状態の場合には、医師が男性のからだに手を加えて、それを採取しなければならない。近年、裁判所でもしだいに、胎児の利益のために母親が帝王切開その他の処置を受けるのは当然だといった、女性を〈胎児を入れておく容器〉だとみなすような判決が、出されるようになってきている。そこで男女平等の原則を根拠に、男性のことも〈精子の容器〉であると考えていいという主張も、一部にないわけではない。しかしながら精子バンクに保管された精子とは違い、まだ男性の体内にある精子については、それを電気射精法によって取り出すのは、自分のからだを守るというその男性の基本的人権を侵すものだと、裁判所は判断するものと思われる。昏睡状態の患者や植物状態の患者にもそうした基本的人権があることは、合衆国最高裁判所によって確認されているのだから。

昏睡状態の夫の組織を妻が自由にできるというのなら、その逆も当然、認めなくてはならなくなる。妻が昏睡状態に陥ったら、夫はその卵を取り出すことを要求できるのだろうか？　昏睡状態の妻を夫が妊娠させ、人工呼吸器につないだまま九ヵ月間生かしておき、成長した胎児を帝王切開によって取り出してもかまわないのか？

あるケースでは、昏睡状態の二十八歳の女性が、療養所の付き添い人によってレイプされた。その女性のおなかがふくらんできたことに気づいた看護婦たちは、妊娠検査を三回繰り返したのち、両親に真実を告げた。だがローマカトリック教徒である両親は、自分たちが妊娠中絶を命じることはできないと言った。そこで男の赤ん坊が千三百グラム以下の未熟児で生まれることになり、療養所側は訴訟を回避するために、両親に六百万ドル以上の和解金を支払った。その女性は、子どもが一歳になる直前に亡くなったが、子どものほうは生き延びた。

死者の精子から子どもをつくる

両親はわが子に、孫をつくってくれるよう強要はできない。しかし最新の生殖技術を利用すれば、自分たちの手で孫をつくることも可能だ。医学部に入学する予定だった二十三歳の男性が、自動車事故に巻きこまれ、植物状態になった。患者の父親は、息子の婚約者に人工授精を行いたいからという理由で、患者の精子の採取を希望した。さらには、みずから息子にマスターベーションを行って精液を手に入れ、精子の数や活発さを調べる検査に出すことまでしたのである。

別のケースでは、十八歳の一人息子が頭部にひどい外傷を負い、四十八時間以内に脳死状態になるだろうと宣告された。避妊のために精管結紮《けっさつ》手術を受けていた父親は、なんとか跡継ぎが欲しいと考え、将来、代理母に人工授精できるよう、息子の精子を保管しておいてほしいと頼んだ。そこで電気射精法が用いられたのだが、その結果、患者は不妊であることが判明した。そこで父親はしかたなく、自分がもう一度精管の結紮を解く手術を受け、代理母を使って子どもをつくることにした。

ミルウォーキーでは、癌のために化学療法を受ける男性が、そのあとは不妊になることを考えて、あらかじめ精子を冷凍した。元気になったら、それを使って子どもをつくろうと思ったのだ。だが、化学療法は効果をあげず、男性は死亡した。その後、男性の両親のところに病院から電話があり、冷凍してある精子をどうしたいかたずねてきた。

そこで両親は、息子の子どもを産んで、自分たちをおじいちゃん、おばあちゃんにしてくれる女性をさがしはじめた。やがて適当な女性が見つかったのだが、人工授精を二度行っても、彼女は妊娠しなかった。そこで成功の確率を上げるために両親は、郵便局に私書箱（〈赤ちゃん私書箱10936〉）を設置して、申しこんできた女性たちに、独身、既婚を問わず精子を提供し、できるだけたくさんの子どもを産んでもらうことにした。

しかし死亡した男性はほんとうに、自分の精子がウィスコンシン州全域にばらまかれることを望んでいただろうか？

それと似たようなケースとして、ジュリー・ガーバーという若い女性が、やはり癌のために、化学療法を受けることになった。そこで前もって体外受精クリニックを訪れ、自分の卵をドナーの精子で授精して、その結果できた十二個の胚を冷凍保存してもらった。元気になったらその胚で、子どもを産んで育てたいと思ったのだ。

だが彼女もまた、死亡してしまった。そこで両親は、その胚を手もとに引き取ることにした。「娘は六ヵ月前に亡くなりました。でも私と同じ部屋の、二メートルも離れていないところに、まだ生きている、娘の細胞があるのです。そのことは私を、とても幸せな気持ちにしてくれました」と、母親であるジーン・ガーバーは語っている。

その後、一万五千ドルの報酬で代理母を募集したガーバー夫妻は、八十人もの志願者と面接した。「私は母親であることを、ほんとうに楽しんでいます。ですからジュリーにも、母親になるチャンスをあげたいのです」と、そうした志願者の一人は動機を説明した。

ジュリーに母親になるチャンスをあげる？　彼女は死んでしまっているのに？

やがて両親は、これはという志願者を見つけた。郵便配達の女性だった。胚は、彼女の子宮に移植された。両親はその女性と一緒に、「トゥデイズ・ショー」というテレビ番組に出演することにした。「一九九〇年代の家族」というコーナーだ。ところが放送の前日になって、その女性は流産してしまった。だが両親はそのことを、番組のプロデューサーたちには秘密にしていた。ジュリーの父親である眼科医のハワードは、そのことを追及するケーブル・テレビの司会者に対して、「私たちは、死んだあとでも母親になれるということを、もっとたくさんの女性たちに知ってもらいたかったんだ」と弁明している。

最新の生殖技術のせいで、富める者と富まざる者の差も、いっそう広がる恐れがありそうだ。裕福なハワード・ガーバーは、死んだ娘の胚を代理母に移植しようとするいっぽうで、貧しい人たちが子どもをもつことは非難している。

「思慮の足りない、無責任な者たちが、育てる余裕のない子どもを産むことで、貧困の連鎖をつくりだしている。食べる物もろくに食べさせられないなら、産むべきではない」と語っているのである。

生殖技術を利用する人たちは、短期的に見て何が手に入るかということばかりに目が向いて、長期的に見たらそのことがどのような心理的・社会的影響を及ぼすかまでは、考えようとしない。愛する夫の死後、その精子を採取すれば、妻はとりあえず、夫の生命に連なる物を保存できたと考えて、慰められるだろう。だが全体として考えれば、それは単に、悲しみのプロセスを先送りし、長びかせるものでしかないのだ。たとえばその妻がやがて再婚し、子どもをつくることになったらどうだろう？　死んだ夫の精子を使わないことで、罪の意識を感じたりはしないだろうか？

ニューヨーク州では実際に、死んだ妻とのあいだにできた胚を妻の生前に冷凍してあった男性が、その胚の引き渡しを求めている。新しい妻に、その胚で子どもを産んでもらうからというのだ。テネシー州でも、離婚した妻とのあいだにできた胚を、二番目の妻に移植してほしいと望んでいる男性がいる。だが私に言わせてもらえば、それは男の身勝手だ。二番目の妻にとっては、先妻と同じ家に住み、場合によっては同じ衣服を身に着けなくてはならないだけでも、そうとうにつらいことだ。その上、胚まで引き継がなければならないとしたら、いったいどんな感じがするだろう？

イタリアで、エリザベッタという女の子が、一九九四年の十二月に誕生した。交通事故で死んだ女性が残した冷凍胚を、その女性の夫の妹に移植して、生まれた子だ。エリザベッタにとっては叔母にあたるその妹と、妹の夫、そしてエリザベッタのじつの父親の三人は、全員、同じ家に住んでエリザベッタを育てていた。したがって、エリザベッタの生母は彼女にとって叔母でもあり、じつの父親は伯父でもあるという、じつに複雑な関係が生じたわけだ。

このケースを受けてイタリア議会では現在、代理母そのものと、死人の胚を用いての妊娠を、ともに禁じる法律をつくることを検討中だ。カトリック医師会の会長は、つぎのように述べている。「私たちはこれまで、胚も生命だと言ってきました。しかし医師は、その胚を妊娠してくれる人をさがす責任までは、負っていません」

こうした問題がつぎつぎに出てくるようになった陰には、妊娠能力を奪う、癌の化学療法を受ける女性たちが、事前に胚を冷凍しておくケースが増えたという事情がある。以前、ロバート・エドワーズが経営していたボーン館クリニックの新院長であるピーター・ブリンズデンも、そのような癌患者の胚を、三十個ほど冷凍してあると語っている。現在、そうした女性の夫が四人、死んだ妻の冷凍胚をおなかの中で育ててくれる代理母をさがしている。

ヒューストンにあるクライオジェニック・ソリューションズ社では、「あらゆる可能性を試したい」という、ベビーブーム世代の心情をあてこんだ商売を展開している。妊娠中絶する女性たちに、その胎児を冷凍しておくサービスを提供しているのだ。いずれ技術が進んで、冷凍胎児を（同社の表現を借りれば）「蘇生させる」ことができるようになったら、中絶すると決めたことを取り消して、まさにその子どもを、もっとふさわしい時期に育てることができるというのだ。〈妊娠停止〉と呼ばれるこのサービスの代金は、三百五十六ドルである。ナスダックに株式を公開している同社は、この方法について、特許権を申請している。

遺伝子学者のアンガス・クラークは、生殖技術や遺伝子技術が、「開発されるやいなや、その倫理的影響を考える暇もなく、すぐに臨床場面にもちこまれる」ことに、大きな懸念を抱いている。そして、医師たちの先走りを批判し、つぎのように述べる。「倫理上の問題に直面し、判断をくだすのは、患者とその家族たちだ。新技術を使うか使わないかの判断は、患者に任せるべきであり、けっして医師が、それを押しつけるべきではない」

六人の昏睡状態の男性のいる中西部の病院で、私はなんとか医師の精液採取をやめさせようと、必死になって説得した。もし、自分の死後に妻にそのような権利を与えたいのなら、臓器提供の場合と同じように、そのことを明記したドナー・カードをもつようにすればいいのだ。のちに、私が教えている法学部の学生たちにその話をしたら、女子学生の中には、夫にカードをもたせるようにした人が、何人かいた。

私自身は、死んだ人から精子を採取するのはレイプにも似た行為だと思っているから、議会でも、そうしたことは禁じたほうがいいと証言した。ニューヨーク州議会議員であるジョン・グッドマンは、「生前に本人の意思が明確に示されていないかぎり、死後の精子採取は禁止する」という法案を提出し、現在、討論が続いている。英国ではすでに、そのような法律ができている。ディアンヌ・ブラッドという女性が昏睡状態の夫の精子を使って妊娠したことをきっかけにできたその法律は現在、広く皆の知るところとなっている。

昏睡状態の患者（あるいは死人）から精子を採取したいという気持ちは、なかなか打ち消しがたいものだ。なぜなら、医師たちはつねに、新しい技術を試したいと思っているし、妻たちにとっても、夫の死後に子どもを産めば、金銭面で有利になるからだ。ナンシー・ハートという女性も夫の死後、彼が生前に冷凍してあった精子を使って、娘のジュディスを産んだ。その上で、社会保障局に対して訴訟を起こし、父親の死亡給付金を娘に支払うよう、求めたのである。マスコミもこぞって（「〈奇跡の赤ちゃん〉死亡給付金を拒否される！」といった見出しをつけて）、母親に味方した。そこで社会保障局長のシャーリー・チェイターはついに、月額七百ドルの給付金を交付することを認めたのである。

法律的に見れば、社会保障局はべつに、その給付金を支払う義務はなかった。法が定めているのは、「父親が生前、子どもの養育のために払っていたお金を、父親の死後は、社会保障局が代わって支払う」ということだけだ。だがこのケースでは、父親はもともと、ジュディスの養育費など、まったく払っていなかったのだから。それなのに、生殖技術への世間のあまりの熱狂ぶりに、さしもの社会保障局もつい、給付金の支払いを決めてしまったのである。

ナンシー・ハートはその後、ロー・スクールに入学した。生殖技術の急激な進歩と、それが社会に与える影響に、とても興味をひかれたからだ。「クローン技術によって生まれた子どもの相続権の問題にくらべれば、うちの子のケースなんて単純なものよ」というのが、彼女の弁だ。

おそらくそのうちに彼女のところにも、先日の真夜中に私のところに、ある弁護士からかかってきたような電話が、かかるようになるのだろう。ある男が、警察官に射殺された。その妻は、検死官を説得して、夫の精子を採取してもらった。電話は妻の弁護士からで、「警官のミスで男が殺されたということを、妻の名と、この〈未来の子ども〉（手もとにある精子のことだ）の名の両方で訴えられないだろうか？」というのである。「今すぐその精子を使って子どもをつくらないと、訴訟を二つ起こしても、あなたへの弁護士費用を二人分払ってもらうことはできませんよ」と私が答えると、彼はひどくがっかりした様子だった。

15 クローン・レンジャー
——ヒト・クローン作成計画

クロネイド計画の開始

シルバーグレーのUFOが、私を誘うように室内に置かれている。ふっくらとしたカーブを描くその空飛ぶ円盤の表面はつるつるで、どこか母性的な感じがする。内部に入るために、話しながら階段をのぼる私の声が、部屋じゅうに大きくこだました。中に入ってみると、スイッチ類やコンピュータなど、普通の宇宙船にあるような設備は何もない。おそらくは、ひじょうに高性能のメカニズムで動くようになっているのだろう。船内には、小さな回転椅子が二つあるだけだ。クロード・ボリロンを一九七三年にさらったという、身長一メートル二十センチの異星人にぴったりの椅子である。

一九九八年の夏、私はカナダのヴァルクートにある、辺鄙《へんぴ》な農村を訪ねていた。現在はラエルと名前を変えている、クロード・ボリロンにインタビューするためだ。一九七三年以降、彼と四万のラエリアン・ムーブメント信者たちは、異星人〈エロヒム〉の福音を説いて暮らしている。そして彼らの宗教の中心的教義の一つが、「クローンを作成せよ」なのだ。

クローン羊ドリーの誕生が伝えられてから一ヵ月もたたないうちに、ラエルはバハマにヴァリアント・ベンチャー社を設立し、人間のクローンをつくるための〈クロネイド計画〉を開始した。するとたちまち、百組ものカップルから申しこみがあった。最初にその計画に興味を示したのは、自分たちで子どもをつくることのできない、不妊症やゲイのカップルだった。ついで、死にかけているわが子のクローンをつくりたいという親たちが、問い合わせてきた。クローン作成一件につき二十万ドルという値段をつけていたから、ラエルはたちまち、ヒト・クローン作成研究にたずさわる研究者たちを雇うのに必要な、二千万ドルの資金を手にすることができた。

クロネイド計画以外にも、同社では代金五万ドルで、元気な子どもたちの細胞を保管する、〈クローン保険〉サービスを行う予定だ。その子が将来、不治の病にかかったり、事故で命を落としたりした場合にも、クローンをつくれるようにするためだ。「もし自分の子どものうちだれかが死にそうになったら、私は迷わず、その子のクローンをつくります。以前、妊娠六ヵ月で流産したことがあるのですが、その時には、とてもつらい思いをしましたから」と、クロネイド計画の科学研究部長である、ブリジット・ボッセリアは私に言った。

また、同社は近々、〈クロナペット〉サービスも開始する予定だった。これは、死んだペットを〈生き返らせたい〉と望む、裕福な客をあてこんだものだ。おそらくそれは、人間の子どものクローンをつくるよりも、儲けの多い仕事になるだろう。というのもごく最近も、テキサス・エインシェント・アンド・モダン大学に二百三十万ドルも払って、死んだ愛犬ミッシーのクローン作成を依頼した夫婦がいるくらいなのだから。

ブリジットは、フランスで博士号を取り、ヒューストン大学でも生体分子化学の博士号を取得した人物だ。クローン羊ドリーが誕生してまもなく、人間のクローン作成を言いだしたことで、彼女はフランスでの研究の仕事を首になった。別れた夫は彼女のことを「母親失格」と非難し、子どもの親権を求めていた。しかしブリジットには、ヒト・クローンの研究をあきらめる気持ちはまったくなかった。「両親には、そのどちらかいっぽうだけの遺伝子を受け継いだ子どもをつくる権利もあるはずです。死んだ夫の冷凍精子で人工授精を受け、子どもをつくることはもう、珍しくありません。そのような場合、もし夫とうりふたつの子どもを育てられれば、残された妻は、どんなに嬉しいでしょう」と彼女は言うのだ。「私をさらった異星人たちは、価値のある人間についてだけ、クローンをつくっていた」と語ってはいるものの、ラエル本人は、もっと実際的な態度をとっていた。少なくとも当面は、二十万ドルを払える人ならだれにでも、クローンをつくるつもりだったのだ。

とはいっても、一度に百組も手がけるわけにはいかないから、どんな人を優先するのか、私はたずねた。「マスコミの取材を受けることを承知した人ですね」というのが、ブリジットの答えだった。「それと、余分にお金を払った人かな」と、ラエルがつけ加える。

ラエルは一九七三年からずっと、人間のクローンをつくることを主張してきた。しかし最初のうちは科学技術のほうが追いついていなかったので、もっと別の手段で信者たちを集めなければならなかった。若い男女の中には、セックスの魅力に誘われた人たちも少なくない。各種の乱交パーティや、個人のホームページを通じて、人集めが行われたのである。実際、ラエリアン・ムーブメントの集会には、セックスを行うものもあった。いわば、隣の人と手をとりあうカトリックのミサの、きわめて大胆なバリエーションというところだろうか? 日曜日の午前十一時には、異星人と交信するために、信者が集まる。その交信会に出席したことのある英国のジャーナリストは、こう指摘している。「微弱な磁場をつくりだすことで、何かにさらわれたという感覚を、人々に与えることができる。緊張、奇妙な性的幻想、自分が注目されているという確信といったものを味わわせることができるのだ」

ラエリアン・ムーブメントを訪ねる

それより前、モントリオールのドーヴァル空港に降り立った私は、そこでラエリアン・ムーブメントの信者と落ち合う予定だった。それから車で二時間かけてケベック州のはずれまで行き、ラエル本人と会うことになっていたのだ。出発前、仕事仲間の一人は、「ラエリアン・ムーブメントというのは、集団殺人自殺を起こした〈人民寺院〉みたいな、破壊的カルト集団らしいよ」と心配してくれた。別の同僚も、退役軍人で現在は要人警護の仕事をしているロルフ・エーリックの電話番号をひっぱりだしてきて、「インタビューが終わったら、無事なことを知らせる電話をちょうだいね」と言った。

空港に迎えに来てくれるはずの信徒は、リアという名前だった。「リアの綴り（Lear）は、ラエル（Rael）を逆にしたものです。私はラエルの助手です」と、彼は電話で話していた。空港で私は、身長百八十三センチ、ブロンドの長髪で、ラエリアン・ムーブメントのシンボルマークのついた大きなメダルをさげた男性をさがした。

とはいっても、じつは私は、そのマークがどのようなものなのか、知らなかった。かつてラエリアン・ムーブメントでは、ダビデの星とかぎ十字の中央に十字を描いたマークを使っていた。だが、同じくダビデの星を国旗に戴くイスラエルに教団の支部をつくる交渉を始めてからは、マークを変えていたのだ。

リアはゆったりとしたブルーグレーのニット・シャツを着て、青とグレーの縞の入った白いズボンをはいていた。彼はラエルに直接仕える、十七人の司教の一人だ。彼の受け持ち区域は南北アメリカであり、アジアやアフリカ担当の司教も、それぞれいる。十四歳の時に入信して以来、彼は二十年間を、ラエリアン・ムーブメント信者としてすごしてきた。

「他の宗教は、何千年も前と変わらない人生を想定して、構築されています。でも私たちに必要なのは、現代生活に則した宗教です。科学とマッチする宗教が必要なのです」と、彼は私に説明した。

この世の初めについてラエリアン・ムーブメントでは、地球上のすべての生き物を、異星人が科学研究室でつくりあげたのだと信じている。まずはクローン技術によって、そしてのちには、クローン技術によってできた女性に人工授精を行うことによっても、人間がつくられたというのだ。一九四五年十二月二十五日に、宇宙人がマリー・コレット・ボリロンをUFO内に連れこみ、人工授精を行ったせいで自分が生まれたのだと、ラエルは信じていた。その結果、〈最後の預言者〉たる彼は、一九四六年に生を受けた。そして二十七歳になったある日、フランスの休火山をハイキングしている最中に、彼自身も異星人からの接触を受けたのである。

異星人たちは彼にラエルという名を与え、「明日、聖書をもって私たちのところに来るように」と言った。それにつづく六日間、ラエルは毎朝、彼らのところにでかけ、聖書の主だった部分について、教えを受けた。その教えの中には、「〈エロヒム〉はこれまで、誤って〈神〉と訳されてきたが、ほんとうは〈空から来た人々〉という意味だ」といったことも含まれていた。

ラエリアン・ムーブメントの暦は、広島に原爆が落とされた、一九四五年の八月六日から始まる。なぜなら、ラエルによればその日こそが、ヒト・クローン作成に向けての科学の大叙事詩を、人類が紡ぎはじめた日だからだ。原爆の放射能を浴びたことによって生じる突然変異について研究したハーマン・マラーは、ノーベル賞を与えられた。また、広島や長崎で生き残った人たちが受けた遺伝的損傷が、米国エネルギー省によって研究された。原爆の研究が下火になると、エネルギー省は一九八六年、その研究室を、遺伝性疾患の研究の場に衣替えした。そしてその延長上に、ヒトゲノム計画が開始されたのである。

ラエルの説明では、地球にやってきた〈エロヒム〉たちは、米国やオーストラリアへの最初の入植者たちと同じで、もともといた星を追われたのだという。「彼らは、現代の地球人と同レベルの文明をもっていました。だから、クローンをつくることも、宇宙旅行をすることもできたのです。しかし、社会的、倫理的観点から、その星ではクローン作成に反対する声が多かったのです。そこで、科学者たちは言いました。『よし。どこか他の星に行って、クローンをつくろう』」

「先駆者になる、というのは大変なことです」と、ラエルは言葉を続けた。「たとえ今、イエス・キリストがあらわれたとしても、現代のカトリック教徒の九九パーセントは、彼に従わないでしょう。その教えが新しすぎて、現代の政治にそぐわないからです。ブッダやマホメットにしても、事情は同じです」

私はラエルやブリジット・ボッセリア研究部長へのそのインタビューを、預言者との会話にふさわしい、厳粛なものにしようと努力した。だが周囲の状況が、それを難しくしていた。なにしろ私たちは、UFOランドのUFOカフェにいたのだから。UFOランドは、ディズニーランドのミニチュア版ともいえる、ラエリアン・ムーブメントのテーマパークだ。私たちの前にあるテーブルには、カボチャやアーティチョーク、トウモロコシといった野菜の模様の、ビニールのテーブルクロスがかかっていた。そして、ハロウィーンを思わせるそのテーブルクロスが、その場の雰囲気を大きく支配してしまっていたのである。ブリジット・ボッセリアの服装は、まるでクレオパトラのようだった。ラエルのほうは、エルヴィス・プレスリーのような白いジャンプスーツを着ていた。

私たちの席から一メートルも離れていないところに、お土産《みやげ》コーナーがあった。ガラスケースの中には、異星人のキーホルダー、空飛ぶ円盤の飾りのついた日本製ベビー・ソックス、レーザー光線よけのサングラス、ロボット型の置き時計、ソーラー・システムの絵のついたパズル、ラエルのたくさんの著書などが並んでいる。『官能瞑想法』という題の本とビデオには、どのようにしたら肉体的快楽を深く追求し、ユダヤ教やキリスト教的な罪悪感から逃れることができるかが、詳しく説明されていた。

しかし、(高さが八メートルもある) 世界でいちばん大きなDNAの模型や、人間の細胞の内部を模した部屋など、UFOランドの展示物を見てまわっているうちに、最初に見た空飛ぶ円盤の模型以外は、そのすべてがヒトゲノム計画の説明用教材であってもおかしくないことに気づいて、私はいささか愕然としてしまった。

クローンの子どもは優れているか

ラエルに言わせれば、セックスで生まれる子どもより、クローン技術で生まれる子どものほうが優れているという。なぜなら、両親を失望させることが少ないからだ。「息子に失望する父親も、時にいます。でも息子が父親にうりふたつなら、そんなことは起こらないはずです」

子どもにとっても、クローン技術で生まれるほうがいいはずだと、ラエルはつけ加えた。「子どもというものは、自分がお父さんやお母さんに似ていると感じると、嬉しいものです。親が自分の母校に子どもを入れたいと望む場合も、好都合でしょう？　父親が優れた科学者や画家だったら、おそらく子どももそうなるわけですから」

「申しこんできたカップルには、私が面接します」と、ブリジットが言葉をはさむ。「わからないことは質問してもらい、カウンセラーとも話してもらうんです。なかには、かかりつけの体外受精医と一緒に来るカップルもいます。『できるかぎりの方法を試したが、うまくいかなかった』と、そうした医師たちは言います。子どもには、クローン技術で生まれたことは秘密にしておくつもりだという人が、ほとんどです」

しかし、同教団が最初にクローン作成に応じるカップルを、マスコミへの露出を厭わないという観点で選ぶのであれば特に、出生のいきさつを本人に隠しとおすことは、難しいのではないか？　たとえばドナーの精子を使って人工授精で生まれた子の場合にも、秘密はなかなか保たれない。家族が隠そうとすればするほど、往々にして、いちばんまずい状況で、本人にそれが伝わることになってしまうのだ。たとえば、何かで腹を立てた父親が、ついうっかり、「もう勝手にしろ！　どうせお前は俺の子じゃないんだから！」と怒鳴ってしまうこともある。また、両親が離婚することになり、「あの人は、じつのお父さんじゃないから」という理由で、子どもが父親と会うのを母親が禁じるといった例もある。

そこで現在では子ども向けに、（じつはその子が養子であることを、本人に伝えるための本も、ちゃんとつくられている。今や私たちには、つぎのように始まる本も、必要なのだろうか？「パパとママは、赤ちゃんをとても欲しがっていました。そこでクローン技術を使って、あなたをつくったのです……」

「将来はクローン技術を用いて、永遠の生命を手に入れることもできるでしょう」とラエルは言った。ある人のクローンを、一度に一人だけつくっていく。一つの時代に一人の人物のクローンが、一体だけ存在するようにするのだ。そしてそのクローンには、元の人物の記憶を引き継がせていくのである。

「ただし」とラエルはつけ加えた。「愚かな人たちのクローンはつくりません。愚か者が永久に存在しつづけるなんて、考えただけでも嫌ですからね」

私は、クローンについて心配なことを、彼らにぶつけてみた。脳のないカエルのクローンができたり、クローン羊が生まれてすぐ死んだりといった、身体的な問題。あるいはまた、元の人とまったく同一の遺伝子をもっていることで起きてくる、社会的な問題もある。たとえばマイケル・ジョーダンのクローンをつくったとして、本人が四十歳で、遺伝性の癌のために死んでしまったらどうなるだろう？　おそらく彼のクローンは、保険への加入を拒否されるにちがいない。

「遺伝子治療によって、そうした問題は解決できるでしょう」と、ラエルはこともなげに答える。

では、遺伝子治療の方法が完成するまでのあいだは、どうするのか？　たとえば鎌状赤血球貧血の遺伝子は一九四九年に発見されているのに、その治療法のほうは、いまだに見つかっていないのだ。

「だったらそういうケースでは、保険料を高くしたらいいじゃありませんか。社会全体で、その分を負担する必要はありませんからね。病気になる確率の高い人からは、高い保険料をとればいいのです」

さまざまなリスクを考え合わせてクローン作成を禁じている国も、いくつかある。だが、「われわれが住む、この遅れた星のいいところは、国によって法律が違うということです」とラエルは言う。つまり、その気になってよくさがせば、どこかに必ず、クローンをつくることが許されている国があるというのだ。

「美男美女のカップルとかわいい金髪の少年をひきつれて、トーク・ショー番組の〈ラリー・キング・ライブ〉に出演し、みんなに、『なんであなたがたは、クローン作成に反対してるんですか?』って言ってやる日が、待ちきれませんよ」

ラエルがそれを実行するのを妨げている要因の一つが、クローン羊ドリーをつくったロスリン研究所だ。クローン技術の特許権をもっているその研究所が、ラエリアン・ムーブメントには特許権使用を許そうとしないのである。

「こうした特許の仕組みは、ほんとうに変です」と、ラエルは不満をもらした。「まるで、最初に車の特許をとった人が、それ以降に開発された車全部に対して、権利をもつようなものなんですから」

ブリジットは、ロスリン研究所の特許権を侵すことなくクローンがつくれると、自信をもっていた。すでに日本の研究者グループも、ロスリン研究所よりうまいやりかたでクローンをつくる方法を開発していると彼女は言い、「私たちも、もっとうまくやれるはずです」と胸をはったのである。「成人の細胞に注入すれば全能性プログラムを再始動させる化学物質が、卵の中に含まれているはずです。それを見つけ出せれば、成人のDNAをドナーの卵に注入するロスリン研究所方式より、いい結果が得られるでしょう」というのだ。

「私たちの夢は、ラエリアン・ムーブメントの大学を各地につくって、独自の研究を進めることです。

ユダヤ教やカトリックでも、そういうことをしていますから」と、ブリジットは言った。
「他の宗教も、科学への回帰を始めていますよ。聖書には、『科学をもたない人間には価値がない』という意味のことが書かれていますし、コーランにも、『科学者の血は預言者の血よりも尊い』という一節があるぐらいですから」とラエルも述べた。

ラエルが科学について語るのを聞きながら私は、その前の日曜日の午前中の出来事を思い出していた。シカゴ・インターコンチネンタル・ホテルの、大広間でのことだ。ノースウェスタン大学の夏期バイオテクノロジー研究会が開かれており、私は皆の発表に耳を傾けていた。講演者がつぎつぎに立ち上がり、さまざまな遺伝子治療や人工臓器など、目のくらむような新技術を紹介していく。室内には、科学への熱気が満ち満ちていた。そして、それに伴うリスクのことなど、だれ一人、口にはしなかったのである。

「ダイアナ妃のクローンをつくろう」

『ニューヨーク・タイムズ』紙がクローン羊ドリーの誕生を報じた二日後に、ランドルフ・ウィッカーは、クローン・ライツ・アクション・センター社を設立した。銀髪で青い目のウィッカーはもともと、グリニッジヴィレッジにあるアールデコ調のランプを売る店、アップリフト商会のオーナーだ。その彼が、「ヒト・クローン作成権利統一戦線」なるものを組織して、プラカードを掲げ、デモを始めたのである。そのプラカードには、雲の上に前足を伸ばして跪《ひざまず》いた羊の絵が描かれ、「ドリー・ラマ〔チベット仏教の最高指導者である、ダライ・ラマをもじった言葉〕。われらが新しき精神指導者」というスローガンが踊っていた。ウィッカーはニューヨーク州議会でも証言を行い、目下審議中の、クローンを禁じる法案に反対する意見を述べた。

ヒト・クローン作成に賛成する自分の活動について、ウィッカーは一九九七年のクリスマスカードの中で説明し、こう書いている。「そうなんです！　ゲイの私たちにも、子どもをもつチャンスが到来したのです。今日をクローンして、明日をつくりましょう!」

　私がウィッカーを知ったのは、さほど前のことではない。彼のホームページwww. gaytoday.badpuppy.com.をのぞいたのがきっかけだ。だが彼の活動暦は、もっとずっと古かった。そもそもはベトナム戦争の反戦運動に加わっており、ニューヨークの例のランプ店で、反戦バッジを二百万個以上売り上げた。また、マリファナの公認を求めての陳情も、行ったことがある。訪問した私に彼は、「クローンで妥協なき子づくりを」と書かれた新作バッジをくれた。

「妊娠中絶をしようとする女性を止められないのと同じで、私が自分のクローンをつくろうと決めることについて、国も、オコーナー枢機卿《すうきけい》〔ローマ教皇の任命を受け、教皇の顧問、補佐にあたる人〕も、止める権利はないはずです。自分のクローンをつくることは、その人にとってとても大きな意味をもっており、万人に保証された、生殖に関する権利の一部なのですから」

　ニューヨークのゲイ新聞『LGNY』のコラムニストであるアン・ノースロップも、「同性愛の遺伝子が発見されたことで、そういった素因をもつ胎児は中絶されてしまうのではないかと、ゲイの人たちは恐れている。そのような時代にゲイが生き延びるためには、クローン技術に頼るしかない。だからこそ、クローン技術はゲイの人々を引きつけるのだ」と述べている。

「クローン技術によって私の分身が後代に生き延びて、死に神に『ざまあみろ』と言ってやれる時が、私にとって勝利の瞬間なんです。もうひと勝負することにしたんですから、必ず結果を出しますよ」とウィッカーは言う。「手をこまねいて〈安らかに眠りにつく〉のをやめて行動を起こせば、死はもはや、すべてを失うことではなくなるのですから」

　クローン技術が開発される前には、彼は、代理母を雇って子どもをもつことを考えていた。「十分なお金が貯まったら、メキシコかどこか、あまり開けていない国に行って、女性にお金を払い、子どもを産んでもらおうかと思っていたんです。でもそれだと、子どもの遺伝子の半分は、彼女から受け継いだものになってしまいますからね」

『ニューヨーク・プレス』紙の記者に、ウィッカーはこう語っている。「こうしたクローン関連の会社を起こしたのは、じつは、個人的な幼児体験があるからなんです。私は一人っ子で、夜はいつも、一人ぼっちで泣きながら眠りにつきました。兄弟がたくさんいたらどんなにいいだろうと、いつも思っていたんです。大人になったら、子どももいっぱいつくるつもりでした。ところが皮肉なことに私はゲイで、簡単には子どもがもてなかったんです。ですから自分のクローンをつくりたいと切望している裏には、幼いころの、そういった満たされない気持ちがあるのだと思いますよ」

ウィッカーの母親は、六十歳にもなって子どもを欲しがっている息子について、「おむつを替えるには、年をとりすぎてるんじゃないのかい?」と言ったという。そこでウィッカーは、クローン技術を使って子どもをつくることができたら、自由な考えをもつ普通の夫婦に、養子にもらってもらおうと決めている。「私は、その家族全員から好かれる、素敵な伯父さんになるつもりです」というのだ。

「でも、もし(クローンでできた)その息子がゲイではなく、かわいい女性とのあいだに子どもをつくったりしたら、私はやきもちを焼いてしまうかもしれないな」

彼と私は、ランプ店にほど近い、クリストファー通り沿いの喫茶店に入った。

「クローン作成反対派のあなたとしては、父親の名前をとって、子どもに〈〇〇ジュニア〉という名前をつけることを、どう思いますか」と、彼のほうがたずねてくる。

「それも、クローンの場合と同じような心理的問題を、子どもに引き起こすことがあるんじゃないかしら?」

「じつは私も、子どもにそういう名前をつけることには反対なんです」

そう言うとウィッカーは、自分ももともとは、そうした名前だったとうちあけた。〈チャールズ・ガーヴィン・ヘイデン・ジュニア〉という名だったのである。だが一九六〇年代に彼は、自分がゲイであることを公表し、何度かラジオのトーク・ショー番組にも出演した。しかしそのことは、彼の父親をひどく困惑させた。そこで彼は、昼間はジュニアのままで普通にすごし、夜になると、ランドルフ・ウィッカーという新しい名の、まったくの別人としてすごすようになったのである。

しかしそのウィッカーさえも、人間のクローン作成について、これだけは譲れないという一線をもっていた。「私は、死んだ子どものクローンをつくるのには反対です。失ってしまった子どもの代わりをクローン技術でつくるのは、あまりいいことだとは思えないのです。親は子に対して強い影響力をもっていますし、失った子を〈再現〉したいと切望しますから、どうしても、前の子どもの特徴や生きかたを、クローンでできた子どもに押しつけてしまうことになりやすいでしょう。そうなると、自由に自分らしく生きる権利を、その子から奪うことになってしまいます」

また、クローン技術を駆使しても、必ずしも人々の期待どおりの結果にはならないこともあるだろうと、彼は認めた。たとえば彼は、ダイアナ妃のクローンをつくるという運動を展開していた。一九九七年九月十九日には、「ダイアナ妃のクローンをつくろう！　すばらしい人は、もう一度繰り返して生きる価値がある」と書かれた記念バッジを、五千個ほども配っている。

「でもダイアナ妃には、摂食障害がありました」と、彼は私に言った。「だから、もし彼女のクローンがスポットライトの当たらない人生をおくったら、過食症で、体重が百三十キロにもなってしまうかもしれないのです」

16　クローン無法地帯

〈ビル・ゲイツ問題〉

クローン羊ドリーが生まれてから一週間とたたないうちに、ある体外受精クリニックでは患者たちに、もしクローン技術が人間にも利用できるようになったら、自分も利用したいかたずねはじめた。すると大多数の人が、利用したいと答えた。英国ではある女性が、亡くなった父親のクローンをつくりたいと切望していた。また、「これでもう、男はいらなくなる」として、クローン技術の進歩を歓迎する女性グループもあらわれた。こうした流れを受けてクリントン大統領は、新たに彼が組織したばかりの米国生命倫理諮問委員会に、ヒト・クローン作成についての勧告を出すよう諮問した。そこで諮問委員会から私にお呼びがかかり、大至急、大統領のために、法律家としての意見をまとめてほしいということになったのである。

私はヒト・クローン作成に関する問題のことを、密かに〈ビル・ゲイツ問題〉と呼んでいた。「もし彼のような大金持ちが（たとえば〈ビル・ゲイツ5・0号〉〈5・1号〉……〈6・0号〉といったように）自分のクローンをつくりたいと思ったら、現行の法律はそれを止められるか？」ということが、法律家としての私の、最大の関心事だったからだ。

私はオレゴン霊長類センターの発生学者であるドン・ウルフに、「人間のクローンをつくるとしたら、設備費や人件費を合わせて、全部でいったいどのくらい費用がかかるかしら？」と問い合わせた。ウルフはごく最近、アカゲザルのクローンを二頭、つくりだしている。クローン羊ドリーのように成獣の細胞を使うのではなく、胚細胞を使って、そのクローン猿をつくったのだ。こうした霊長類での研究を進めるとともに、ウルフは体外受精クリニックで、人間の患者の治療にもあたっていた。

「そうだな、だいたい百万ドルぐらいかな」と、私の質問にウルフは答えた。ただし彼自身は、人間のクローンをつくることにはまったく興味をもっていない。そうでなくても、忙しすぎるからだ。彼の画期的なクローン霊長類作成研究に対しては、国立衛生研究所から多大な予算が投じられていた。同一の遺伝子をもつ猿が大量につくれれば、新薬開発のための実験に大いに役立つからである。

現行の法律を詳しく調べてみた結果、大金持ちの人が自分のクローンをつくるのを止められる法律は、どこにもないことがはっきりした。そうした人たちにとっては、百万ドルなどもののかずではない。人間の胚を用いた実験を禁じる法律のある州は九つあるが、この場合には、そうした法律も役に立たない。(成人のDNAを注入するという)現在のクローン作成技術では、胚ではなく卵に処置が施されるからだ。その結果、胚ができたら、そのあとのプロセスは、べつだん新味のない、従来どおりのものである。ごく普通の体外受精と同じ手法を用いて、女性の子宮にそれを移植するだけなのだから。

かつてELSI運営委員会で活躍し、現在は米国生命倫理諮問委員会のメンバーである、スタンフォード大学の遺伝子学者、デイヴィッド・コックスも言う。「動物実験の場合には、マウスを手に摑むだけでも、あれこれ法律を気にしなくちゃいけない。それなのに人間については、なんでもやり放題なんで、ほんとうに驚いたよ」

米国食品医薬品局の局長代理は、クローン作成を取り締まる権限が同局にあるという見解を発表している。しかし、もしそれがほんとうなら、食品医薬品局はどうしてこれまで、各種の体外受精を取り締まってこなかったのだろうか? クローン技術と同様、体外受精技術の中にも、(ICSIのように)

成功率も低く、生まれてくる子どもの遺伝子が損なわれる危険も大きいものが、いくつもあるのに。しかも、仮に食品医薬品局が権限を主張できるとしても、それは、そのような有効性や安全性についてだけだ。モラルの観点から見てヒト・クローン作成を禁止すべきかどうかを判断する権限は、同局にはない。

現行の明文化された法律にはまた、本人の意思に反してビル・ゲイツのクローンをつくることを禁じる力もない。ゲイツの行きつけの床屋がクローン技術を利用して彼の髪の毛から子どもをつくり、その子の養育費を求める訴えをゲイツに対して起こしたら、いったいどうなるのだろうか？　現行の法律では、いったん自分の体を離れた組織や遺伝子について、人々はほとんど権限をもたないことになっている。

私が手がけた遺伝子関連裁判の一つであるムーア事件の場合には、ジョン・ムーアから摘出した脾臓を利用して、主治医が大金を手に入れた。しかしカリフォルニア州最高裁判所は、ムーアにはその利益の一部を要求する権利はないという判断を示している。そのことから考えて、有名人の髪の毛をくすねてクローンをつくることがはやっても、打つ手はないように思われる（現に、ノーベル賞受賞者のケアリー・マリスは、有名人のＤＮＡを封じこめたアクセサリーを販売している。それから人間の複製をつくることは、十分に可能だ）。

また、たとえビル・ゲイツが、（社内での影響力を永久に保ち、有能な跡継ぎをつくるために）自分の意思でわが身のクローンをつくろうとする場合でも、現行の法律では、彼自身は必ずしも、その子の法律上の親とは認められない。いくつかの州が法で定めるところによれば、その子の法律上の親は、ゲイツの両親となる。クローン技術によってできた子どもは、ゲイツの弟ということになってしまうのだ。それとは別の二つの州（ノースダコタ州とユタ州）では、代理母から生まれた子の法律上の親は、たとえ全然血がつながっていない場合でも、その代理母と彼女の夫だということになっている。だからクローン技術を用いて代理母から生まれた子どもにとって、法律的に見れば、ゲイツはまったくの他人ということになってしまうのである。

ところで、ビル・ゲイツのクローンは、いったいどういう人になるのだろうか? 「彼の特徴はすべて、クローンに受け継がれるはずだ」と考えている遺伝子学者もいる。そうした考えにのっとって、ジョージ・ワシントン大学の精神科医、デイヴィッド・ライスは、「人間を決定するのは遺伝か環境かという古くからの論争に、これでやっと終止符が打たれたわけだ」と述べている。だが、一卵性の双子を別々に育てた場合、確かにとても似ているが、違う点もたくさん出てくる。クローンによってできた〈ビル・ゲイツの双子の弟〉の場合には、育つ時代がまったく違うわけだから、さらに大きな相違点が出てくるだろう。

クローン人間作成になぜ反対するか

二百七十七頭ものクローン羊をつくった末に、ただ一頭だけが無事に育った。それがドリーだ。寝た子を起こすと、隠れていた異常が、おもてに出てきやすいのである。

「今後二年以内に、人間のクローンをつくるつもりだ」とリチャード・シード博士が発表した時、ドリーをつくったイアン・ウィルムットは、こう懸念を表明した。「われわれの実験で誕生した子羊のうち、四頭に一頭は、生まれたその日に死んでしまったことを忘れないでほしい。シード博士がこのまま突っ走ったら、クローン技術によってたくさんの人間が生まれるだろうが、その大部分は、ちゃんと育たずに死んでしまう。それでは、あまりに無責任ではなかろうか?」

細胞がどのように年をとっていくかというプロセスは、研究者たちにも、まだ完全にはわかっていない。したがって、ドリーがどのような〈年齢〉なのか、どのような〈遺伝的時計〉をもっているのかは、よくわからないのだ。ドリーの存在が『ネイチャー』誌に報じられた時点で、彼女の細胞年齢は、外見どおり、七ヵ月の子羊だったのだろうか？　それとも、（ドリーをつくるもとになった細胞を提供した羊と同じ）六歳だったのか？　今のところ、後者ではないかという意見のほうが強い。ということはつまり、クローン技術によってつくられた動物や人間は短命で、いわば〈使い捨て用の複製〉なのではないかと考える人が多いということである。

ただし、ウィルムットの同僚の一人であるキース・キャンベルの言葉を借りれば、「ほとんどの羊は、〈天寿〉をまっとうするよりずっと前にラム・チョップにされてしまうから、クローン羊が特に短命かどうかは、知るよしもない」

仮に、クローン技術によって人間をつくっても、身体的なリスクはまったくないとしよう。それでも、精神面での問題点は、大きく残る。もし、クローンのもとになった人が、著名な音楽家やスポーツ選手だったとする。その場合、両親は、その子にも同じ才能を花開かせようとして、かなり無理なプレッシャーをかけるのではないだろうか？　現在でも、著名な親をもつ子は、ある程度、そうした圧力を受けることが多い。だがクローン技術によってできた子の場合には、状況がさらに深刻である。普通に生まれた子の場合にも、たとえばチェロを毎日何時間も練習させられたりするだろうが、もしその子がまったく興味を示さなかったり、ひどく音感が悪ければ、やがては親もあきらめるはずだ。だが、世界的に有名なチェリストであるヨー・ヨー・マの細胞核からクローンをつくった（そして、そのために高いお金を払った）両親であれば、子どもの才能への思い入れは、その程度ですむはずがない。バスケットの神様、マイケル・ジョーダンのクローンも、じつにかわいそうだ。もしその子が十歳の時、膝蓋骨《しつがいこつ》をひどく傷めてしまったら、いったいどうなるだろう？　両親はその子のことを、もはやなんのねうちもないと考えるのか？　子ども自身も、自分は落伍者だとうちひしがれるのか？　ジョーダンのコーチであるフィル・ジャクソンのクローンは、その後はいったいどうやって生きていけばいいのか？

また、愛する人や有名人のクローンを子どもにもった親は、ねらいどおり育てようとするあまり、その子が体験することを、あれこれ制限することにもなるだろう。たとえば著名なチェロ奏者のクローンである子どもは、サッカーをするのを許してもらえないかもしれない。友達と遊ぶことさえ、禁じられる可能性もある。また、病気で死んだ子のクローンは、もとの子に合わなかった食事や環境から、厳しく遠ざけられるだろう。その結果、クローン技術で生まれた子は、自由を不当に制限された、〈遺伝的束縛〉の中で暮らすことになるのである。

それでもヒト・クローンの作成は、許されるべきだろうか？　われわれはこれまでにも、いくつかの医学的進歩に関して、これ以上は許されないという制限を設けてきた。たとえば、中絶胎児の卵を大人の不妊女性に移植することは、技術的には可能だ。しかしそれは行わないということを、私たちは、自分の意思で選び取ってきたのである。その理由の一つは、生まれてきた子が、「自分の母親は、自分が受精する前に死んだ（というよりもむしろ、まったく生きたことがない）」という事実を知った場合、大きな精神的打撃を受けるだろうというところにあった。

米国では、新しい生殖技術や遺伝子技術の導入について、議論するシステムができていない。しかしカナダの場合には、さまざまな分野の専門家たちによって構成された、王立生殖・遺伝子技術検討委員会が設けられている。この委員会では、二年間にわたってカナダのさまざまな文化的背景を十分に検討した上で、「人間を物として扱い、商品化するようなことは、許されるべきではない」という結論を出した（人類学の論文を検討したり、フリーダイヤルを設けて国民の声を聞いたりして、広く意見を募ったのである）。そしてその結論に基づいて、「代金を払っての代理母の利用などといった、いくつかの生殖・遺伝子関係の手法とともに、人間のクローンをつくることも、禁止したほうがいい」という勧告を、同委員会は発表することになった。

それにひきかえわが米国には、そうした禁止を勧めるような文化的背景は、どうやら存在しないらしい。わが国の基本的態度は、「お金を払ってくれさえすれば、どんなことでもやるよ」ということのように思えるのだ。

米国生命倫理諮問委員会に提出するために、ヒト・クローンの作成禁止を勧める百十三ページもの答申レポートを書いていた私は、自分がこれまでやってきたことが自分の首を締める結果になっていることに気づいて、少なからずショックを受けた。私はこれまで、不妊カップルが生殖技術や遺伝子技術を利用できる権利を保証するような法律をつくるために、奔走してきた。だが、米国受精学会の倫理委員会に、私の後任として加わった法律家であるジョン・ロバートソンは今、米国生命倫理諮問委員会で、「そうした生殖の自由の中には、クローン技術を用いて子どもをつくることも含まれる」と証言しているのだ。米国ヒト遺伝子倫理委員会のメンバーであるチャールズ・ストロームにとっても、クローン技術のリスクの多さ、成功率の低さは、なんら気になるものではないらしい。なぜなら、あるレポーターに、つぎのように話しているからだ。「体外受精の技術にしても、始まったばかりのころは、成功率が低かった。だからそのことはべつに、問題にはならないね」

それを聞いた私は、かつて出席した米国科学アカデミーの委員会で、営利団体である「遺伝子・体外受精研究所」のジョゼフ・シュールマン所長が述べた、つぎの意見を思い出した。「遺伝子技術に法的規制を設けるべきではない。なぜなら、そのようなことをすれば、技術の進歩が遅れるからだ。コンピュータ産業が急激な発展をとげたのは、だれも、外部からそれをいじりまわせなかったからである」

だが、遺伝子技術や生殖技術の場合には、未来の人間がいじりまわされてしまうわけだから、黙って見ているわけにはいかない。

私たちの勧告を受けて、クリントン大統領は結局、公的資金を使ってのヒト・クローン研究を禁じる大統領命令を出した。そして議会に、私的資金を使ってのヒト・クローン研究も禁じる法律を可決するよう、求めたのである。だが国立衛生研究所の新長官であるハロルド・ヴァーマスは、そうした禁止に反対する声明を出した。

三つの州（カリフォルニア州、ミシガン州、ロードアイランド州）で、ヒト・クローンの作成を禁じる法律が採択されたが、それらの法律も、急激な進歩を続ける技術の実情には、追いつけないのが現実だ。たとえばカリフォルニア州の法律では、成人のDNAを、人間の卵に注入することが禁じられている。しかしウィスコンシン大学の発生学者であるニール・ファーストは最近、牛の卵が、他の動物のクローンをつくる際にも共通して使えることを実証した。もはや、一個二千五百ドルもする人間の卵を使わなくてもよくなったのである。屠畜場に行けば、牛の卵なら、いくらでも手に入るのだから。

現在、カリフォルニア州では、一人の不妊男性が生殖の自由を根拠に、州の定めた法律はおかしいと提訴している。しかしながらクローン技術は、伝統的な生殖方法とも、各種の体外受精技術とも、大きく違うものだ（先に述べたように、体外受精については、米国市民的自由連盟と私が力を合わせて、それが憲法で保証された生殖の自由に含まれるものだという裁判所の判断を勝ち取っている）。体外受精の場合には、たとえどんなに斬新なものであっても、遺伝子を混合した結果できるのは、この世にかつて存在したことのない、新しい遺伝子型をもつ人間である。双子の場合にも、そうした新しい遺伝子型をもつ人間が、同時に二人つくられるだけだ。したがって、その未来は無限に開かれており、その子が双子の兄弟とも親とも違う存在だということは、はっきりしている。ところがクローンの場合には、同じ遺伝子型をもつ人が、過去にすでに存在していることになる。「育つ環境や時代が違えば、違った人間に育つ」ということは明らかであるにもかかわらず、同じ遺伝子型をもつ人間が前もって存在したという事実によって、その子ども本人も、家族も、周囲の人たちも、考えかたや行動に影響を受けてしまうことは、各種の証拠から明白だ。

そうした意味でクローンは、従来のセックスや、それに代わる生殖技術とは、はっきりと一線を画すものである。それは遺伝子の混合ではなく、遺伝子の複写だ。つまり、生殖ではなく、ある人物のゲノムを別の人に入れこむ、一種のリサイクルなのである。ボストン大学の保健法教授であるジョージ・エイナスは、米国議会のある委員会で、こう述べた。「新しいからといって、前より進歩したものだとはかぎらない。人間の〈生殖〉のありかたを根本的に変えてしまうこの方法は、人間の尊厳を脅かすものであり、人間の価値を引き下げかねない（たとえば単純に比較してみても、〈コピーされた〉人間より、〈オリジナルの〉人間のほうが価値があると、だれもが思うはずだ）。これほどの危険性をもつ技術は、かつて例がないといえる」

ギルバート・メイレンダーも米国生命倫理諮問委員会で、子どもが両親のどちらとも、まったく同一の人間ではないことの社会的重要性を指摘して、つぎのように述べている。「子どもは、父親の複製でも、母親の複製でもありません。だからこそ私たちは、その子の独自性を認め、大切に扱うのです」

ことに問題になるのは、親が子どもに対する影響力を駆使して、子どもを意のままに扱う危険性だ。法律家のフランシス・ピッツーリは言う。「人間のクローンを作成することには潜在的に、〈精神面でも肉体面でも〉親が子どもの運命を支配しようとする、これまでに例のないような、虐待とも呼べるような要素が含まれている」

とっぴなようだが、ヒト・クローン作成にいちばん近い意味をもつものといえば、おそらく近親相姦ではなかろうか？　近親相姦も法律で禁じられており、ある意味で、個人の生殖の自由が妨げられているともいえる。そしてクローン作成と同様に、それを行っても、必ず悪い結果につながるとはかぎらない。たしかに近親相姦では、致命的な劣性形質が表面化することがある。だが、だからといって、そうした身体的な理由が、近親相姦を禁ずべき、いちばんの理由だと思っている人はいないだろう。それだけなら父と娘は、避妊具を使うか、出生前診断を受けて重大な障害のある胎児は中絶するかすれば、セックスを行ってもかまわないということになってしまう。人によっては、それで全然、心が痛まないという場合もあるだろう。だが、それにもかかわらず、近親相姦は法律で禁じられている。なぜならそこには、親が自らの影響力によって子どもを支配する危険が潜んでいるからだ。

哺乳類である羊のクローンが生まれたというニュースへの人々の熱狂ぶりについて、英国の哲学者であるメアリ・ミッジリーは、つぎのように述べている。「この騒ぎのもとになっているのは、人間がすべてをコントロールできるのではないかという幻想でしょう。いちばん心配なのは、人間によるそういった支配が実現することそのものではありません。人間の支配力に対するそのような幻想が、ごく普通の一般市民だけでなく、科学研究への補助金給付を決める権限のある人たちにまで、広がっていることが問題なのです」

私としては、各種の生殖技術とクローン技術のあいだには、きわめて大きな隔たりがあると確信している。（体外受精や、ドナーによる卵や精子の提供、代理母といった）生殖技術のほうは、不妊カップルが通常の生殖では達成できない要素を補うものだ。いっぽうクローン技術のほうは、死んだ人の子どもをつくったり、死んだ胎児を生き返らせたり、片親とまったく同じ遺伝子型をもつ子を複製したりといった技術なのである。前者は、すでにある患者のニーズを満たすためのものだが、後者は、人々のニーズをまったく新しくつくり出し、それを無理やり、生殖に関する女性の権利の範疇に押しこめようとするものなのだ。その上、クローン技術はどう見ても、女性の自由を増すものだとは思われない。だれのクローンをつくるべきかということになったら、そのリストには、「マイケル・ジョーダン、アルバート・アインシュタイン、ビル・ゲイツ……」といった具合に、男性の名前ばかりが並ぶだろうからだ。

研究者たちの意識変化

ドゥバイに出発する前に私は、イスラム教徒である彼らはヒト・クローン作成問題について、いったいどのような態度に出るのだろうと、あれこれ思いをめぐらした。私としてはドゥバイでのスピーチも、これまで米国でしゃべってきたような調子で進めたかった。だがどう考えてもそれは、アラブ流の考えかたには合わないような気がした。それどころかもしかすると、神への冒瀆だと言われてしまうかもしれない。米国では、クローン作成に関する権利は、妊娠中絶を受ける権利と同列に論じられている。だがドゥバイでは、妊娠中絶は違法だ。米国の場合には、人間のクローンをつくる権利を先頭に立って唱道しているのは、ランドルフ・ウィッカーのようなゲイの人々だ。だがドゥバイでは、同性愛も厳禁である。それに、私がクローン反対の理由としてあげている心理的悪影響は主として、子どもの生きかたに対する親の過剰な支配といったことだ。だが長幼の序を重んじるイスラム教徒たちにとってそれは、あまり説得力のある反対理由とはならないだろう。

自分が書いたスピーチ原稿の書き出しを、私はもう一度読み直した。「ドゥバイには、二十七万頭の羊がいます。でもクローン羊のドリーほど有名な羊は、その中に一頭もいません……」

そのあとの二十ページ分の空白をどう埋めていこうか、私は頭をかかえた。

ドゥバイに着いた私は、ほとんど男性ばかりの聴衆を前に、スピーチを行うことになった。腰にピストルを下げた人たちに向かって話すのは、これが初めてだ。だが途中で一人のイスラム教の指導者が立ち上がり、十五分ものあいだぶっつづけで、怒りに満ちた質問をアラビア語でまくしたてはじめた。その敵意に満ちた言葉を同時通訳の人が訳してくれるのを聞きながら、私は演壇にじっと立っていた。
「なんであんたは、卵や精子の提供とか、代理母とかいったことを、恥ずかしげもなく口にできるんだ？　アダムとイヴの時代から続いている不変の価値観が、そうしたことによって損なわれているとは思わないのか？……」

その彼が旧約聖書の解釈を長々と述べたてているあいだ、私は皆の腰に下がっているピストルを眺めながら、「まったくお説のとおりです」と言ってしまいたい衝動に駆られていた。

だが、それをじっと我慢して注意深く耳を傾け、彼の心配している内容を引き継ぐ形で、つぎの話題へ広げていこうとした。「たくさんのカトリック教徒たちも、あなたたちと同じように、自分たちの価値観や社会全体に生殖技術が与える影響を心配しています」と述べたのである。

中東では、ドナーの精子を使って人工授精を受けた女性には、死刑を宣告することができる。それなのに、ドゥバイでのその会合が終了するまでに、イスラム教の指導者と中東の体外受精医のあいだでは、つぎのような合意が成立した。「結婚している夫婦に関して行われるかぎり、不妊の既婚男性のクローンをつくることは、イスラム教の価値観に矛盾しない」

その過程を直接目にした私は、「（ドリーをつくり出した手法である）体細胞核移植のような最新のクローン技術をもってしても、こちらと同じ価値観をもつ人間はつくり出せないんだわ」と思い知らされた気がした。ラエリアン・ムーブメントは、優秀な人間のクローンをつくろうとしている。それは、優秀な人には価値があると考えているからだ。同様にイスラム教徒たちは、自分たちが高い価値を認めている〈男性〉を、クローン技術によってつくり出そうとしているのである。

私がどうしてもヒト・クローンの作成を受け入れられないいちばんの理由はおそらく、それを行うことによって、生殖技術にまつわるあらゆる問題も、複製されてしまうからだろう。行き過ぎた商業主義、女性を実験材料にするやりかた、インフォームド・コンセントなしの処置、身体的・精神的リスクへの考慮不足といったことが、全部噴き出してしまうのだ。だが逆に考えれば、今こそがすべてを変えるチャンスだともいえる。ヒト・クローン作成問題をきっかけに、「新技術を導入する際には研究者は、いい加減なその場しのぎでない正当な理由を述べて、なぜその技術が必要なのかを明確に示すとともに、患者を守るシステムを、最初からつくっていかなければならない」ということを、この際ぜひとも徹底すべきなのである。

ドゥバイでの私のスピーチの内容は結局、みずからがこれまでやってきたことを懺悔《ざんげ》する形に落ち着いた。「私はこれまでずっと、生殖技術を受ける権利を確立しようと、努力してきました。でもここにきてヒト・クローン作成問題がもちあがり、まるで、フランケンシュタイン博士のつくった怪物に突然でくわした気分です。おそらくは、造化の神の怒りにふれたのでしょう。これまでの罪を償うためにもぜひここで、一つの線を引きたいと思います……」

私のそのスピーチが終わると、国連教育科学文化機構（ユネスコ）の生命倫理部長であるゲオルゲス・クトゥクデャンがそばに来て、「あなたのお話に感動しました」と言ってくれた。そして、その年の十二月にユネスコが発表した「ヒト・ゲノムおよび人権に関する世界宣言」には、「クローン技術を用いて子どもをつくるといった、人間の尊厳を脅かす科学技術は許されるべきではない」という一文が盛りこまれた。それに対して怒りの声をあげたり冷笑したりする科学者もいたが、その後、リチャード・シードが人間のクローン作成を開始すると発表すると、十九の国が、それに反対する文書に調印した。ドイツの文部大臣であるユルゲン・ルトゥガーは、こう述べている。「人間がコピーされるのを、黙って見ているわけにはいかない。それは、原子爆弾に対する障壁よりもさらに重大な、倫理上の障壁を越える振る舞いだからだ」

クローン羊ドリー誕生の翌年の夏、遺伝子治療のパイオニアであるW・フレンチ・アンダーソンと、遺伝子解読の専門家であるJ・クレイグ・ベンターが、「哺乳類のクローン作成に関する第一回国際会議」を主催した。私はその会議で、ヒト・クローン作成に反対する意見を述べた。ドリーの生みの親であるイアン・ウィルムットや、米国生命倫理諮問委員会のメンバーであるアレックス・ケイプロンも、やはり同じ趣旨の発言をした。自分自身も研究者であり、ウィルムットに資金を提供しているベンチャー投資家でもあるロン・ジェイムズも、居並ぶ研究者たちに向かって、人間のクローンをつくらないよう説得した。(哺乳類のクローン作成技術についての特許権は、ジェイムズの会社のものであるから)もし人間のクローンがつくられれば巨万の富を築ける身でありながら、それが実行されたら優生学的選択が行われる危険があると心配して、反対意見を述べたのである。

「私の父は、ビール瓶をケースに詰める仕事をしていました」と、彼は話しはじめた。「母は掃除婦でした。ですから当時、もしクローン技術が広く行われていたら、私は生まれさせてもらえなかったでしょう」

だが、それから一年後の一九九八年六月に開かれた、「哺乳類のクローン作成に関する第二回国際会議」では、討論の風向きがまったく変わっていた。まずは、『だれがヒト・クローンを恐れているのか?』という、人間のクローン作成を擁護する本を書いた哲学者のグレゴリー・ペンスが、意見発表を行った。そして、プリンストン大学の生物学者であるリー・シルヴァーが、それに続いた。シルヴァーもまた、『複製されるヒト』という、ヒト・クローン作成を含めた遺伝子技術や生殖技術を称揚する本の著者である。

その会議より前に、シルヴァーは私宛てに、ファックスを送ってきていた。そこには、「きみは昔はとても頭がよかったのに。そのきみがクローンに反対だなんて、どうにも理解できないよ」と書かれていた。

その文面は、「クローン作成権利統一戦線」のリーダーである、ランドルフ・ウィッカーから来たつぎのような手紙と、そっくりだった。「あなたもいずれは、クローンによって子どもをつくる自由を主張している私たちに、賛成するようになるでしょう。あなたは偏見のない、探究心に満ちた心の持ち主だと思いますから」

だが、私は会議の三番目の発言者として、研究者たちのあいだに生じている意識の変化について、厳しく警告した。この一九九八年の会議には、ラエリアン・ムーブメントの科学研究部長であるブリジット・ボッセリアも、主催者によって招かれていた。したがって彼女は、居並ぶ研究者の中から好きな人を自由に選んで、自分たちのクローン作成計画に引き抜くことができたわけだ。

「シード博士が発表した内容は、だれもが心の中で考えていたことです。人間のクローンをつくることができれば、永遠の生命に向けて、一歩踏み出したことになります」と、そのボッセリアは話しはじめた。「もし私たちが、ある種の永遠の生命を手に入れれば、神は消滅します。多くの人が神を信念のよりどころにしていますが、その神を、私たちは越えることになるのです。科学こそが私たちの宗教であり、だれも科学を止めることはできません」

それを聞きながら私は、三十年ほど前に、ソフィア・J・クリーグマンとシャーウィン・A・カウフマンによって書かれた、『女性の不妊』という本のことを思い出していた。新しい生殖技術が開発された当初は、人々はそれに大きなショックを受けるので、一般に受け入れられるまでにはいくつかの段階を経なければならないということが、その本には書かれていた。「この分野には、人々の嫌悪感を起こさせやすい要素がある。したがって、新しい手法や技術が編み出されると、人々はまず、従来のやりかたや法律にしがみついて、恐怖心から来る拒否反応を示す。やがて恐怖心は薄れるが、拒否の姿勢は続く。だがしだいに、きわめてゆっくりとではあるが、好奇心が起こってくる。そのあとで、研究がなされ、評価が行われ、それからやっと、やはりゆっくりとではあるが確実に、受け入れられていくのである」

人工授精に関しては、受け入れられるまでに十年以上の年月がかかった。体外受精は、数年で受け入れられた。そしてクローン技術についての人々の態度は、わずか数カ月で激変してしまったのである。

「哺乳類のクローン作成に関する第二回国際会議」の途中で、リチャード・シード博士が私を、そっと隅のほうにひっぱっていった。彼は、十何年か前に私がキール会議で初めて出会った、生殖産業の旗手だ。シード博士は私に名刺をくれ、「三百五十万ドルで、いつでもあなたのクローンをつくってあげますよ」と囁いた。私はそれを名刺入れにしまったが、彼から遠ざかりながら、口の中で呟いていた。

「おあいにくさま。ヒト・クローン問題で法律顧問が欲しいなら、ほかをあたってちょうだい」

お礼の言葉

まずは、有能で創意工夫に満ちたわが調査チームのメンバーである、フレッチャー・コーク、ミシェル・ヒバート、グレッグ・ケルソン、アンドリア・ライアコーナ、ローラ・スウィーベルに、心からお礼を言いたい。本書を執筆するにあたっては、彼らにほんとうにお世話になった。また、私の考えをまとめるための討論の相手としても、とても役立ってくれた。革新的ではあるが問題も多い各種の新技術について、法律家としてのコメントを求める電話がかかってくるたびに、私はいつも、彼らの調査能力を頼りにすることになる。彼らはまた、私を大いに笑わせてもくれる。彼らにのせられたおかげで、私はつい、フェイクのタトゥ〔おしゃれのために、皮膚にプリントする入れ墨〕にまで、挑戦してみる気になってしまった。最近、この調査チームに加わった、ジュリー・バーガー、ケイティ・メイソン、ヴァレリー・ネイマイアーにも、ありがとうを言わねばならない。

　息子のクリストファーにも、大いに助けてもらった。彼はこの本の題名を思いつき、私の頭を刺激する質問を投げかけ、おまけに、執筆中はそばで、にぎやかな音楽を演奏してくれた。また、この本を書いているあいだおとなしくいい子にしていてくれた、ペットのブライアント・ガースにも、ありがとうと言いたい。また、友人や仕事仲間である、リーザ・アンドルーズ、アニタ・バーンスタイン、エリック・グッドマン、ハル・クレント、ジム・リンドグレン、ティモシー・マーフィー（ちなみに、〈スペルミネーター〉という言葉を思いついたのは彼だ）、ドロシー・ネルキン、クレメンツ・リプリー、マーク・ロージン、ジム・スターク、カレン・ウールマンにも、参考になることをいろいろと教えてもらった。私の考えに多大な影響を与え、本書の原稿に目を通して意見を述べてくれた彼らに、心から感謝している。またナネット・エルスターには、どんなお礼の言葉を述べても足りない。きわめて有能な法律家である彼女は、本書に登場するほとんどすべての訴訟で私とともに仕事をし、現在は、生物医学技術にまつわる重大な諸問題について、その対処法を医師たちに指導する仕事をしている。

版権エージェントであるアマンダ・アーバンと、編集者のウィリアム・パトリックにも、ひじょうにお世話になった。アマンダは、この上ない明晰さで先を見通し、有益な批評をしてくれた。編集者であると同時に小説家でもあるウィリアムは、本書を執筆する際の最高のパートナーだった。この本があまり堅苦しくなく、皆さんに読みやすいものになっているとしたら、それは彼のおかげだ。

文献メモ

なんでも貯めこむ癖があるのも悪くないと、今の私は思っている。これまで二十年間も、生殖技術や遺伝子技術に関わってきた中で、私は、そうした問題に関係する裁判記録、判決文、法案や法律、学術論文といったものを、すべて収集し、保管してあった。したがって、この分野における主要な出来事についてては、そのほとんどをリングサイドの座席で見ることができたわけだ。自分が参加したさまざまな委員会や、議会の公聴会、電話会議といったものの議事録やその下書きはもちろんのこと、膨大なメモ類も、ちゃんととってある。手がけた裁判に関連があったり、本や記事を書いたりするためにだれかにインタビューを行った場合には、そのメモも残しておいた。

これまで、そのようにして私の書いた記事が載った新聞や雑誌には、以下のものがある。『ペアレンツ』、『サイコロジー・トゥデイ』、『ニューヨーク・タイムズ』、『ヴォーグ』、米国法曹協会のさまざまな出版物、法律関係や医学関係の各種の雑誌。

また、私の著書としては、『医学の遺伝子――法律のフロンティア』、『新しい妊娠』、『他人の中で――代理母たち』、『妊娠する父親たち』、『すばらしい新生児』がある。

こうした豊富な材料をもとに、この二十年間に自分がやってきた仕事と、その間《かん》の生殖技術や遺伝子技術の進歩をまとめたのが、本書である。また、最近のすぐれた科学記事の数々も、大いに参考になった。とりわけつぎのかたたちの記事には、教えられるところが多かった――『ロサンジェルス・タイムズ』のロバート・リー・ホーツ、『ニューヨーク・タイムズ』のジーナ・コラータ、『シカゴ・トリビューン』のジュディ・ペレス、『ワシントン・ポスト』のリック・ヴァイス。
さらには、大勢の科学者、医師、弁護士、議員、医療消費者たちも、この二年間のあいだに多くの時間をさいて、新しく開発された技術が科学や医学、社会全体、心理面に与える影響についての最新情報を教えてくれた。

本書をお読みになって、遺伝子技術や生殖技術についてもっと知りたいと思われたかたのために、参考になりそうな本を、いくつかご紹介しておく。『ある選択——法律、医学、そして市場』（ジョージ・エイナス著）、『生命——人間の生殖のニュー・フロンティアをさぐる』（ロバート・リー・ホーツ著）、『クローン羊ドリー』（ジーナ・コラータ著）（邦訳はアスキー出版刊）、『遺伝子の秘密——遺伝学におけるプライバシー保護』（マーク・ロスタイン編）、『複製されるヒト』（リー・シルヴァー著）、『究極の暗号——ヒトゲノム計画の科学的・社会的問題点』（ダニエル・J・ケヴレース）

本書はある意味で、私の個人的追想を記した本である。同じ出来事を他の人が書いたら、もっと別の内容になっていたかもしれない。生殖・遺伝子産業を理解し、それに対処していくための意見を、私以外にもたくさんのかたが表明してくだされば、こんなに嬉しいことはない。

本書を書いた目的は、めったに人々の注目を集めることはないが、とても重要なことがらについて、科学や医学、政治がどのような判断をくだしたかに、少しでも光をあてることにある。できるだけ私個人の体験を軸にして、さらに大きな問題にふれていくよう、心がけたつもりだ。今後、同じテーマを扱う本が出てきたとしても、本書が皆さんに興味深く読んでいただけることに変わりはないと思う。

訳者あとがき

「さて、今日は〈訳者あとがき〉を書かなくては……」と思いつつ広げた朝刊。その一面の半分近くが、遺伝子関連の二つの記事で埋まっていた。

一つは、関西地方に住む三十代の男性が、生命保険加入後に受けた遺伝子診断で遺伝病とわかり、それを理由に障害保険金の支払いを保険会社から拒否されたという記事。そしてもう一つは、本書にも登場するリー・シルヴァー（シルバー）博士へのインタビューだ。

そのインタビュー記事は、「現在、ヒトゲノムの大半が解読されつつあることは、初の月面着陸にも匹敵する、人類史の大きな転機である」という、博士の明るい言葉で始まっている。しかしその内容はしだいに、遺伝子技術のもつ危険な側面への懸念へと移っていく。

「親はわが子に優れた才能を与えたいと願うから、できることなら受精卵への〈遺伝子強化〉を行いたいと思うだろう。だが、先進諸国ではそういったことがごく普通に行われるようになったとしても、貧しい途上国ではそれができない。その結果、遺伝子に関しても、最近問題になっている南北間の情報格差と同じような格差が生じて、人類が二つのグループに分化してしまうことにもなりかねない」というのがその論旨だ。

この二つの記事が伝える内容はどちらも、本書で著者が繰り返し述べている警告と、大きく重なっている。

本書は、長年にわたって生殖技術や遺伝子技術を法的・倫理的観点から論じてきた世界的エキスパートである女性法律家、ローリー・B・アンドルーズの著書“*The Clone Age : Adventures in the New World of Reproductive Technology*”(1999, Henry Holt)の全訳である。

クリントン大統領は、一九九七年以来一貫して、人間のクローンをつくることには強く歯止めをかける政策をとっている。そして、大統領にそれを決意させるきっかけとなったのが、ほかならぬ本書の著者、アンドルーズが提出した答申レポートなのだ。

「ヒトゲノムの全容が解明されそうだ!」、「あなたのクローンがつくれるかもしれない」などと聞くと、私たちはつい、「これでいろいろな病気が治るだろう」とか、「忙しい時にはクローンに仕事をさせて、自分は遊んでいたい」などと、のんきで楽観的なことばかり考えてしまいがちだ。しかしそこにはじつは、さまざまな社会的問題を引き起こす要素がひそんでいる。

ヒト・クローン作成に向けての研究のありかたについては日本でも、科学技術会議生命倫理委員会などで討議され、法的規制についても、少しずつ検討が進んでいる。しかし問題は私たちのすぐ隣にあり、私やあなたにしても、いつトラブルに見舞われるかわからないのだという実感は、まださほどないのが現実だろう。本書が、そのことを考えるひとつのきっかけになれば、とても嬉しい。

なお、本書中の小見出しは原書にはないが、読みやすさを考えて入れることにした。また各種の引用についても、本書の中でのわかりやすさを第一に考えて、私なりに訳させていただいた。いずれも、専門的知識に偏らず、広く一般のかたがたにクローン問題について考えてほしいという、著者の姿勢をいかしたいと考えたからだ。

翻訳に際しては、紀伊國屋書店出版部の水野寛さんに、たいへんにお世話になった。また、映画好きな著者の唐突な引用の部分など、さまざまな友人知人に問い合わせてわかったことも多い。私を支えてくれる、かけがえのない、この世でたった一人の皆さんがたに、心から感謝している。

二〇〇〇年七月

望月　弘子

ヒト・クローン無法地帯
——生殖医療がビジネスになった日
2000年8月31日　第1刷発行©
2000年12月28日　第2刷発行

BOOKS KINOKUNIYA

発行所　株式会社　紀伊國屋書店
東京都新宿区新宿3—17—7
電話03（3354）0131（代表）
出版部（編集）電話03(3439)0172
ホールセール部（営業）電話03(3439)0128
東京都世田谷区桜丘5—38—1
郵便番号　156-8691

装幀　天野　誠

印刷・製本　中央精版印刷

ISBN4-314-00878-4 C0036
Printed in Japan
定価は外装に表示してあります

著　者

ローリー・B.アンドルーズ

1978年イェール大学ロー・スクール卒業。体外受精・人工授精、借り腹をめぐる数々の有名訴訟に関わる。WHOやNIHをはじめ、世界各国の政府機関に対し生殖医療ならびにクローン問題のアドバイザー、コンサルタントを務める。現在、シカゴ・ケント法科大学教授、科学・法律・技術研究所所長。1997年クリントン大統領に「人間クローン研究禁止」を方向づける答申レポートを提出、そのレポートは米国政府の公式見解としてホームページに掲載される。

訳　者

望月《もちづき》　弘子《ひろこ》

1956年静岡県生まれ。東京大学教育学部卒業。出版社勤務を経て、現在、翻訳家。訳書にアクア人類進化説のエレイン・モーガンの一連の著作『女の由来』『人は海辺で進化した』『子宮の中のエイリアン』『進化の傷あと』『人類の起源論争』（いずれもどうぶつ社）などがある。一男一女の母。

The Clone Age: Adventures in the New World of Reproductive Technology by Lori B. Andrews